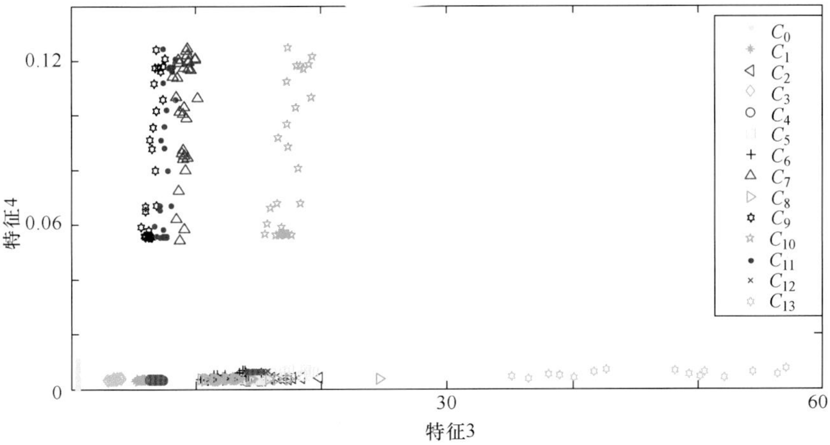

a) 特征3与特征4组合区分扰动类型

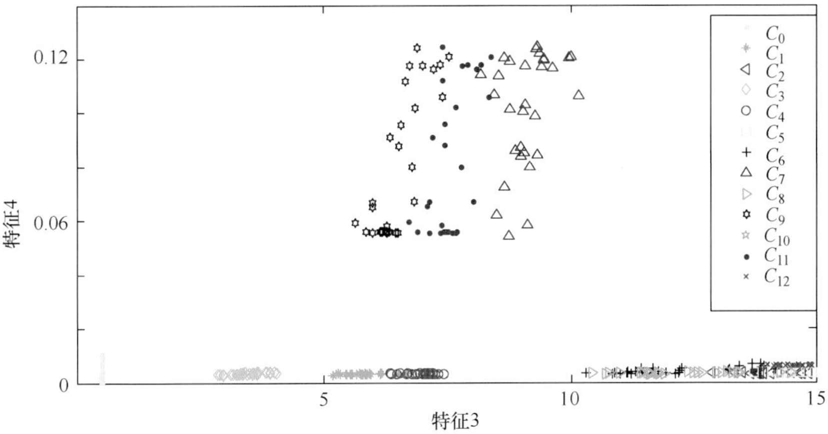

b) 特征3与特征4区分扰动类型的局部放大图

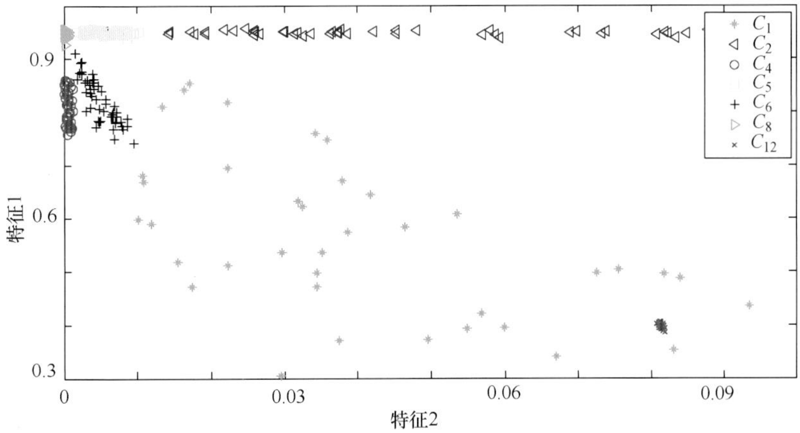

c) 特征1与特征2组合区分扰动类型

图 4-14　根据 4 种特征对 14 种扰动的分析

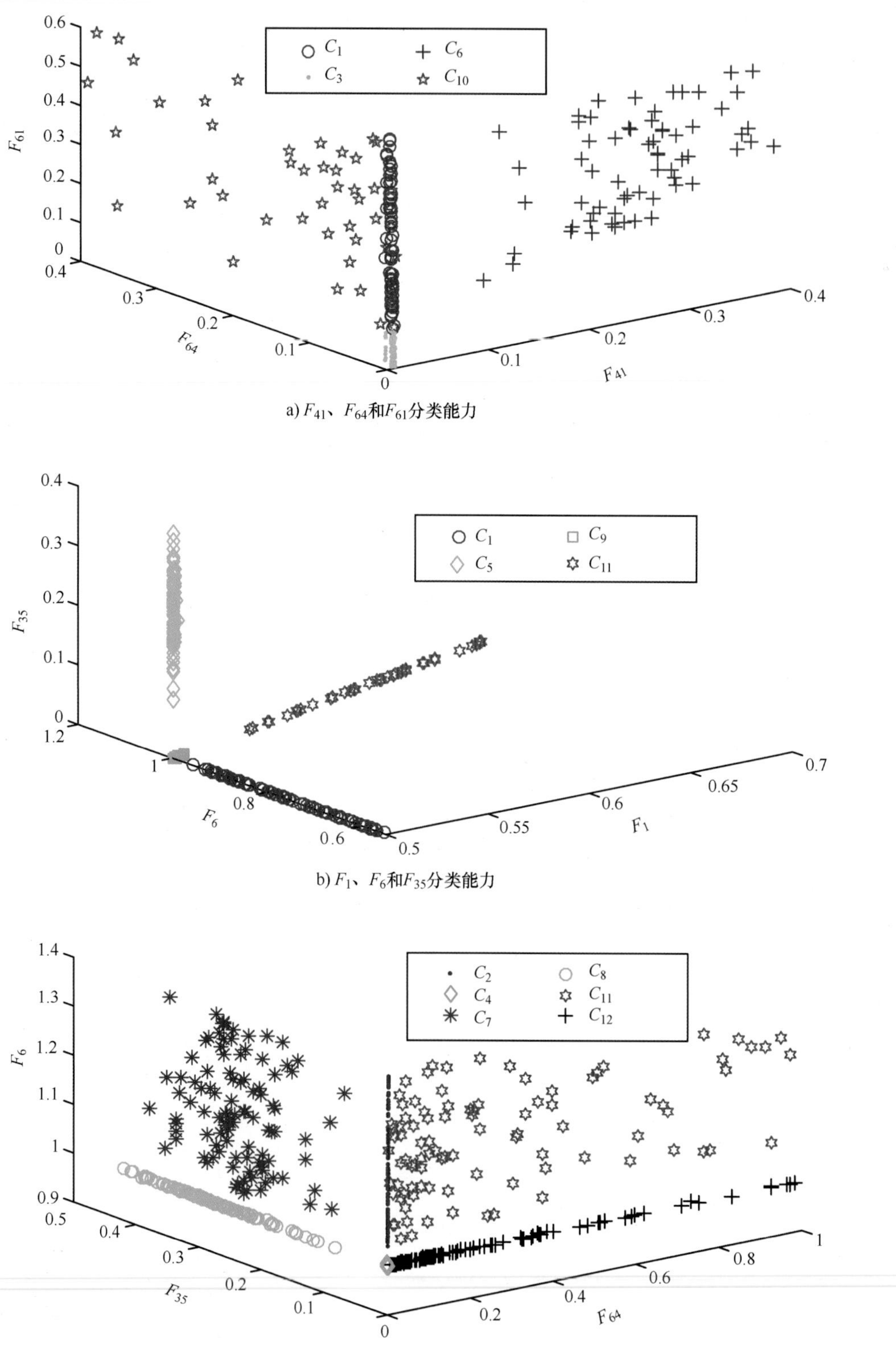

a) F_{41}、F_{64}和F_{61}分类能力

b) F_{1}、F_{6}和F_{35}分类能力

c) F_{64}、F_{35}和F_{6}分类能力

图 5-13　最优电能质量特征子集分类能力散点图

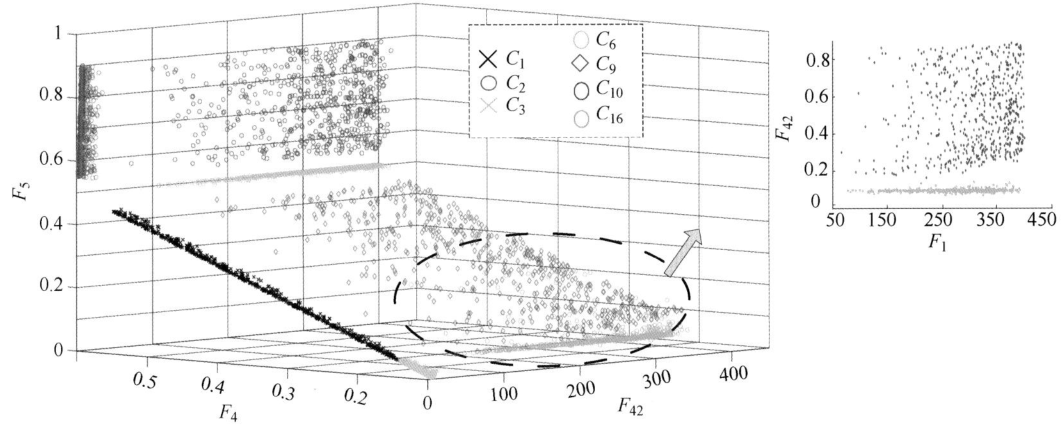

a) 含谐波成分电能质量扰动信号分类情况

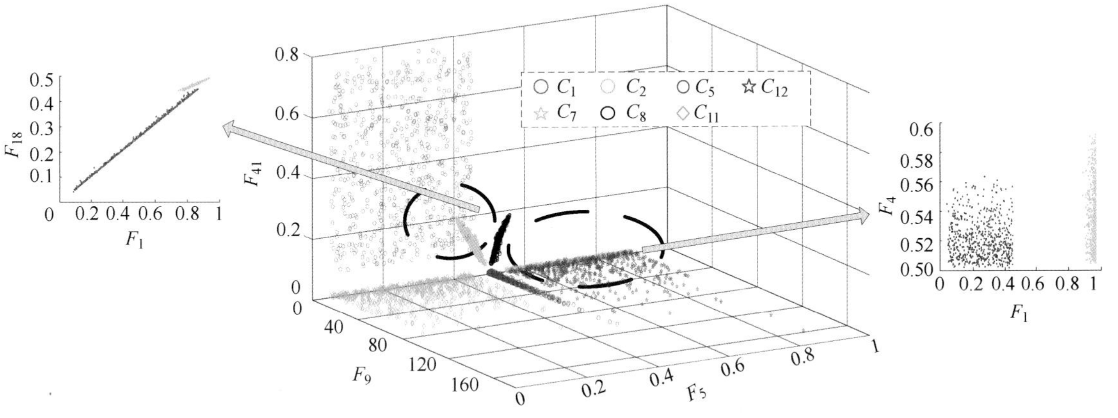

b) 含振荡成分电能质量扰动信号分类情况

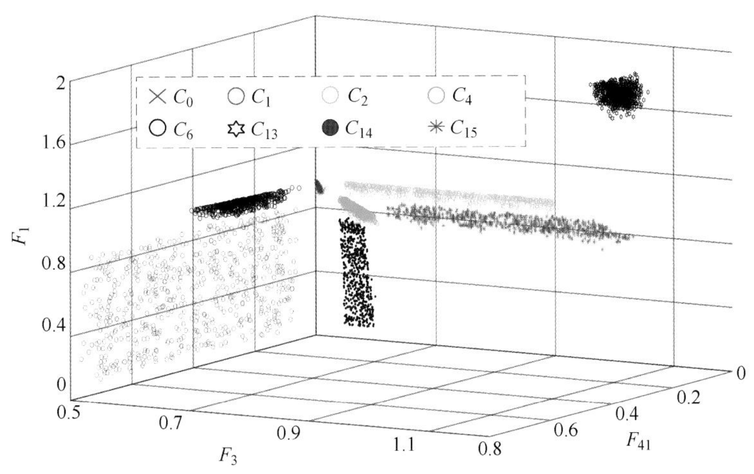

c) 含闪变成分电能质量扰动信号分类情况

图 9-8 特征分类能力分析

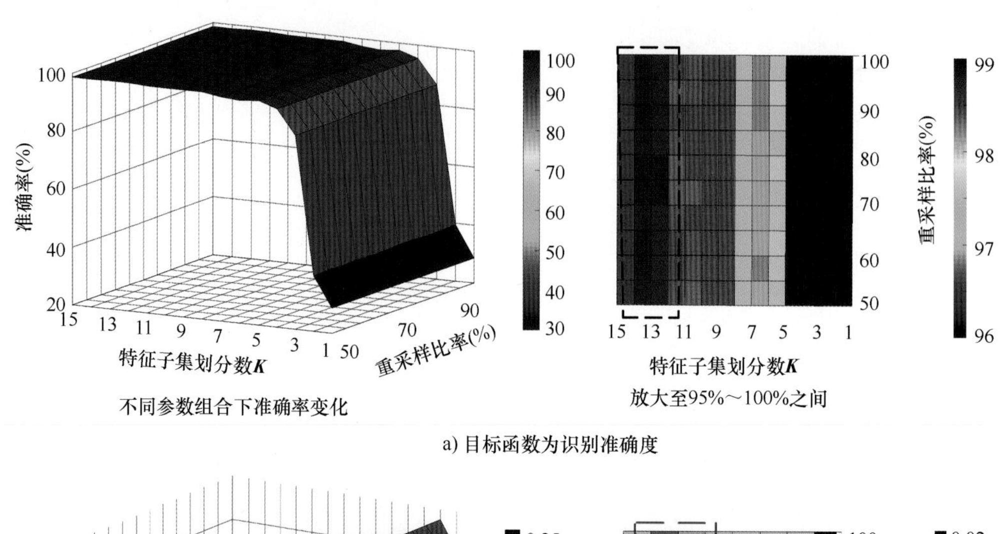

a) 目标函数为识别准确度

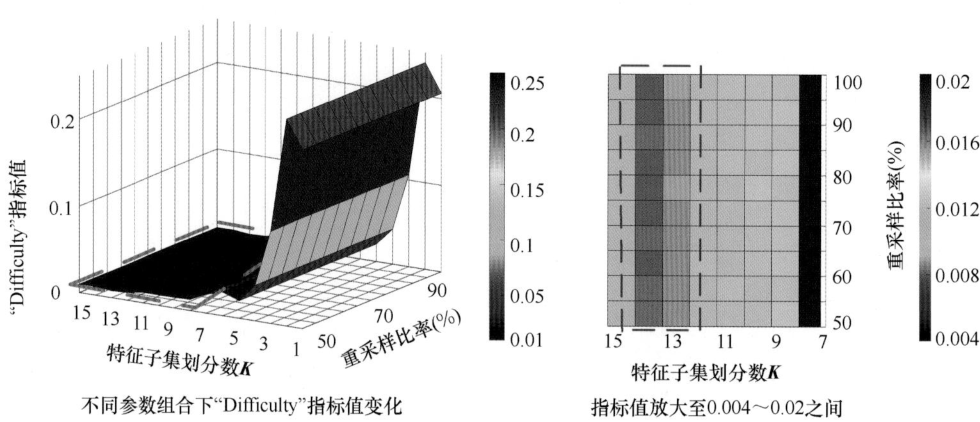

b)目标函数为Difficulty指标

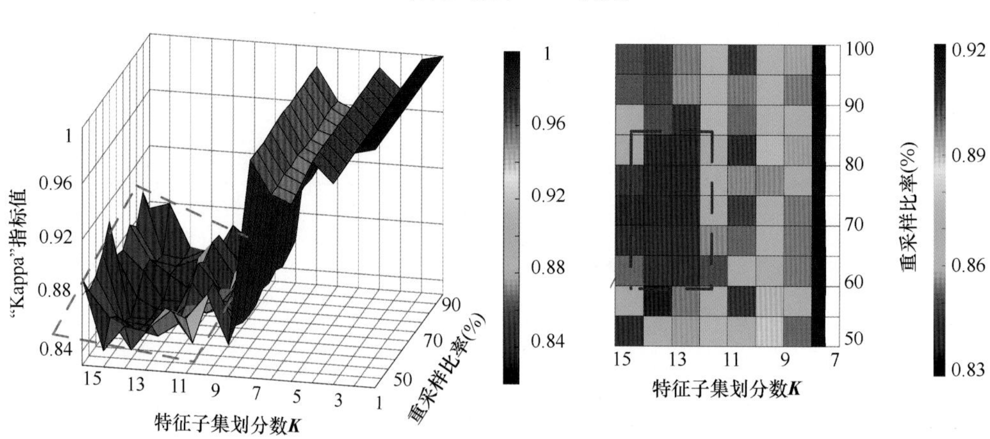

c) 目标函数为Kappa指标

图 9-9　不同 ROF 参数组合寻优过程

复杂电能质量智能分析技术

林　琳　黄南天　著

机械工业出版社

复杂电能质量智能分析是近年来电能质量控制领域的热点。常见复杂电能质量智能分析包括电能质量信号压缩、暂态分类和暂态检测与定位等。本书将时-频分析方法与模式识别技术相结合，分别针对电能质量信号压缩、不同需求下的扰动识别和复杂参数条件下的扰动检测定位开展研究。基础篇，介绍了电能质量信号压缩、暂态分类和暂态检测与定位的意义及国内外发展研究现状。应用篇，介绍了电能质量信号智能分析的实例，如单类支持向量机与归一化距离测度的电能质量信号压缩方法；由 S 变换及其改进形式获得的时-频特征，通过特征选择方法，降低分类器维数，提高分类效率，并分别设计基于决策树、极限学习机、随机森林的暂态分类系统；基于 Hyperbolic S 变换（HS 变换）、多分辨率快速 S 变换的电能质量扰动信号参数检测方法。高级篇，介绍了基于旋转森林的电能质量扰动识别方法以及基于时域特征提取和轻量级梯度提升机的电能质量扰动识别方法，并通过仿真实例证明了其有效性。

本书为电能质量智能分析技术方面的专业书籍，专业性较强，可供电气工程、能源与动力工程和计算机等相关领域的研究者阅读和参考。

图书在版编目（CIP）数据

复杂电能质量智能分析技术/林琳，黄南天著. —北京：机械工业出版社，2021.10（2022.9 重印）

ISBN 978-7-111-69235-5

Ⅰ.①复… Ⅱ.①林… ②黄… Ⅲ.①电能-质量分析 Ⅳ.①TM60

中国版本图书馆 CIP 数据核字（2021）第 199003 号

机械工业出版社（北京市百万庄大街 22 号 邮政编码 100037）
策划编辑：罗 莉 责任编辑：罗 莉
责任校对：张晓蓉 王明欣 封面设计：马若濛
责任印制：常天培
北京机工印刷厂有限公司印刷
2022 年 9 月第 1 版第 2 次印刷
184mm×260mm · 12 印张 · 2 插页 · 292 千字
标准书号：ISBN 978-7-111-69235-5
定价：89.00 元

电话服务 网络服务
客服电话：010-88361066 机 工 官 网：www.cmpbook.com
010-88379833 机 工 官 博：weibo.com/cmp1952
010-68326294 金 书 网：www.golden-book.com
 机工教育服务网：www.cmpedu.com

前言 / PREFACE

电能质量暂态扰动信号的分析对于电网以至整个电力系统均具有重要意义，主要包括电能质量信号的压缩、电能质量暂态信号的分类识别和电能质量暂态扰动的检测定位等。

由于电能质量数据采集与记录设备存储容量有限，传统电网通过录波器等设备记录电网电能质量数据时，其记录范围仅包含电能质量事件发生过程中及相邻较短时间内的电能质量数据，且电能质量事件发生前后相邻时间的数据也采用降采样率方法记录，记录数据量有限，因而难以支持高精度电能质量分析的要求。因此，需要通过数据压缩方法对数据进行处理，这样依靠有限的存储设备与网络资源即可实现电能质量数据的高效存储与传输。

电能质量扰动信号识别作为电能质量评估流程的第一步，是保证电力系统电能质量的基础和前提。一方面，电能质量扰动信号发生源较多，且不同类型的扰动信号产生原因各异，因此，需要对各类电能质量扰动信号进行准确识别，从而有效确定故障源并进行针对性治理；另一方面，在工业发展初期，由于电力系统复杂度较低，负载种类较少，电能质量扰动类别也较单一，因此扰动信号识别较为容易，随着国民经济的发展，海量分布式电源并网以及大量冲击性负载接入，电能质量扰动信号的类别也随之增加，并且呈现出复合发生趋势，导致扰动定位更加困难。

电能质量的暂态扰动检测定位是从连续的电能质量暂态信号中，准确地检测是否存在扰动以及确定扰动发生和结束的时间点。通过分析扰动发生和结束的时间点，可以从扰动信号记录装置上推断原始扰动源位置；确定扰动的持续时间对于识别扰动类型、确定暂态过程中电压畸变幅度等也具有重要作用。传统的等效电压法定位等方法只能精确到一个或者半个周期，不能精确到具体时间点，已经不能满足检测定位的精度需要。另外，由于电力系统对暂态控制逐渐严格，原本未受重视的电压切痕、电压尖峰等持续时间极短，分析困难的电能质量暂态现象也需要进行相关的检测与定位研究，这些对电能质量的暂态检测与定位形成了新的挑战。

本书分为三部分：

（1）基础篇：介绍了电能质量信号压缩、暂态分类和暂态检测与定位的意义及国内外发展研究现状。

（2）应用篇：介绍了电能质量信号智能分析的实例，如单类支持向量机与归一化距离测度的电能质量信号压缩方法；由 S 变换及其改进形式获得的时-频特征，通过特征选择方法，降低分类器维数，提高分类效率，并分别设计基于决策树、极限学习机、随机森林的暂态分类系统；基于 HS 变换、多分辨率快速 S 变换的电能质量扰动信号参数检测方法。

（3）高级篇：介绍了基于旋转森林的电能质量扰动识别方法以及基于时域特征提取和轻量级梯度提升机的电能质量扰动识别方法，并通过仿真实例证明了其有效性。

本书是在借鉴诸多学者辛勤劳动成果的基础上编写而成的，这些成果已列于参考文献中，在此表示深深的感谢，同时感谢为本书提供参考资料的同学、朋友，感谢吉林化工学院出版专著基金对本书的支持，感谢出版社对本书出版工作的支持。

作　者

目　录 / CONTENTS

高 级 篇

基　础　篇

第 1 章　绪论

1.1　电能质量分析的背景及意义

1.1.1　研究背景

电能质量是智能电网的主要控制目标，也是电力价格以质定价的基础[1,2]。近年来，随着大量电力电子器件、非线性负载和固态开关等在电力系统中的应用，以及电能在传输过程中受到的各种自然和人为干扰，各种电能质量问题频繁发生[3,4]。此外，具有随机出力特性的分布式太阳能、风能等可再生电源并网给电力系统电能质量带来更大的影响[5,6]。我国电网规模巨大且结构复杂，电能质量的恶化给国民经济造成巨大损失。电能质量的下降也不同程度地影响了社会生产和居民生活，例如：短时的电压中断或者电压暂降会造成计算机存储信息的丢失；电压中的谐波成分将造成工业产品质量不达标，进而导致经济损失。

对于整个电力系统，电能质量降低带来的危害包括：输配电线路电能损耗、各种电力设备的使用寿命缩短、重要电力设备产生误动作从而影响正常生产生活，甚至导致严重的电力事故。这些都将对电力系统的安全运行造成严重威胁。对于工业用户而言，所使用的设备基本都配备有数字控制器和功率器件等，这些设备的敏感性较高，一些微弱的电压波动都会影响其正常控制或运行，进而严重影响整个工厂的生产，造成工业损失；对于居民用户而言，各种家用电器的使用寿命会受到电能质量的影响，从而影响居民的正常生活。由于电能质量不达标而造成的损失已经引起了国内外学者的高度关注，据美国官方统计，美国在 2007 年由于电能质量不达标造成了高达 300 亿美金的经济损失，我国由于电能质量问题造成的经济损失每年达到 1400 亿元。由于电压暂降、短时中断，在 2012 年上海 23 个典型用户产生了高达 900 万元的经济损失，其中包括：产品质量不达标损失、生产停工损失、设备损坏及修理损失等。

如图 1-1 所示，电能质量扰动信号识别作为电能质量评估流程的第一步[7]，是保证电力系统电能质量的基础和前提[8]。一方面，电能质量扰动信号发生源较多，且不同类型的扰动信号产生原因各异。例如：大型电力负载（如电动机等）的起动可能会造成电压暂降或电压中断；电容器的频繁投切或自然界的雷击现象会造成瞬态过电压；电力系统中大量整流、换流技术的应用对电力系统产生了谐波；工业生产中使用的大功率设备（如电弧炉等）的运行可能引起电网电压的不正常波动，即电压闪变等。因此，需要对各类电能质量扰动信号进行准确识别，进而有效确定故障源并进行针对性治理。另一方面，在工业发展初期，由于电力系统复杂度较低，负载种类较少，电能质量扰动类别也较单一，因此扰动信号识别较为容易，随着国民经济的发展，海量分布式电源并网以及大量冲击性负载接入，电能质量扰动信号的类别也随之增加并呈现复合发生的趋势，给扰动源的定位带来更大的困难。

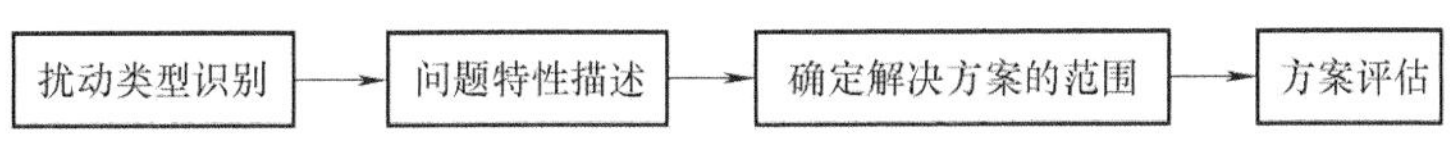

图1-1 电能质量评估的基本步骤

随着电网智能化需求的提高，需要记录分析的电能质量数据大幅增长，传统数据采集与记录设备无法满足海量数据的采集与记录要求。因而，针对电能质量数据的高效、准确的数据压缩算法研究已经受到广泛关注。由于压缩后的数据需要满足电能质量暂态扰动识别、参数估计、定位等分析工作的要求，因而电能质量数据压缩时，不仅要考虑压缩比，也要考虑数据的失真度等问题。电能质量数据的采集与记录需求，已经从电网的发电与输电环节逐渐向配电环节扩展，高精度、高压缩比的电能质量数据压缩技术也是未来智能配电网的重要基础。此外，针对设备普及问题，电能质量数据压缩方法不仅需要应用于传统的数字故障录波器等专门用于电网数据采集与记录的设备之中，未来智能电表等设备也需要兼具电能质量数据采集、压缩与传送的功能。因此，设计电能质量数据压缩算法时，还应该尽量降低算法的计算复杂度与实现难度，从而控制设备硬件成本，为促进设备普及打下基础。

在实际工程环境中，扰动信号复杂、数量庞大且信号采样率高，而现有电能质量扰动识别方法的信号处理效率低，信息存储占用空间大，这些都制约了现有方法在实际工程中的应用。因此，提高电能质量扰动信号处理效率、降低信息存储空间就显得尤为重要。电能质量扰动信号的精确识别是电能质量评估的首要任务，在保证扰动信号识别准确率的前提下，如何提高信号处理效率、降低信息存储空间是现有电能质量扰动识别研究的重点与难点。

电能质量扰动检测定位的任务是在电能质量信号中识别是否发生扰动，并且准确定位扰动发生和结束的时间。扰动的检测定位对于扰动源定位、扰动分析等具有重要意义，是扰动分析的重要基础之一。现有扰动检测定位方法包括数学形态学、差分熵法、小波方法、希尔伯特-黄变换等。由于扰动类型多、持续时间短、参数复杂，所以针对各种不同参数、不同类型的扰动检测定位，特别是扰动持续时间非常短的电压尖峰、电压切痕等的定位，仍然是现在研究的难点。

1.1.2 研究意义

本书的研究成果作为电能质量扰动源定位与针对性治理的基础，为电力系统中电能质量恶化问题的解决提供了重要依据，并具有实际应用价值。此外，国外的相关电能质量监测产品已经将电能质量信号压缩、暂态分类和暂态检测与定位作为重要研究对象，而国内同类设备大多着重于数据采集方面的研发。相比之下，国内设备在电能质量信号压缩、暂态分类和暂态检测与定位方面尚缺少竞争力。本书的相关成果若应用于电能质量监测装置中，可以较好地提高设备的性能。本书研究成果可以有效提高我国电能质量监测分析设备的实用性和实时性，更好满足市场需求。

1.2 国内外研究现状

1.2.1 电能质量数据压缩

电能质量数据是分析电网电能质量并进行针对性治理的重要依据。由于电能质量数据采集与记录设备存储容量有限，传统电网通过录波器等设备记录电能质量数据时，其记录范围仅包含电能质量事件发生过程中及相邻较短时间内的电能质量数据，而且电能质量事件发生前后相邻时间的数据也采用降采样率方法记录，记录数据量有限且难以支持高精度电能质量分析的要求。因此，需要通过数据压缩方法处理数据，用有限的存储设备与网络资源实现电能质量数据的高效存储与传输。

现有的电能质量数据压缩方法分为无损压缩与有损压缩两类。应用于电能质量数据压缩的无损压缩方法主要包括自适应 Huffman 编码[9]、动态 Huffman 编码[10]、改进的动态 Huffman 编码[11]、结合 Huffman 编码和 R-L 游程编码[12]、算术编码[13]、能量阈值法[14]等。无损压缩方法保存了信号的完整原始信息，能够支持电能质量信号分析的各种要求。但是，由于实际信号采集过程中存在噪声干扰等问题，无损压缩方法的压缩比较低，压缩效果并不理想，不能够完全满足实际工作中对于电能质量数据压缩的高压缩比要求。同时，无损压缩方法未考虑电能质量信号自身特点，电能质量信号在频率空间中相对集中，如暂态扰动中的电压暂降、电压暂升、电压中断等暂态信号，其频率范围主要集中于基频附近，后期分析数据时，也主要考虑基频附近的频率范围的信号变化特点。所以，对于电能质量信号的压缩可以考虑通过有损压损，在控制信号的失真程度并达到理想压缩效果的同时，保留电能质量信号的有效信息，以支持后期的电能质量数据分析。近年来电能质量信号压缩方法的研究主要集中于以小波方法为代表的有损压缩方法。

从本质上看，电能质量信号是较典型的宽频信号，各种暂态分量分布于频域和时域的不同范围，小波变换方法具有良好的时-频聚焦能力，可以有效地提取各种暂态信号时-频成分，非常适用于电能质量数据的压缩。采用小波变换对电能质量信号进行压缩时，首先对原始信号进行 i 层小波变换，每层小波系数的总长度与原始的输入信号长度相同，但是其中数据占比较小的平滑信号描述了原始电能质量信号的主要特征，而数据占比较大的细节信号只保留了信号的局部特征。通过对原始信号的小波系数进行阈值处理，既可以达到有损数据压缩的目的，压缩后的信号仍然可以很好地支持暂态识别、定位等分析的要求。同时，通过阈值处理，过滤了高频部分噪声信号的干扰，也起到了很好的降噪效果。采用基于小波变换方法的电能质量数据压缩方法，各种小波均可以实现电能质量信号的压缩与重构，但是不同的小波基压缩效果不同。此外，压缩比也不宜作为选择小波压缩算法的唯一指标，需要在获得较高压缩比的同时，兼顾小波基正则性、紧支撑性、能量集中性、对称性、失真率、运算量等要求，综合考虑后选择适当的小波基与小波分解层数。

参考文献［15］采用 db4 小波对电能质量信号进行离散正交小波变换，在获得小波系数后通过设置阈值，使低于阈值的大量小波系数为 0，而后仅保留非 0 的小波系数，从而达到了电能质量数据压缩的要求，获得了较好的压缩效果。

参考文献［16］设计了一种基于软阈值的离散小波变换去噪、压缩方法。通过Brownian Bridge随机过程方法实时计算阈值，该方法能够根据实际工作环境中的具体噪声水平自适应地确定阈值，在一定程度上避免硬阈值法保存原始信号信息与过滤环境噪声之间的矛盾，获得了较好的降噪效果。但是，噪声强度的估计与软阈值的实时计算增加了计算量，对硬件提出了更高的要求。

参考文献［17］通过比较Mallat小波与双正交样条小波（Biorthogonal Spline Wavelet，简写为bior Nr. Nd，其中，Nr、Nd分别为重构和分解消失矩阶数），在综合考虑数据压缩比、信号重构的失真率、故障时刻定位误差率以及计算时间等因素的基础之上，确定bior 3.1双正交小波作为电能质量数据压缩方法，取得了较好的压缩效果与实时性。

参考文献［18］将二维离散小波变换与能量阈值法相结合应用于电能质量数据压缩。通过二维db4小波将电能质量信号中的信号高频成分与噪声分解到不同的方向上，且将能量保留在很少的小波系数中。之后，采用能量均值修正系数设置能量阈值，通过能量阈值，将99%以上的信号能量保存在压缩后的信号中。通过计算信噪比（SNR，单位为dB）、压缩比（CR）、均方误差百分值（MSE）、能量比4个指标，验证了其方法的有效性。

参考文献［19］采用第二代小波变换算法——提升算法处理电能质量信号。同时，通过小波分解层数对应频率范围与工频关系确定最优小波分解层数，有效地降低了运算量。

参考文献［20-22］等将二维提升小波用于电能质量数据压缩，通过有限的简单提升步骤实现了二维小波变换。通过提升滤波算法对二维矩阵的行、列分别进行一维变换，对变换后的二维矩阵数据进行抽取，分别生成近似分量、水平方向细节分量、垂直方向细节分量、对角线方向细节分量4个子带矩阵，并重复以上过程，直至达到预期的小波分解层数。其运算量接近一维小波变换的两倍，且压缩比高于一维小波变换。同时，采用二维小波变换压缩信号其压缩比受到信号原始特征影响，当信号具有周期性时，二维小波变换在减少周期信号冗余方面优于一维小波变换，但是当信号本身周期性较弱时，二维小波变换相较于一维小波变换的压缩比优势明显降低，且运算量高于一维小波变换。因而，实际工作中应该根据具体信号特征选择一维或二维小波变换压缩方法。

参考文献［23］将多小波应用于电能质量数据压缩，与传统小波变换方法比较，采用多小波变换方法分解与重构电能质量信号，其信号的重构误差精度远远高于传统小波变换方法，且具有更高的能量集中率。

除单独使用小波变换方法压缩电能质量信号之外，小波变换方法与人工神经网络相结合也可以起到良好的电能质量信号压缩效果[24]。在采用样条小波基对原始信号进行二层分解的基础之上，通过阈值减少小波系数，并将减少后的小波系数作为输入数据送入径向基神经网络中进行进一步压缩。可以在小波变换压缩基础上得到进一步压缩，压缩比高于单一使用小波变换方法，但是该方法运算量较大，对于实时性要求较高的应用环境需要更高的硬件系统支持。

综上所述，在电能质量信号压缩领域，能够根据信号频域特点进行压缩的小波变换方法适用于电能质量信号的压缩与降噪，但是小波变换方法的运算量较大，算法实现硬件要求较高。随着智能电网建设的不断深入，需要进行电能质量数据监控的环节已经逐渐由发电、输电环节向配电环节扩展[25,26]。为满足电网整体的智能化需求，并且兼顾安全、经济、电能质量三大原则[27]，设计算法时，不仅仅要考虑到算法的压缩比等指标，同时也要考虑到算法的复杂程度，包括时间复杂度、空间复杂度等问题，尽可能设计简单高效的压缩方法，从而控制电能质量数据采集与压缩设备的成本，促进设备的普及，并在此基础上提高电网整体的智能化水平。另一方面，采用小波变换方法设计电能质量数据压缩方法时，采用不同的小波基或阈值，对压缩效果影响较大，目前尚没有确定选择小波基与小波阈值的统一方法。

1.2.2 电能质量扰动识别

随着各种冲击性负载接入以及大量分布式电源并网，电力系统中的电能质量扰动信号呈现出种类复杂、持续时间短等特点[28,29]。常见的扰动类型包括电压暂降、电压暂升、电压中断以及暂态振荡等。对于这些扰动，通常提取其电压幅值、起止时间等特征进行有效区分。在实际工作中，以上扰动通常和电压闪变、谐波等扰动放在一起进行区分[30]。此外，目前电能质量扰动信号已经向着复杂、复合扰动方向发展，即不同扰动类型同时叠加发生。如振荡含暂降、振荡含暂升等复合扰动信号的出现，给电能质量扰动信号识别带来了新的困难。

电能质量扰动信号识别通常分为特征提取、特征选择和模式识别 3 个步骤[31-33]：特征提取环节中信号处理效果的好坏将直接影响所提取特征的有效性，信号处理方法的时间、空间复杂度也对特征提取效率和信息存储造成影响；有效的特征选择可以去除原始特征集合中的冗余特征，简化分类器结构，提高扰动信号的分类效果；在模式识别环节建立准确、高效的分类器是电能质量扰动信号识别过程最重要的环节，分类器的性能将直接影响最终的扰动识别结果。

1. 电能质量扰动信号特征提取

在对电能质量信号进行时-频处理的基础上可以对扰动信号进行特征提取。在现有电能质量扰动识别的相关研究中，所采用的各种时-频分析（Time-Frequency Analysis，TFA）方法对扰动信号具有较好的时、频分析效果，这为特征提取工作打下了良好的基础。现有研究中常用的 TFA 方法包括有傅里叶变换（Fourier Transform，FT）[34]、希尔伯特-黄变换（Hilbert-Huang Transform，HHT）[35]、短时傅里叶变换（Short-time Fourier Transform，STFT）[36,37]、小波变换（Wavelet Transform，WT）[38,39]以及 S 变换（S-Transform，ST）[40-42]及其改进形式的快速 S 变换（Fast S-Transform，FST）[43,44]等。通过现有研究分析发现，以上各种信号处理方法在对信号进行有效分析的同时，也存在各种不足。下面通过分析各方法性能的优劣进一步了解各方法的特点。

参考文献［36］使用的 STFT 方法对扰动信号的时-频分辨具有较好效果，然而，由于该方法窗函数的相关特性与时间和频率无相关联系，因此该方法的时-频分辨率较为单一。STFT 方法的这种缺点制约了其在不同频率范围内电能质量扰动分析的应用。相较于 STFT 方法，参考文献［38］使用 WT 方法具有更好的时-频分析特性，对于较微弱或者不平稳的扰动信号，WT 方法的分析能力更强。由于 WT 方法的函数窗的形状是可以改变的，因此，在算法应用过程中可以通过调节窗口的形状实现算法的时-频分辨率的有效调整。由于 WT 方法的分析特性满足电能质量扰动信号的畸变分布特点，因此该方法在电能质量检测与分析领域具有较为广泛的应用。然而，WT 方法在使用过程中需要设置小波基的类型和信号分解的层数，这种复杂的参数设置需求制约了算法的实际应用。参考文献［40］使用的 ST 方法已经广泛应用于电能质量识别领域并且取得了良好的效果。相较于其他方法，ST 在抗噪能力和时-频分析效果方面均具有更好的表现。然而，ST 的运算复杂度较高，信号分析时间较长，是制约其在实际工程中应用的重要原因，无法满足现有海量、高采样率电能质量信号的实时分析的需求。针对 ST 方法运算复杂度高的缺点，参考文献［43］等使用了 FST 方法，ST 方法需要对信号所有频率点均进行加窗傅里叶变换逆变换，而 FST 方法只对扰动信号的主要频率点进行处理，从而实现了对 ST 方法频域上的压缩。在此基础上，参考文献［45］设计了一种最优多分辨率快速 S 变换（Optimal Multiresolution Fast S-Transform，OMFST）方法，可以自适应调整不同扰动信号识别所需最优窗宽，具有更好的扰动分析能力。相较于 ST 方法，以上 FST 方法与 OMFST 方法虽然可以有效降低扰动特征提取的复杂度，但是，在信号采样率过高，信号采集时间过长情况下，得到的时-频矩阵规模仍较大、空间复杂度仍然较高。因此，在现有研究基础上进一步降低时-频矩阵的空间复杂度，减小信息所需存储空间，进而减轻信息存储压力具有重要的意义。

参考文献［46］将原始时间序列形式的电能质量扰动信号转换为灰度图像，之后通过不同的图像增强技术，对灰度图像中的扰动特征进行增强，取得了一定的效果。相较于传统的信号处理方法，该方法的特征提取效率得到显著提高。该研究中，采用不同的图像特征增强方法分别对不同的电能质量扰动信号进行特征增强，然而，如何判定具体采用何种图像处理方法、采用何种特征开展模式识别均未论述，因此不能很好地应用于实际应用中。参考文献［47］与参考文献［48］针对不同的扰动类型分别使用伽马校正、边缘检测以及峰谷检测等方法，对信号灰度变换后得到的二维灰度图像进行特征增强，在此基础上提取形态学特征用于扰动分析。

2. 电能质量扰动信号特征选择

初期的电能质量扰动识别的研究中通常不涉及特征选择，然而电能质量扰动信号经特征提取后可得到大量的时-频特征，过高的特征维度不仅增加了特征存储空间与计算时间，冗余特征还会降低扰动信号分类效率与准确率。因此，对原始特征集合进行特征选择，在保证分类效果的前提下降低特征向量维度具有重要意义。

所谓特征选择，就是在获得原始特征集合的基础上，通过对原始特征集合中的所有特征的不同组合的分类能力进行有效分析，在此基础上去除冗余特征，确定最优特征组合。在现有电能质量扰动识别领域中，深入分析特征选择方法的相关研究较少，因此电能质量扰动识别的特征选择目前还处于初步阶段。参考文献［49］中首先使用了统计方法对特征进行了分析，之后通过散点图的分析最终确定最优特征子集，将 18 维的原始特征集合确定为 2 维，有效降低了特征维数。该研究通过特征选择提高了特征提取效率，简化了分类器结构。参考文献［50］分别在风能系统、光伏系统以及北欧 32 母线测试系统三个研究背景下，采用遗传算法进行特征选择。在去除冗余特征之后，最终识别的准确率和效率得到提高。参考文献［51］分别采用了序列前向与后向搜索方法以及格拉姆-施密特正交化方法进行特征选择，实验结果显示，采用序列后向搜索方法的分析效果优于其他两种方法，可以得到较高的识别准确率。然而，以上特征选择方法的效率制约了其在实际工程中的应用。

以上特征选择方法可以归纳为两种：第一种是按照过滤式（Filter）方法，依据特征的统计结果开展，但难以分析特征组合的分类能力[52]；第二种是采用封装式（Wrapper）方法，结合智能算法，根据分类器分类效果，寻找满足分类准确率要求的特征子集，但寻优效率较低。同时，特征选择方法受噪声影响较大[53]。因此，在复杂噪声环境下，且能够分析特征组合分类能力并具有良好寻优效率的特征选择方法，是本文研究的重点之一。

3. 电能质量扰动信号模式识别

电能质量信号在提取原始特征集并确定最优特征子集之后，可建立有效的分类器进行电能质量扰动信号模式识别。现有研究中常用的模式识别方法包括决策树（Decision Tree，DT）[54-56]、支持向量机（Support Vector Machine，SVM）[57,58]、贝叶斯分类器（Bayesian Classification，BC）[59]、神经网络（Neural Networks，NN）[60]和极限学习机（Extreme Learning Machine，ELM）[61,62]等。以上模式识别方法在实际应用中均取得了一定的效果，同时也各自存在着不足之处。

随着电力系统中扰动源的增多，电能质量扰动类型逐渐从单一类型过渡为多种复合类型，因此多类型、复合扰动的识别难度增大。黄广斌[61]在 2006 年提出了 ELM 方法，该方法具有较好的抗噪性，且分类器构建与识别速度较快，具有较好的分类效果，但是在具体应用中容易引起过拟合。参考文献［57］使用了一种 SVM 识别方法，采用小波核函数精简支持向量的数目，其分类效果也可以达到满意水平，但是 SVM 在具体使用中需要设置的参数较多，其惩罚因子和核函数的确定将直接影响最终分类效果。此外，SVM 在实际应用中也容易发生过拟合问题。相较于以上分类器，DT 具有更好的扰动识别效果，参考文献［50］研究发现，在采用相同训练与测试样本集情况下，DT 分类准确率优于 SVM，但 DT 的分类阈值设定依赖于训练样本，泛化能力较差。

随着海量电能质量数据的出现，电能质量扰动类型也越来越复杂，实际应用中对电能质量扰动信号的分类准确率和分类器的稳定性要求越来越高。与单一分类器相比，集成分类器可以通过综合分析各基分类器的结果，确定最优分类准确率，分类稳定性得到提高。随机森林（Random Forest，RF）是一种优秀的集成分类算法[63]，对各基分类器采用多数投票法确定最优分类准确率，相较于 DT 具有更好的泛化能力。此外，RF 可根据各个节点训练过程中的分类效果，获得特征重要度，为最优特征子集的选取提供参考指标。集成算法中基分类器之间的差异性以及分类精度是影响算法表现的两个至关重要的因素，旋转森林（Rotation Forest，ROF）[64]作为一种兼顾基分类器间差异性与分类准确率的优秀集成分类算法，应用于多种模式识别研究领域中。ROF 在每次抽取子样本前，对原始特征集合进行随机分割组合，采用特征变换策略有效地增大基分类器之间的差异性。目前在多个公共集合的分类测试中，ROF 均可获得最高的识别准确率。

现有电能质量扰动识别研究分为信号特征提取、特征选择、模式识别三部分：通过对扰动信号进行有效的信号处理，可以充分分析信号的时-频特性，在此基础上提取丰富、有效的时-频特征，构建原始特征集合；特征选择环节可以对原始特征集合中的特征进行分析，去除冗余特征，从而提高特征提取效率，简化分类器结构，减少冗余特征对分类效果的影响；模式识别环节是电能质量扰动识别研究中的最后一步，也是至关重要的一步，通过建立高效、准确的分类器可以对复杂的、复合的电能质量扰动信号进行有效分类。

虽然现有文献对各环节均进行了不同程度的研究，并且取得了一定的效果，但是仍然存在着以下不足：

（1）电能质量扰动信号特征提取方面，主要存在两方面的不足：一方面，现有信号处理方法的处理效率较低，无法满足现有海量高采样率电能质量扰动的实时分析需求；另一方面，ST 方法及其改进形式的 FST、OMFST 方法的复杂度较高，时-频矩阵规模较大，因此硬件设备的存储压力较大，制约了其在实际工程中的应用。

（2）电能质量扰动信号特征选择方面：现有特征选择方法的效率较低，且缺少对不同特征组合分类能力的有效分析。

（3）电能质量扰动信号模式识别方面：现有单一分类器的稳定性较低，难以满足复杂、复合电能质量扰动的识别需求。

1.2.3 电能质量扰动定位与参数分析

1. 电能质量扰动定位

电能质量的暂态扰动检测定位指的是从连续的电能质量暂态信号中，准确地检测是否存在扰动并确定扰动发生和结束的时间点。通过分析准确的扰动发生和结束的时间点，可以通过扰动信号记录装置推断原始扰动源位置；确定扰动的持续时间对于识别扰动类型、确定暂态过程中电压畸变幅度等也具有重大意义。由于智能电网对扰动信号分析结论的准确性提出了新的要求，定位扰动方法无法精确到具体时间点，已经不能满足检测定位精度的需求。此外电力系统对暂态扰动的控制逐渐严格，持续时间极短、分析困难的电能质量暂态现象（如电压切痕、电压尖峰等）现今也需要进行相关的检测与定位研究，这对电能质量的暂态检测与定位形成了新的挑战。常用的暂态定位检测方法包括数学形态学、小波变换、差分熵等。

当电能质量信号暂态现象发生或者结束时，其信号能量在扰动起、止时间点会发生明显变化。因此采用小波对原始电能质量信号进行小波变换，之后通过不同层次上（特别是高频域）小波系数突变点定位电能质量暂态现象是现有暂态检测定位方法中最有效的一类。参考文献［65-69］即采用小波变换方法实现了电能质量暂态现象的有效定位。

电能质量信号经常受到噪声的污染，当信号信噪比较低时，原始信号的畸变起止点的能量变化经常淹没于噪声信号之中，造成扰动定位误差或者失效。因此，如何高效过滤原始信号中的噪声成分，使之能够适应小波或其他定位方法的信噪比要求，也是暂态检测定位中需要解决的重要部分。在电能质量信号滤波算法中，数学形态学方法被广泛应用于暂态检测定位前的电能质量信号滤波[70-72]。形态学最早用于研究生物领域中动植物的形状与结构特性，是数字图像处理的有效工具之一，多用于提取图像的区域特征，也可以用于图像的滤波。由于电能质量信号为一维时变信号，所以在处理电能质量信号时，多采用数学形态学方法中的一维离散灰度形态学变换，其计算基础为“膨胀”与“腐蚀”运算。“膨胀”运算相当于将曲线加长或变粗，“腐蚀”运算相当于将曲线细化或者收缩。通过膨胀与腐蚀运算，可以得到数学形态学中的“形态开”与“形态闭”运算结果，并通过形态学开、闭运算进行滤波。通过开运算可滤除信号中的正脉冲噪声，去掉含噪声电能质量信号中的毛刺和孤立点；闭运算可以滤除信号中的负脉冲噪声，填补信号曲线上的缺损部分。其滤波效果取决于使用的形态学变换方法与结构元素。相比较其他滤波方法，形态学滤波方法运算量较小，适用于实时性要求较高的扰动检测定位中信号的预处理工作。

除小波变换方法外，采样值估算法[73]、S 变换[74]、差分熵[75]等方法同样被应用于暂态扰动的检测与定位。参考文献［73］采用采样值估算法定位暂态扰动，假设已知标准电能质量信号的电压与频率，则可由已知 2 个采样点电压幅值推断第 3 点标准电压幅值。通过比较第 3 点标准电压幅值与实测电压幅值之间的电压偏差，确定是否发生电压畸变。该方法思路简单，定位速度快，但是在设计电压偏差阈值时没有考虑到噪声的影响，且未验证不同噪声环境下该方法的有效性，其阈值定义的合理性仍然有待证明。参考文献［74］采用 S 变换的模矩阵幅值平方和均值定位扰动，其方法具有一定的抗噪性能，且能有效定位高频扰动，但是未验证该方法在电压幅值畸变较小和较短持续时间下的暂态扰动定位能力。参考文献［75］采用差分熵方法检测扰动，采用信息论中熵概念判断扰动发生时间，通过检测暂态信号各个时间点的信息熵变化判断是否产生波动，实现了 5 类暂态扰动的精确定位与检测，考虑了较多类型的暂态信号中参数对检测结果的影响，如噪声水平、电压畸变幅度等，但是其研究对象中未包含扰动时间短、电压幅值变化小的电压切痕与电压尖峰等类型的暂态信号。

综上可知，针对电能质量暂态扰动的检测与定位研究仍然存在以下问题：①检测持续时间较短，电压幅值畸变度较小的电压切痕、电压尖峰等暂态现象的难度较大，此方面的研究较少；②定位过程中，对不同暂态信号参数影响考虑还不够完善，如扰动持续时间、电压幅值畸变程度、暂态振荡的振荡衰减系数等参数的综合影响没有全盘考虑。

2. 电能质量参数分析

准确检测电能质量扰动信号参数的前提是提取有效的特征。国内外学者主要从时域、频域和时-频域方面进行扰动特征的提取。时域特征提取方法是从扰动信号本身出发，根据奇异点的幅值和相位信息[76,77]提取出检测扰动参数的特征，该方法具有物理意义明确的优点，但当发生复合扰动及多频率谐波扰动时很难进行参数的检测；频域特征提取方法是将扰动信号进行傅里叶变换[78]，该方法能反映谐波和闪变等稳态扰动的参数，但不能反映暂降、暂升等暂态扰动的参数；时-频特征提取方法是利用小波变换、S 变换等方法进行时频分析，通过从时频分析结果中提取特征进行参数检测，其中，小波变换可以较好地检测奇异点的时频参数[79,80]，但其有抗噪声能力差和需要选择小波基等缺点。S 变换继承小波变换高频用小时窗、低频用大时窗的优点，时域和频域均可分解得更加细致。但 S 变换存在较多冗余计算，采用改进不完全 S 变换检测电能质量扰动参数，使用参数检测特征向量可取得较高的检测精度。

S 变换后生成的时-频模矩阵具有丰富的特征信息。参考文献［81］利用改进 S 变换方法对电压暂降进行参数检测，通过改进 S 变换窗宽因子保证基频幅值曲线的平直性，由基频幅值曲线的差分向量检测暂降发生的起止时刻；参考文献［82］提出平方检测法测量电压闪变，由 S 变换时-频模矩阵的频域特性曲线求得闪变幅值，由模矩阵高频幅值和曲线求得闪变起止时刻；参考文献［83］利用模矩阵频率对应最大值曲线检测电力系统间谐波的频率和幅值；参考文献［84］利用不对称的 Hyperbolic 代替对称的高斯窗参与 S 变换从而获得较高的时间分辨率，通过提取各时间点时全部频率的幅值和来定位扰动起止点。

通过以上文献总结可知，电能质量扰动信号的参数主要为扰动幅度、扰动频率、扰动起止时刻。现有扰动参数检测研究仍然存在以下问题：①国内外学者较多地利用时-频特征提取方法进行扰动参数的检测，而忽略了与时域特征提取方法、频域分析方法相结合的应用；②部分文献在检测过程中，对检测方法抗噪性考虑还不够完善，应在实验过程中加入噪声影响或设置单独的噪声抑制环节。

参考文献

[1] DE S, DEBNATH S. Real-time cross-correlation-based technique for detection and classification of power quality disturbances [J]. IET Generation Transmission & Distribution, 2018, 12 (3): 688-695.

[2] 贾清泉，艾丽，董海艳，等. 考虑不确定性的电压暂降不兼容度和影响度评价指标及方法 [J]. 电工技术学报，2017，32 (1): 48-57.

[3] SINGH U, SINGH S N. Detection and classification of power quality disturbances based on time-frequency-scale transform [J]. IET Science Measurement & Technology, 2017, 11, (6): 802-810.

[4] SINGH U, SINGH S N. Application of fractional Fourier transform for classification of power quality disturbances [J]. IET Science Measurement & Technology, 2017, 11, (1): 67-76.

[5] 黄南天，徐殿国，刘晓胜. 基于S变换与SVM的电能质量复合扰动识别 [J]. 电工技术学报，2011，26 (10): 23-30.

[6] CHAKRAVORTI T, PATNAIK R K, DASH P K. Detection and classification of islanding and power quality disturbances in microgrid using hybrid signal processing and data mining techniques [J]. IET Signal Processing, 2018, 12 (1): 82-94.

[7] DUGAN R C, DUGAN R C, DUGAN R C, et al. Electrical power systems quality [M]. New York: McGraw-Hill, 2003.

[8] WASIAK I, PAWELEK R, MIENSKI R. Energy storage application in low-voltage microgrids for energy management and power quality improvement [J]. IET Generation Transmission & Distribution, 2014, 8 (3): 463-472.

[9] 苗世洪，王少荣，刘沛，等. 数据压缩技术在电力系统通信中的应用 [J]. 电力自动化设备，1999，19 (3): 32-33.

[10] 黄荣辉，周明天，曾家智. 动态哈夫曼算法在电力线计算机网络数据压缩中的应用 [J]. 计算机科学，2000，27 (11): 36-38.

[11] 朱怀宏，吴楠，夏黎春. 利用优化哈夫曼编码进行数据压缩的探索 [J]. 微机发展，2002，5，1-5.

[12] TEHRANIPOUR M H, NOURANI M, ARABI K. et al. Mixed RL-Huffman encoding for power reduction and data compression in scan test, Circuits and Systems [C]. Proceedings of the 2004 international Symposium (ISCAS'04.), 2004.

[13] HSIEH, C-T, HUANG, S J. Disturbance data compression of a Power system using the Huffman coding approach with Wavelet transform enhancement [J]. Generation, Transmission and Distribution, IEEE Proceedings, 2003, 150 (1): 7-14.

[14] 王成山，王继东. 基于能量阈值和自适应算术编码的数据压缩方法 [J]. 电力系统自动化，2004，28 (24): 56-60.

[15] CHUNG J, POWERS E J, GRADY W M, et al. Power disturbance classifier utilizing a ruled-based method and wavelet packet-based hidden markov model [J]. IEEE Tran. on Power Delivery, 2002, 17 (1): 738-743.

[16] SANTOSO S, POWERS E J, GRADY W M. Power quality disturbance identification using wavelet transforms and artificial neural networks [C]. Proceedings of IEEE ICHQP Ⅶ Lasvegas, 1996: 615-618.

[17] 费铭薇，乐全明，张沛超，等. 电力系统故障录波数据压缩与重构小波基选择 [J]. 电力系统自动化，2005，29 (17): 64-67, 97.

[18] 赵艳粉，杨洪耕. 二维离散小波变换在电能质量检测数据压缩中的应用 [J]. 电力系统自动化，2006，30 (15): 51-55.

[19] 乐全明，郁惟墉，柏传军，等. 基于提升算法的电力系统故障录波数据压缩新方案 [J]. 电力系统自

动化，2005，29（5）：74-78.

[20] 鲍文，周瑞，刘金福. 基于二维提升小波的火电厂周期性数据压缩算法［J］. 中国电机工程学报，2007，27（29）：96-101.

[21] GEREK O N，ECE D G. 2-D analysis and compression of power-quality event data［J］. IEEE Transactions on Power Delivery，2004，19（2）：791-798.

[22] GEREK O N，ECE D G. Compression of power quality event data using 2D representation［J］. Electric Power Systems Research，2008，78：1047-1052.

[23] 刘志刚，钱清泉. 基于多小波的电力系统故障暂态数据压缩研究［J］. 中国电机工程学报，2003，23（10）：22-26.

[24] 周厚奎. 基于小波和神经网络的电能质量扰动信号数据压缩［J］. 电力系统自动化，2007，27（3）：38-40，56.

[25] 常康，薛峰，杨卫东. 中国智能电网基本特征及其技术进展评述［J］. 电力系统自动化，2009，33（17）：10-15.

[26] 徐丙垠，李天友，薛永端. 智能配电网与配电自动化［J］. 2009，33（17）：38-41，55.

[27] 张伯明，孙宏斌，吴文传，等. 智能电网控制中心技术的未来发展［J］. 电力系统自动化，2009，33（17）：21-28.

[28] MAHELA O P，SHAIK A G，GUPTA N. A critical review of detection and classification of power quality events［J］. Renewable & Sustainable Energy Reviews，2015，41（C）：495-505.

[29] SAINI M K，KAPOOR R. Classification of power quality events-A review［J］. International Journal of Electrical Power & Energy Systems，2012，43（1）：11-19.

[30] SATAO S R，KANKALE R S. A new approach for classification of power quality events using S-Transform［C］//International Conference on Computing Communication Control & Automation. 2017，22（2）：944-950.

[31] CHAKRAVORTI T，DASH P K. Multiclass power quality events classification using variational mode decomposition with fast reduced kernel extreme learning machine-based feature selection［J］. IET Science Measurement & Technology，2018，12（1）：106-117.

[32] REDDY M V，SODHI R. A rule-based S-Transform and AdaBoost based approach for power quality assessment［J］. Electric Power Systems Research，2016，134：66-79.

[33] HAJIAN M，FOROUD A A. A new hybrid pattern recognition scheme for automatic discrimination of power quality disturbances［J］. Measurement，2014，51（5）：265-280.

[34] 汪添淳. 电能质量扰动分析方法研究［D］. 哈尔滨理工大学，2015.

[35] ALSHAHRANI S，ABBOD M，TAYLOR G. Detection and classification of power quality disturbances based on Hilbert-Huang transform and feed forward neural networks［C］//Power Engineering Conference. 2017，43（6）：607-619.

[36] 宋艳丽，宋艳鑫，朱静. 基于全相位 FFT 的电能质量谐波检测新方法研究［J］. 成都航空职业技术学院学报，2018（4）：49-51.

[37] 黄建明，瞿合祚，李晓明. 基于短时傅里叶变换及其谱峭度的电能质量混合扰动分类［J］. 电网技术，2016，40（10）：3184-3191.

[38] 王维博，董蕊莹，曾文入，等. 基于改进阈值和阈值函数的电能质量小波去噪方法［J］. 电工技术学报，2019，34（02）：409-418.

[39] DEOKAR S A，WAGHMARE L M. INTEGRATED DWT-FFT approach for detection and classification of power quality disturbances［J］. International Journal of Electrical Power & Energy Systems，2014，61：594-605.

[40] 许立武，李开成，罗奕，等. 基于不完全S变换与梯度提升树的电能质量复合扰动识别［J］. 电力系统保护与控制，2019，26（10）：3-30.

[41] 黄南天，张卫辉，徐殿国，等. 采用多分辨率广义S变换的电能质量扰动识别［J］. 哈尔滨工业大学学报，2015，47（09）：51-56.

[42] BABU P R，DASH P K，SWAIN S K，et al. A new fast discrete S-transform and decision tree for the classification and monitoring of power quality disturbance waveforms［J］. International Transactions on Electrical Energy Systems，2014，24（9）：1279-1300.

[43] LI J，TENG Z，TANG Q，et al. Detection and Classification of Power Quality Disturbances Using Double Resolution S-Transform and DAG-SVMs［J］. IEEE Transactions on Instrumentation & Measurement，2016，65，（10）：2302-2312.

[44] BABU P R，DASH P K，SWAIN S K，et al. A new fast discrete S-transform and decision tree for the classification and monitoring of power quality disturbance waveforms［J］. International Transactions on Electrical Energy Systems，2015，24，（9）：1279-1300.

[45] HUANG N，CHONG Y，ZHANG W，et al. Power quality analysis adopting optimal multi-resolution fast S-transform［J］. Chinese Journal of Scientific Instrument，2015，36，（10）：2174-2183.

[46] HUSSAIN SHAREEF，AZAH MOHAMED，AHMAD ASRUL IBRAHIM. An image processing based method for power quality event identification［J］. Electrical Power and Energy Systems，2013（46）：184-197.

[47] 江辉，郑岳怀，王志忠，等. 基于数字图像处理技术的暂态电能质量扰动分类［J］. 电力系统保护与控制，2015，43（13）：72-78.

[48] HUI J，ZHENG Y，WANG Z，et al. An image processing based method for transient power quality classification［J］. Power System Protection & Control，2015，43（13）：72-78.

[49] HUANG N，XU D，LIU X，et al. Power quality disturbances classification based on S-transform and probabilistic neural network［J］. Neurocomputing，2012，98（18）：12-23.

[50] RAY P K，MOHANTY S R，KISHOR N，et al. Optimal Feature and Decision Tree-Based Classification of Power Quality Disturbances in Distributed Generation Systems［J］. IEEE Transactions on Sustainable Energy，2014，5（1）：200-208.

[51] KHOKHAR S，ZIN A A M，MEMON A P，et al. A new optimal feature selection algorithm for classification of power quality disturbances using discrete wavelet transform and probabilistic neural network［J］. Measurement，2017，95：246-259.

[52] 黄南天，彭华，蔡国伟，等. 电能质量复合扰动特征选择与最优决策树构建［J］. 中国电机工程学报，2017，37（03）：776-786.

[53] 黄南天，王达，刘座铭，等. 复杂噪声环境下电能质量复合扰动特征选择［J］. 仪器仪表学报，2018，39（04）：82-90.

[54] GARG R，SINGH B，SHAHANI D，et al. Recognition of Power Quality Disturbances Using S-Transform Based ANN Classifier and Rule Based Decision Tree［J］. IEEE Transactions on Industry Applications，2015，51，1249-1258.

[55] MAHELA O P，SHAIK A G. Recognition of power quality disturbances using S-transform based ruled decision tree and fuzzy C-means clustering classifiers［J］. Applied Soft Computing，2017，59（2）：243-257.

[56] 陈华丰，张葛祥. 基于决策树和支持向量机的电能质量扰动识别［J］. 电网技术，2013，37（5）：1272-1278.

[57] BOSNIĆ J A，PETROVIĆ G，Putnik A，et al. Power quality disturbance classification based on wavelet transform and support vector machine［C］//International Conference on Measurement. 2017.，103（2）：75-86.

[58] PARVEZ I，AGHILI M，SARWAT A I，et al. Online power quality disturbance detection by support vector

machine in smart meter [J]. Journal- Energy Institute, 2018, 6 (10): 1-12.

[59] WU J, LI Y, QUEVEDO D E, et al. Data-Driven Power Control for State Estimation: A Bayesian Inference Approach [J]. Automatica, 2015, 54: 332-339.

[60] KARASU S, SARAÇ Z. Classification of power quality disturbances with S-transform and artificial neural networks method [C]//Signal Processing & Communications Applications Conference. 2017, 61 (5): 2473-2482.

[61] HUANG G B, ZHU Q Y, SIEW C K. Extreme learning machine: Theory and applications [J]. Neurocomputing, 2006, 70: 489-501.

[62] ZHANG S, LI P, ZHANG L, et al. Modified S transform and ELM algorithms and their applications in power quality analysis [J]. Neurocomputing, 2015, 185 (C): 231-241.

[63] BREIMAN L. Random Forests [J]. Machine Learning, 2001, 45, (1): 5-32.

[64] RODRIGUEZ J J, KUNCHEVA L I, ALONSO C J. Rotation Forest: A New Classifier Ensemble Method [J]. IEEE Transactions on Pattern Analysis & Machine Intelligence, 2006, 28, (10): 1619-1630.

[65] LIN WHEI-MIN, WU CHIEN-HSIEN, LIN CHIA-HUNG, et al. Detection and Classification of Multiple Power-Quality Disturbances With Wavelet Multiclass SVM [J]. IEEE Transactions on Power Delivery, 2008, 23 (4): 2575-2582.

[66] QIAN L W, David A. Cartes, LI H. An Improved Adaptive Detection Method for Power Quality Improvement [J]. IEEE Transactions on Industry Application, 2008, 44 (2): 525-533.

[67] PANIGRAHI B K, DASH P K, REDDY J B V. Hybrid signal processing and machine intelligence techniques for detection, quantification and classification of power quality disturbances [J]. Engineering Applications of Artificial Intelligence, 2009, 22: 442-454.

[68] DWIVEDI U D, SINGH S N. Enhanced Detection of Power-Quality Events Using Intra and Interscale Dependencies of Wavelet Coefficients [J]. IEEE Transactions on Power Delivery, 2010, 25 (1): 358-366.

[69] HOOSHMAND R, ENSHAEE A. Detection and classification of single and combined power quality disturbances using fuzzy systems oriented by particle swarm optimization algorithm [J]. Electric Power Systems Research, 2010, 80: 1552-1561.

[70] 曾纪勇，丁洪发，段献忠. 基于数学形态学的谐波检测与电能质量扰动定位方法 [J]. 中国电机工程学报，2005，25 (21)：57-62.

[71] 舒泓，王毅. 基于数学形态滤波和 Hilbert 变换的电压闪变测量 [J]. 中国电机工程学报，2008，28 (1)：111-114.

[72] 李天云，郭跃霞，王静，等. 基于数学形态学和短窗功率算法的电能质量扰动检测方法 [J]. 电力自动化设备，2008，28 (7)：37-40.

[73] 董继民. 基于采样值估算的电压扰动快速定位方法 [J]. 电力系统保护与控制，2010，38 (9)：92-95.

[74] 全惠敏，戴瑜兴. 基于 S 变换模矩阵的电能质量扰动信号检测与定位 [J]. 电工技术学报，2007，22 (8)：119-125.

[75] 赵静，何正友，钱清泉. 利用广义形态滤波与差分熵的电能质量扰动检测 [J]. 中国电机工程学报，2009，29 (7)：121-127.

[76] 冯宇，唐轶，吴夕科. 采用电量参数分析方法的电能质量扰动参数估计 [J]. 中国电机工程学报，2009 (16)：100-107.

[77] 刘昊，唐轶，冯宇，等. 基于时域变换特性分析的电能质量扰动分类方法 [J]. 电工技术学报，2008，23 (11)：159-165.

[78] 昝贵龙，苗向鹏，朱熙文，等. 基于 FFT 的电能质量参数的检测方法研究 [J]. 电子设计工程，

2014, 22 (3): 7-10.

[79] ECE D G, GEREK O N. Power Quality Event Detection Using Joint 2-D-Wavelet Subspaces [J]. IEEE Transactions on Instrumentation & Measurement, 2004, 53 (4): 1040-1046.

[80] 刘守亮，肖先勇. Daubechies复小波的生成及其在短时电能质量扰动检测中的应用 [J]. 电工技术学报，2005 (11): 106-110.

[81] 易吉良，彭建春. 电压凹陷的改进S变换检测方法 [J]. 湖南大学学报：自然科学版，2010, 37 (10): 52-56.

[82] 唐求，滕召胜，高云鹏，等. 基于S变换的平方检测法测量电压闪变 [J]. 中国电机工程学报，2012, 32 (7): 60-67.

[83] 吕干云，冯华君，朱更军，等. 基于S变换的电力系统间谐波检测 [J]. 仪器仪表学报，2006 (z2): 1675-1676.

[84] 黄南天，徐殿国，刘晓胜，等. 电能质量暂态扰动的HS变换检测方法 [J]. 哈尔滨工业大学学报，2013, 45 (8): 66-72.

应　用　篇

第 2 章　主动配电网电能质量信号高效压缩

主动配电网获得的海量电能质量数据通过进行高效、低损的压缩，可以降低通信与存储压力。电能质量信号可通过周期间相似性测度进行高效压缩，但易受噪声干扰。为提高测度压缩方法在配电网内抗噪能力，本章提出一种基于单类支持向量机（One-Class Support Vector Machine，OCSVM）与归一化距离测度的电能质量信号压缩方法。首先，通过仿真实验，获取高噪声环境下故障样本，训练以 1/4 周期信号归一化距离测度和信号信噪比为输入的 OCSVM，并改进 OCSVM 的误差限 v 和 RBF 核函数宽度参数 c，以提高扰动检测能力；之后，通过噪声估计方法，估计待压缩信号的信噪比，如信噪比较高，则采用相邻 2 周期内对应 1/4 周期信号归一化距离测度阈值，进行周期化压缩，否则，采用 OCSVM，判定低信噪比信号内是否新发生扰动并开展压缩。仿真与实测配电网电能质量信号实验表明，本方法能够在不同噪声环境下，有效地压缩电能质量信号。

2.1　噪声对归一化距离阈值的影响

归一化距离（Normalized Distance，ND）可以用来衡量相邻周期信号间的相似程度[1-3]。由于主动配电网（Active Distribution Network，ADN）需要控制更高频次的谐波对配电网的影响，因而 ADN 内电能质量信号采集设备的采样率较高。在不同采样率与信噪比下，信号的归一化距离值分布不同。由于 1/4 周期信号间的 ND 值对微弱电能质量扰动检测性能更好，因此，采用相邻两周期分别对应的 1/4 周期 ND 分析信号是否发生新扰动。ND 计算公式如下：

$$d(\boldsymbol{x},\boldsymbol{y})=\frac{\|\boldsymbol{x}-\boldsymbol{y}\|}{\|\boldsymbol{x}\|+\|\boldsymbol{y}\|},\quad 0\leqslant d\leqslant 1,\quad \text{if } \boldsymbol{x}=\boldsymbol{y},d=0;\boldsymbol{x}=-\boldsymbol{y},d=1 \tag{2-1}$$

式中，$d(x,\ y)$ 为 ND，x 与 y 为待分析的 1/4 周期信号。

不同采样率、不同信噪比（Signal-to-Noise Ratio，SNR）下（信号含白噪声），无扰动发生信号与不同类型扰动发生前后周期内 1/4 周期 ND 值如图 2-1 所示，扰动取临界状态下参数，以验证 ND 值分类能力。

由图 2-1 可知，提高信号采样率可以在一定程度上减弱噪声影响，正常信号与扰动信号间的间隔更加清晰。因此，为满足高次谐波分析与信号压缩需要，后文所分析信号的采样率

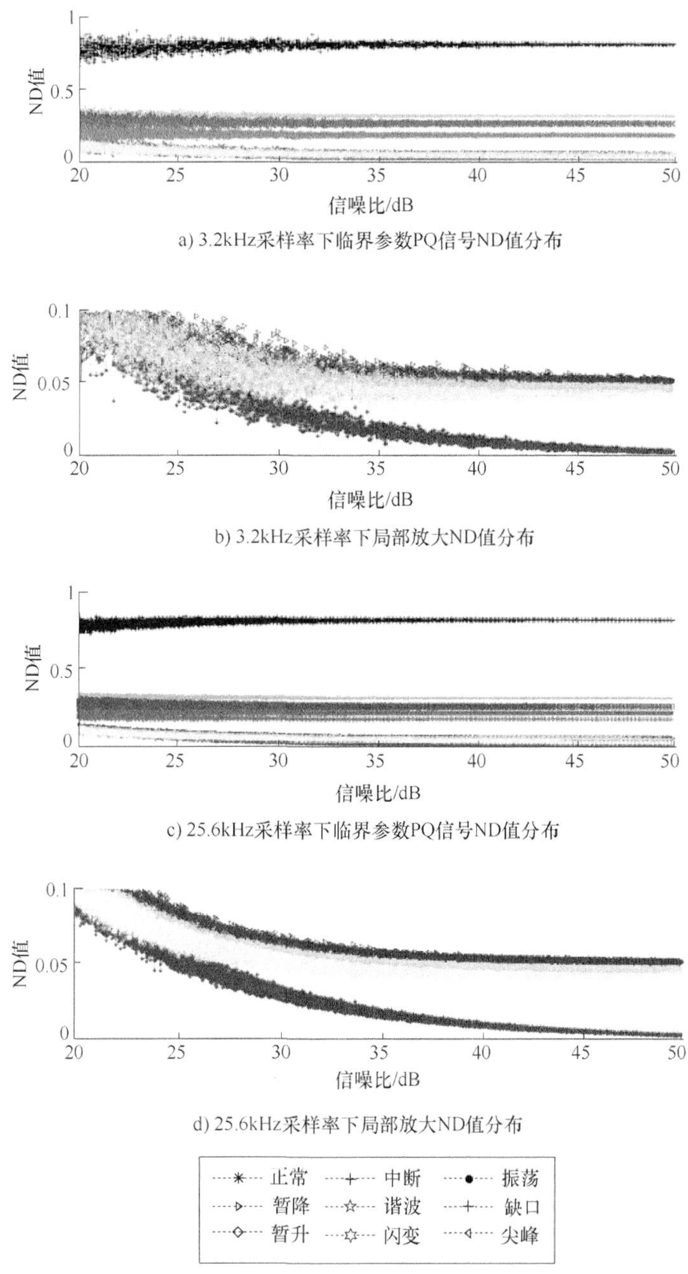

图 2-1　不同 SNR 与采样率下信号 ND 值分布（见封二）

均为 25.6kHz。从 ND 值分布看，SNR 为 30dB 以上的电能质量信号可以由 ND 阈值直接判定是否发生扰动（25.6kHz 采样率）；但在低 SNR 范围内（20～30dB），存在无法通过单一阈值完全分开的区域。为准确记录扰动信号，在判定是否发生扰动时，允许将部分高噪声无扰动发生信号误识别为新扰动发生信号，但不允许漏记录任何扰动。因此，确定相关规则时，应以新发生扰动判别最准确为目标。

2.2 电能质量信号噪声估计

低噪信号可通过人工设定 ND 阈值，有效确定是否新发生扰动，但在高噪信号中很难实现。因此，需要对电能质量信号进行噪声估计。

电能质量信号的噪声估计容易受扰动成分的影响，但是，电能质量信号具有自己的记录特点，其故障前后需要各记录一段时间的含噪正常信号。因此，以记录的首周期为对象开展噪声估计，可避免扰动成分对噪声估计结果的干扰。

设第一周期信号为 $h_A(t)$。$h_A(t)$ 由实际正常电能质量信号 $s_1(t)$ 和噪声信号 $n(t)$ 组成。大部分情况下，配电网中噪声都是加法性的，故噪声信号 $n(t)$ 可表达为

$$n(t)=h_A(t)-s_1(t) \tag{2-2}$$

由于正常电能质量信号 $s_1(t)$ 的幅值与频率与理想电能质量信号 $s_0(t)$ 非常接近，可用 $s_0(t)$ 代替式（2-2）中的 $s_1(t)$。电能质量信号信噪比为

$$\mathrm{SNR}=10\cdot\lg(P_{s_0}/P_n)=10\cdot\lg[P_{s_0}/(P_h-P_{s_0})] \tag{2-3}$$

式中，P_{s_0}为标准电能质量信号 $s_0(t)$ 的有效功率；P_n为噪声信号 $u(t)$ 的有效功率；P_h为电能质量信号 $h(t)$ 的有效功率。

以上方法可以快速估计出电能质量信号的 SNR。虽然由于电力系统频率波动等因素会存在一定的误差，但仍然可为阈值界定方法选择提供依据。根据大量统计实验，确定该噪声估计方法的误差在 20~30dB 最大误差为±1dB，30~50dB 最大误差为±2dB，因此，为避免 SNR 估计值过高，导致扰动漏记录，将估计出的 SNR 值减 1 后使用。

2.3 单类支持向量机

与传统多类分类器不同，单类支持向量机（One-Class Support Vector Machine，OCSVM）仅对单类样本进行分类，其目标为保证单类样本识别准确率最高，而非综合识别准确率最高[4]。因此，仅采用电能质量扰动信号作为训练样本训练 OCSVM，得到由支持向量表示的超平面，可以最大限度地识别新发生的扰动。新方法对 OCSVM 的误差限 v 和 RBF 核函数宽度参数 c 进行了针对性的优化，以确保尽可能将所有扰动信号都记录下来。虽然采用 OCSVM 作为高噪环境下新扰动是否发生的判定标准，会将部分含噪声正常信号周期误识别为扰动新发生周期，降低了压缩比；但是，能够尽可能地保证新扰动的有效记录，符合 ADN 中电能质量数据压缩需要。

以信号的信噪比与 ND 值构成 OCSVM 输入向量，给定电能质量数据集 $\boldsymbol{X}=[x_1, x_2, \cdots, x_n]\in\boldsymbol{R}^{n\times m}$，$\boldsymbol{X}$ 中包含 n 个具有 2 维特征向量的电能质量信号样本。新方法采用 OCSVM 的目标是寻找一个分类超平面

$$F(x)=\langle\omega,x\rangle-\rho=0 \tag{2-4}$$

尽量把用于训练的正常样本集与原点分开，且超平面与原点间距离最大。

为解决线性不可分问题，采用核理论提高 OCSVM 分类能力。假设采用非线性映射 φ：$x\rightarrow\varphi(x)$ 将数据从原始输入空间映射到高维线性特征空间，在此高维空间内，寻找到原

点距离最大的超平面。引入松弛变量 ξ_i 和误差限 V。ξ_i 用来惩罚背离超平面的点，实现正常样本与故障样本间的软间隔；v 用来控制训练过程中异常点占总样本数量的上限，取值范围为（0，1]。采用核优化后的 OCSVM 表达为

$$\begin{cases}\min \dfrac{1}{2}\parallel \omega \parallel^2 + \dfrac{1}{vn}\sum\limits_{i=1}^{n} \xi_i - \rho & \xi_i \geqslant 0, i=1,\cdots,n \\ \text{s. t. } \langle \omega\varphi(x_i) \rangle \geqslant \rho - \xi_i \end{cases} \tag{2-5}$$

通过构建拉格朗日函数，求解上述优化问题，可以获得其对偶形式如下：

$$\begin{cases}\min \dfrac{1}{2}\sum\limits_{i,j=1}^{n} \alpha_i\alpha_j K(x_i,x_j) \\ \text{s. t. } \sum\limits_{i} \alpha_i = 1, 0 \leqslant \alpha_i \leqslant \dfrac{1}{vn}\end{cases} \tag{2-6}$$

式中，α_i 与 α_j 为拉格朗日算子。

$$K(x_i,x_j) = \varphi(x_i)^{\mathrm{T}}\varphi(x_j) \tag{2-7}$$

新方法采用 RBF 高斯核函数，形式如下：

$$K(x_i,x_j) = \exp\left\{-\frac{\parallel x_i - x_j \parallel^2}{c}\right\} \tag{2-8}$$

式中，c 为 RBF 高斯核函数的宽度。

求得 α_i 后，即可进一步对任意测试样本做出判断，最终，用于区分是否发生电能质量扰动的决策方程为

$$f(x) = \sum_{i=1}^{n} \alpha_i K(x_i,x) - \rho \tag{2-9}$$

式中，ρ 可以通过如下公式计算：

$$\rho = \sum_{i=1}^{n} \alpha_i K(x_i,x_j) \tag{2-10}$$

OCSVM 中包括核函数宽度 c 和误差限 v 两个常数参数，以新发生扰动识别准确率为优化目标，经 10 折交叉验证法寻优，最终确定参数 $c=8$，$v=0.125$。

2.4　基于 OCSVM 与 ND 测度的电能质量信号压缩

采用改进的 OCSVM 可以在高噪声环境下判断是否发生新的电能质量扰动，可以避免漏记录电能质量事件。因此，新方法在电能质量信号 SNR 估计基础上选择新扰动发生判定方法，如 SNR≥30dB，则采用统一 ND 阈值判定（经统计实验，判定 ND 阈值为 0.040）是否需要记录；如 SNR<30dB，则以电能质量相邻周期信号的 ND 值与 SNR 估计值为输入向量，由 OCSVM 判定是否需要记录。当判定某 1/4 周期内新发生故障时，将该 1/4 周期及其前后相邻的 1/4 周期记录用于描述故障；波形稳定后，第一个完整周期记录将描述无新畸变产生时稳定信号的波形特征。

新方法压缩流程如图 2-2 所示。

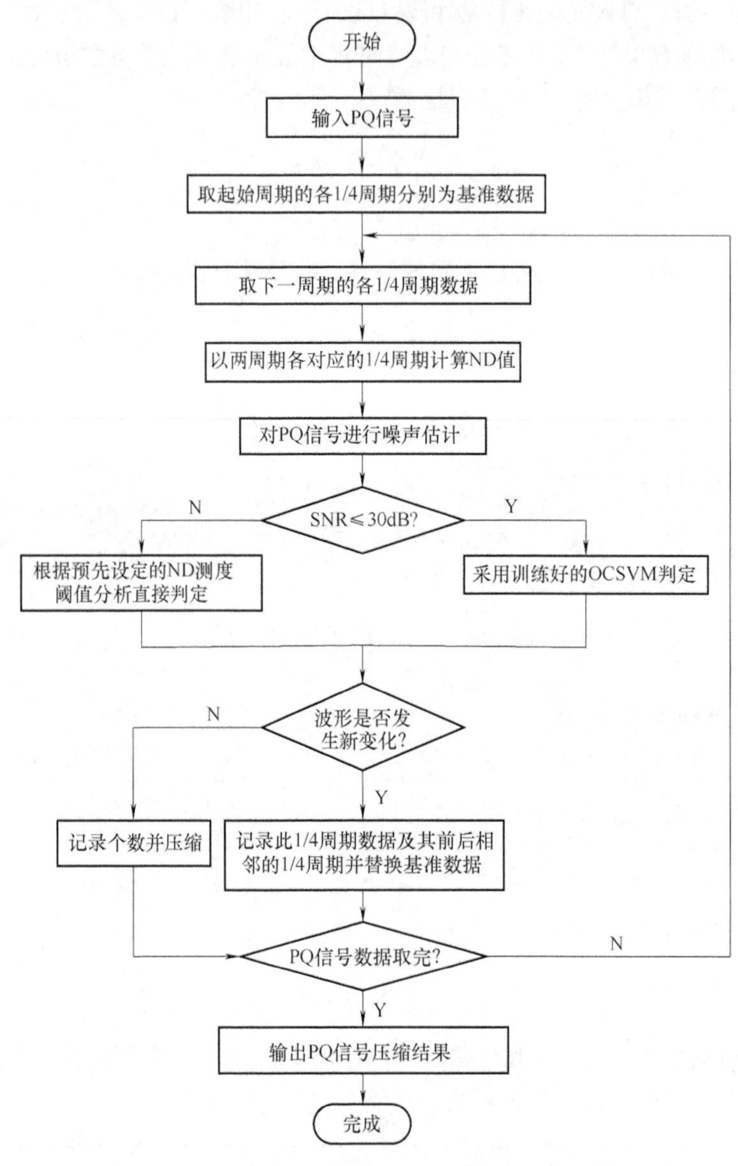

图 2-2　新方法压缩流程图

2.5　仿真与实测信号压缩实验

为全面验证本文方法的电能质量数据压缩能力，采用仿真信号与实测 10kV 配电网电能质量信号分别验证该方法的压缩效果。

2.5.1　仿真实验

参考文献［5］建立电压暂降、暂升、中断、尖峰、切痕、振荡、谐波、闪变 8 类常见电能质量信号的模型。为保证 ADN 内电能质量分析需要，仿真信号采样率设置为 25.6kHz。

记录的电能质量数据能够满足最高频次 100 次谐波和 10000Hz 以上高频振荡分析需要。表 2-1 为不同噪声环境下，采用本方法压缩 8 类仿真电能质量信号的压缩效果。通过均方误差百分比（PRD）分析信号恢复后与原始信号相似程度，通过压缩比（CR）衡量信号压缩能力[2]。其计算公式如下：

$$\mathrm{PRD}=\frac{\sqrt{\sum_{i=0}^{N-1}[d(i)-f(i)]^2}}{\sqrt{\sum_{i=0}^{N-1}d^2(i)}}\times 100\% \tag{2-11}$$

式中，$d(i)$ 是原始信号；$f(i)$ 是数据压缩后重构得到的信号；N 为信号采样点数。

$$\mathrm{CR}=S_{\mathrm{in}}/S_{\mathrm{out}} \tag{2-12}$$

式中，S_{in}是原始信号数据量；S_{out}是压缩后数据量。

分别生成信噪比为 30~50dB、20~30dB 范围的仿真信号，每类不同噪声环境下随机生成 100 组，记录时间 1s。其压缩结果见表 2-1。

表 2-1　本方法压缩效果

信号类型	30~50dB		20~30dB	
	PRD（%）	CR	PRD（%）	CR
暂降	1.38	10	9.23	9.78
暂升	0.94	10	13.64	9.79
中断	0.93	10	13.79	9.64
尖峰	1.16	11.11	12.06	10.87
切痕	1.15	11.11	12.23	10.79
振荡	2.03	10.94	11.99	10.10
谐波	1.46	50	12.57	48.95
闪变	0	1	0	1

由表 2-1 可知，本方法在低噪声环境下具有良好的 CR 与 PRD；在高噪环境下，由于噪声影响，PRD 有所提高，且由于存在少量正常信号被误识别成故障信号，导致 CR 略有下降。在各类电能质量信号中，谐波信号可通过第 1 周期信号记录整个谐波信号，同时，额外统计实验证明，本方法能够有效监测新的谐波的发生；闪变信号各周期之间均有波形变化，本方法不能压缩，但是能够有效地记录所有波形。从总体压缩效果看，本方法能够有效保留扰动起止处及不同波形畸变处的变化情况，即能够保留电能质量分析所需信号细节，因此能够满足 ADN 下电能质量信号压缩需要。

表 2-1 为高信噪比信号采用本方法与参考文献［1，3］方法的压缩对比结果，实验信号采用与表 2-1 相同信号。由表 2-2 可知，由于 SNR 较高，OCSVM 未参与压缩进程，各类方法均能压缩相关信号。采用本方法与采用标准 OCSVM 压缩的方法相关性能一致；参考文献［1］方法 PRD 略高于本方法，但本方法 CR 更高；参考文献［3］方法具有平滑降噪环节且使用整周期相似度分析，因此，CR 与 PRD 均低于本方法。综合分析，本方法具有较高的压缩性能，且保留了更多的原始信号细节。在各类常见扰动中，除闪变外，各类常见电能质量数据

均可获得很高的 CR；每类电能质量均可得到较好的 PRD 值，保留了扰动信号特征，能够支持后期的分析需要。

表 2-2　压缩效果比较（SNR≥30dB）

方法	PRD	CR
本方法	1.13	14.27
参考文献［10］	1.06	10.39
参考文献［12］	1.32	10.39

表 2-3 为 30~20dB 的噪声环境下压缩性能分析，信号仿真生成，每类 100 组。由于参考文献［1，3］方法无法应用于高噪声环境下，因此，表 2-3 中只比较采用不同 OCSVM 参数时的性能，包括 PRD、CR 与电能质量漏记录、误记录的实验结果。由表 2-3 可知，由于本方法采用的 OCSVM 参数偏向于强调准确记录电能质量，因此存在误记录情况（3 次），CR 有所下降，但是，采用本方法参数无漏记录，且误记录次数少，符合 ADN 内电能质量数据压缩记录需要。

表 2-3　不同 OCSVM 参数压缩效果比较（SNR<30dB）

参数	参数值	PRD（%）	CR	漏记录/次	误记录/次
v	0.125	10.69	13.87	0	3
c	8				
v	0.0625	11.07	12.98	0	57
c	16				
v	0.25	10.67	14.05	23	1
c	4				

综上统计实验可知，本方法能够实现高噪声环境下的电能质量信号记录与压缩，且具有良好的 PRD 与 CR，更适用于 ADN 的电能质量记录需求。

2.5.2　实测电能质量数据压缩实验

为进一步验证本方法对实测信号的压缩效果，采用 IEEE 波形库[6]与葡萄牙电网实测电能质量数据[7]验证方法的有效性。图 2-3 为 IEEE 波形库中典型电能质量信号原始波形、压缩示意图与恢复后波形，信号采样率为每周期 128 点，在暂降起始处存在微弱振荡成分。

由图 2-3 可知，本方法能够有效地压缩与恢复实测信号，恢复后信号 PRD 值为 1.40%，CR 值为 1.80。压缩信号能够完整、准确地保持原始信号中的暂态振荡、暂降起止处、暂降过程中等电能质量信号细节，能够支持后期的精细化分析需要。

图 2-4 为另外 4 组电能质量信号电压波形图，表 2-4 为各组数据压缩后的相关 PRD 值与 CR 值。图 2-4 中葡萄牙电网电能质量数据采样率为 50kHz。由噪声估计环节确定，实测信号的信噪比为 43~48dB 范围。由表 2-4 可见，本方法还原波形与原始波形非常相似（PRD 值低），实测数据压缩比虽然相对仿真数据较低，但其主要原因是由于实测数据记录周期数

相对较少。整体看，本方法仍然起到了较好的压缩效果。

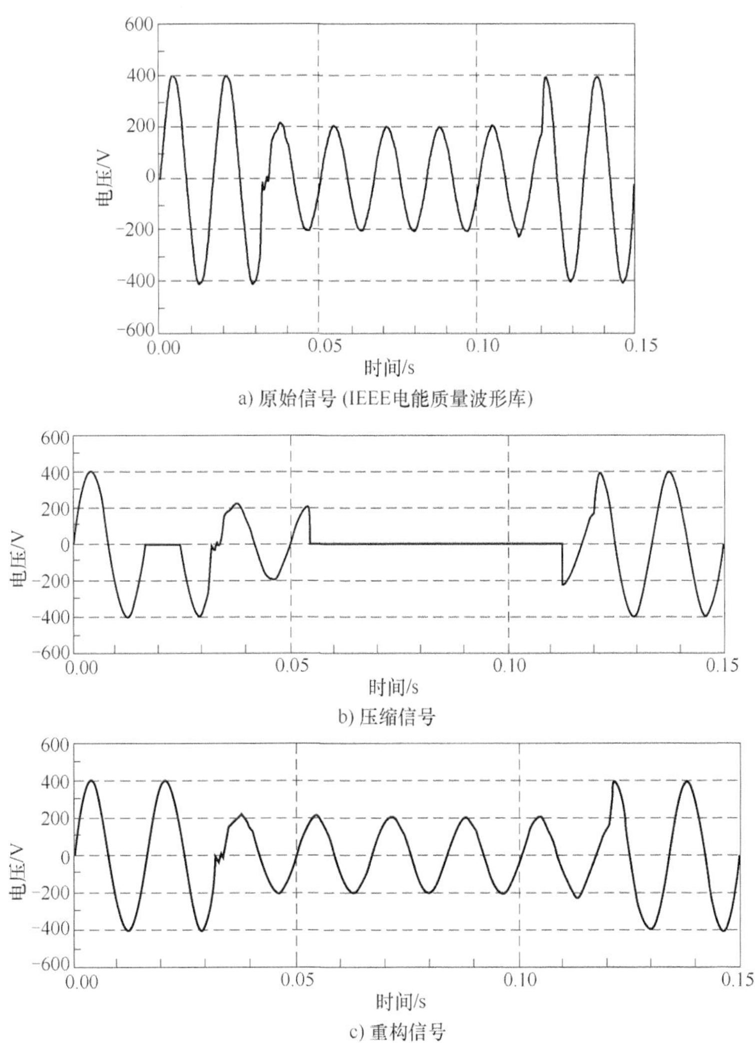

a) 原始信号 (IEEE电能质量波形库)

b) 压缩信号

c) 重构信号

图 2-3　典型实测电能质量信号压缩与重构效果

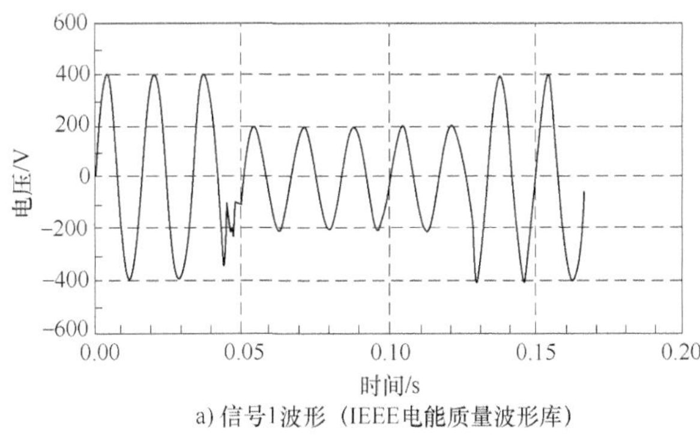

a) 信号1波形（IEEE电能质量波形库）

图 2-4　实测电能质量信号

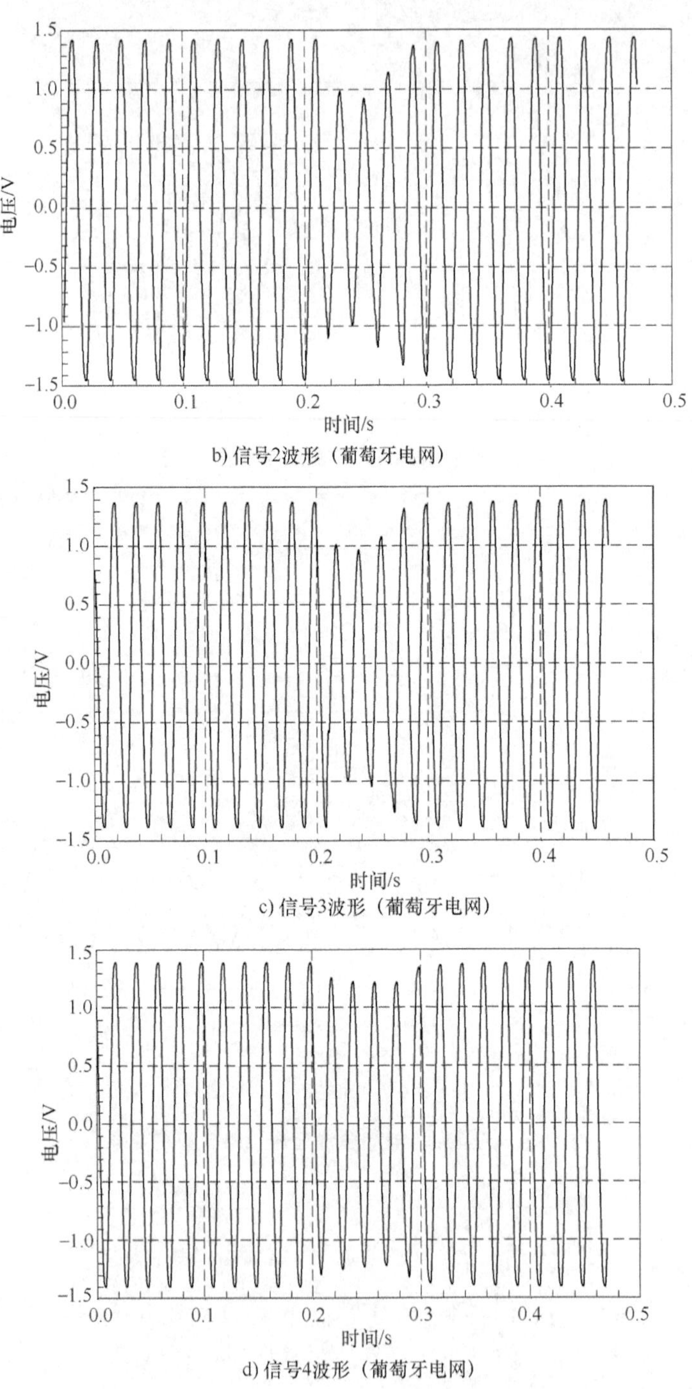

图 2-4 实测电能质量信号（续）

综上实测数据实验可知，本方法可有效应用于实测配电网数据压缩，满足实际工业要求。以上实测信号信噪比较高，未采用 OCSVM 参与压缩，未来实际工作中，将根据电能质量监控设备采样率等因素，具体修订 OCSVM 相关参数与 ND 阈值等压缩所需参数。

表 2-4　实际电能质量信号压缩效果

方法	PRD (%)	CR
信号 1	1.36	1.81
信号 2	1.41	3.54
信号 3	1.43	3.62
信号 4	1.45	3.65

2.6　本章小结

为满足高噪声环境下，ADN 内高采样率电能质量数据高效压缩需要，本章介绍了一种基于改进 OCSVM 与 ND 阈值的电能质量数据压缩方法，其主要优点包括。

（1）设计电能质量信号噪声估计方法，并根据噪声估计结论，动态调整压缩流程，在保留方法高效前提下，提高该方法在高噪声环境下的适应能力。

（2）通过 OCSVM 判定高噪声环境下是否新发生扰动，克服了传统最优阈值界定方法在高噪声环境下易将微弱扰动判定为噪声的缺陷。

（3）改进 OCSVM 的相关参数，进一步提升 OCSVM 的微弱扰动检测能力，避免漏记录微弱电能质量扰动。

未来研究方向将集中于进一步提高噪声估计方法精度及将现有方法与无损数据压缩方法结合等方面，进一步提高本方法性能。

参考文献

[1] 黄南天，徐殿国，刘晓胜，等. 基于模式相似性测度的电能质量数据压缩方法 [J]. 电工技术学报，2011，10：39-46，61.

[2] 刘晓胜，王新库，黄南天，等. 基于模式相似度和 LZW 压缩编码的电能质量数据压缩方法 [J]. 电力自动化设备，2012，03：53-57.

[3] 刘博，刘晓胜，徐殿国. 基于新距离测度的电能质量测量数据压缩算法 [J]. 电工技术学报，2013，09：129-136.

[4] SCHÖLKOPF B，PLATT J C，SHAWE-TAYLOR J，et al. Estimating the support of a high-dimensional distribution [J]. Neural computation，2001，13 (7)：1443-1471.

[5] LEE CHUN-YAO，SHEN YI-XING. Optimal Feature Selection for Power-Quality Disturbances Classification [J]. IEEE Transactions on Power Delivery，2011，26 (4)：2342-2351.

[6] 易吉良，彭建春，罗安，等. 电能质量信号的改进 S 变换降噪方法 [J]. 仪器仪表学报，2010，31 (1)：32-37.

[7] RADIL T，RAMOS P M，JANEIRO F M，et al. PQ monitoring system for real-time detection and classification of disturbances in a single-phase power system [J]. IEEE Transactions on Instrumentation and Measurement，2008，57 (8)：1725-1733.

第 3 章　基于多分辨率快速 S 变换的电能质量分析技术研究

为提高电能质量扰动识别准确率与分析能力，本章提出了一种多分辨率快速 S 变换方法，用于高噪声工业环境下的电能质量扰动信号识别。首先，分析广义 S 变换在不同窗宽调整因子时，时间-幅值曲线与频率-幅值曲线中扰动起、止处峭度与扰动参数检测误差间的关系；之后，根据离差最大化法确定不同频率范围内最优窗宽调整因子，并通过 3 次样条插值法进行拟合，自适应调整不同扰动信号识别和参数检测所需最优窗宽；最后，针对广义 S 变换冗余计算较多的特点，设计多分辨率快速 S 变换（Multiresolution fast S-transform，MFST）方法以降低运算量满足实时性要求。

经过 S 变换后获得的扰动信号的时-频模矩阵具有灰度图像特点。因此，可通过二维数学形态学方法，滤除噪声干扰，获得更高的识别准确率。首先，在阈值滤波基础上，根据信号时-频分布特点，选择线段型、零角度结构元进行灰度级形态学开运算，滤除高频频域噪声；之后，从原始信号、信号傅里叶谱、多分辨率快速 S 变换模矩阵中提取 5 种特征用于构建决策树分类器，识别含噪声信号与 6 种复合扰动信号在内的 13 种电能质量信号；最后，提出最小分类损失原则，确定决策树节点分类阈值，设计扰动分类器。通过仿真对比实验发现，本方法具有更好的抗噪能力，更加适用于低信噪比环境下的电能质量信号识别。

3.1　基于 MFST 的电能质量扰动信号处理

3.1.1　电能质量扰动信号概述及其数学模型

1. 电能质量相关标准

国外目前通行的关于电能质量的标准主要有 3 个：国际电工技术委员会（IEC）制定的 IEC61000 标准、欧盟制定的 EN50160 和美国电气电子工程师协会（IEEE）制定的 IEEE1159 标准，IEC61000 标准主要对电能质量的电磁兼容性（EMC）做了相应的规范以及电力设备间的相关作用情况做了相关的描述；EN50160 标准主要对频率、电压幅值、电压波形等限值做了相关的描述；IEEE1159 标准对电能质量的扰动类型和相关重要参数的确定做了详细的介绍。表 3-1 为 IEEE 制定的电能质量扰动类型及参数。

表 3-1　IEEE 制定的电能质量扰动类型及参数

类　型			典型频谱	典型持续时间	典型电压幅值
瞬变现象	冲击脉冲	纳秒级	5ns 上升	<50ns	—
		微秒级	1μs 上升	50ns~1ms	—
		毫秒级	0.1ms 上升	>1ms	—
	振荡	低频	<5kHz	0.3~50ms	0~4pu
		中频	5~500kHz	20μs	0~8pu
		高频	0.5~5MHz	5μs	0~4pu
短时间电压波动	瞬时	暂降	—	0.5~30 周波	0.1~0.9pu
		暂升	—	0.5~30 周波	1.1~1.8pu
	暂时	中断	—	0.5 周波~3s	<0.1pu
		暂降	—	30 周波~3s	0.1~0.9pu
		暂升	—	30 周波~3s	1.1~1.4pu
	短时	中断	—	3s~1min	<0.1pu
		暂降	—	3s~1min	0.1~0.9pu
		暂升	—	3s~1min	1.1~1.2pu
工频变化			—	<10s	—
电压波动		—	<25Hz	间歇	0.1%~7%
电压不平衡		—	—	稳态	0.5%~2%
长时间电压波动		持续中断	—	>1min	0.0pu
		欠电压	—	>1min	0.8~0.9pu
		过电压	—	>1min	1.1~1.2pu
波形畸变		直流偏置	—	稳态	0~0.1%
		谐波	0~100 次	稳态	0~20%
		间谐波	0~6kHz	稳态	0~2%
		陷波	—	稳态	—
		噪声	宽带	稳态	0~1%

国内目前通行的关于电能质量扰动的参数范围、电磁兼容等的 7 项国家标准包括：

（1）GB/T24337—2009《电能质量　公用电网间谐波》

（2）GB/T17626.34—2012《电磁兼容　试验和测量技术　主电源每相电流大于 16A 的设备的电压暂降、短时中断和电压变化抗扰度试验》

（3）GB/T30137—2013《电能质量　电压暂降与短时中断》

（4）GB/T32507—2016《电能质量　术语》

（5）GB/T19287—2016《电信设备的抗扰度通用要求》

（6）GB/Z17799.6—2017《电磁兼容　通用标准　发电厂和变电站环境中的抗扰度》

（7）GB/T17799.1—2017《电磁兼容　通用标准　居住、商业和轻工业环境中的抗扰度》

2. 电能质量扰动产生原因、危害及治理措施

IEEE 制定的电能质量扰动类型中，冲击脉冲的扰动幅值很大，采用时域方法分析原始信号波形即可识别出；大于 30 个周期的电压变动因持续时间长也较易被检测出；电压不平衡和直流偏磁问题也有很多学者提出关于两类电能质量问题的检测方法。本章旨在分析 IEEE 制定的除上述几种扰动之外的所有电能质量扰动类型。所识别扰动类型包括暂态型扰动和稳态型扰动：暂态扰动类型中，短时暂降、暂升和中断等持续时间短，暂态低频振荡因扰动幅值小且频率较高，均不易被识别；稳态扰动类型中，谐波和间谐波需详细分析其谐波频次和幅值，闪变的调制频率也不易被识别。考虑到实际系统中存在大量的复合类扰动，本章所识别的单一扰动类型包括电压暂降、电压暂升、电压中断、闪变、谐波、暂态振荡，复合扰动类型有谐波含暂降、谐波含暂升、谐波含闪变、暂降含振荡、暂升含振荡和闪变含振荡。下面简要介绍各类扰动产生的原因、危害和治理方法。

（1）电压暂降

电压暂降是指电压波形一个周期内的方均根值突然下降到 0.1~0.9 倍的额定值，且持续时间在 0.5~30 个周期。电压暂降事件占电能质量事件的 60%以上，发生电压暂降事件的原因有：大容量感应电动机的起动、远端的短路故障、电容器投切、负荷功率大幅度增加等。电压暂降会导致计算机、可编程逻辑控制器的存储设备短时丧失读写功能，也会造成变频调速设备的转速超过允许值而增加次品率。设置静止无功补偿器或动态电压恢复器有助于减少电压暂降事件的发生。

（2）电压暂升

电压暂升是指电压波形一个周期内的方均根值突然上升到 1.1~1.8 倍的额定值，且持续时间在 0.5~30 个周期。发生电压暂升事件的主要原因是小电流接地系统中非故障相的电压升高，升高的幅值和接地状况、系统阻抗和接地点位置有关。另外，电容器组投入时也会产生电压暂升事件。电压暂升会造成设备的绝缘条件变差、敏感负荷不能正常运行等危害。设置晶闸管控制电抗器或饱和电抗器有助于减少电压暂升事件的发生。

（3）电压中断

电压中断是指电压波形一个周期内的方均根值突然下降到 0.1 倍的额定值以下，持续时间在 0.5~30 个周期。发生电压中断事故的原因有：短路故障、雷击、开关操作、保护装置切除故障等。电压中断会导致生产停顿，甚至危及人身安全。减少电压中断的发生，常用的措施为设置自动切换装置或自动重合闸。对重要的电力负荷可考虑采用大功率电力电子设备制成的固态切换开关。

（4）闪变

照明源因电压方均根值周期性变动而产生被人眼所察觉的光谱分布随时间波动的现象即闪变，其波动频率在 5~20Hz。闪变源主要有电弧炉、电力机车、电焊机和轧钢机等。闪变一般不会对电气设备运行造成危害，但闪变会影响电子测量仪器的正常工作。在居民和商业用电中照明负荷比重很大，闪变造成的灯光闪烁会刺激人的视觉神经，使人变得烦躁而工作效率降低。常用的限制电压闪变的措施是在闪变源的公共接入点处设置静止无功补偿装置。

（5）谐波

谐波是指频率为基频（我国为 50Hz）整数倍的电压或电流。电能质量扰动分析中特指电压波形。谐波源大量存在，主要有铁磁谐振、变压器励磁涌流（2、3 次谐波）、电力电子设备等非线性负荷。谐波有使电网的运行成本加大、产品次品率增加、设备绝缘老化加速等危害。谐波的治理包括谐波源的治理和谐波的治理。正确的接线方式和整流器的相位抵消技术可以从源头上减小谐波。常用的谐波治理方法为在公共连接点处设置 LC 无源滤波器、有源滤波器等设备。

（6）暂态振荡

暂态振荡主频率在 700Hz 以上，振荡峰值可达 2 倍的额定值，持续时间在 0.5~3 周期。除雷电流冲击外，电力系统主要的振荡源为电容器组的投切、断路器的分合闸等。暂态振荡会损坏电气设备绝缘，致使电力系统检测仪表失灵、保护装置误动作。通常设置避雷器减轻暂态振荡对设备绝缘的损坏，另外，电力系统互联和采用分裂导线可以加快暂态振荡的衰减。

3. 电能质量扰动信号数学模型

电能质量扰动信号数学模型见表 3-2。其中，参数 k 和 α 为扰动信号的幅值变化程度，t_1 和 t_2 分别表示扰动信号的扰动起、止时间，sign 表示符号函数。表中相关扰动参数参考现有文献综合设计[1-3]。

表 3-2　电能质量扰动信号的数学模型

信号类型	表达式	参数
标准信号	$h(t)=A\cos(\omega t)$	$A=1(\text{pu})$, $f=50\text{Hz}$, $\omega=2\pi f$; $u(t)=\begin{cases}1 & t\geqslant 0\\ 0 & t<0\end{cases}$
电压暂降	$h(t)=A\{1-k[u(t_2)-u(t_1)]\}\cos(\omega t)$	$0.1<k<0.9$; $0.5T\leqslant t_2-t_1\leqslant 9T$
电压暂升	$h(t)=A\{1+k[u(t_2)-u(t_1)]\}\cos(\omega t)$	$0.1<k<0.8$; $0.5T\leqslant t_2-t_1\leqslant 9T$
电压中断	$h(t)=A\{1-k[u(t_2)-u(t_1)]\}\cos(\omega t)$	$0.9<k<1$; $0.5T\leqslant t_2-t_1\leqslant 9T$
电压闪变	$h(t)=A[1+\alpha\cos(\beta\omega t)]\cos(\omega t)$	$0.1\leqslant\alpha\leqslant 0.2$; $0.1\leqslant\beta\leqslant 0.4$
暂态振荡	$h(t)=A\{\cos(\omega t)+k\exp[-(t-t_1)/\tau]\cos[\omega_n(t-t_1)]\}$	$0.1<k<0.8$; $25<1/\tau<125$; $\omega_n=(14\sim 20)\omega$
谐波	$h(t)=A\cos(\omega t)+\alpha_3\cos(3\omega t)+\alpha_5\cos(5\omega t)+\alpha_7\cos(7\omega t)$	$0.05<\alpha_3$, α_5, $\alpha_7<0.15$, $\sum(\alpha_i)^2=1$
电压切痕	$h(t)=\sin(\omega t)-\text{sign}[\sin(\omega t)]\times$ $\left\{\sum_{n=0}^{9}k\times[u(t-(t_1+0.02n))-u(t-(t_2+0.02n))]\right\}$	$0.1\leqslant k\leqslant 0.4$; $0\leqslant t_1$; $t_2\leqslant 0.5T$; $0.01T\leqslant t_2-t_1\leqslant 0.05T$
电压尖峰	$h(t)=\sin(\omega t)+\text{sign}[\sin(\omega t)]\times$ $\left\{\sum_{n=0}^{9}k\times[u(t-(t_1+0.02n))-u(t-(t_2+0.02n))]\right\}$	$0.1\leqslant k\leqslant 0.4$; $0\leqslant t_1$; $t_2\leqslant 0.5T$; $0.01T\leqslant t_2-t_1\leqslant 0.05T$
谐波含暂降	$h(t)=A\{1-k[u(t_2)-u(t_1)]\}\cos(\omega t)+\alpha_3\cos(3\omega t)+$ $\alpha_5\cos(5\omega t)+\alpha_7\cos(7\omega t)$	$0.1<k<0.9$; $0.5T\leqslant t_2-t_1\leqslant 9T$; $0.05<\alpha_3$, α_5, $\alpha_7<0.15$, $\sum(\alpha_i)^2=1$
谐波含暂升	$h(t)=A\{1+k[u(t_2)-u(t_1)]\}\cos(\omega t)+\alpha_3\cos(3\omega t)+$ $\alpha_5\cos(5\omega t)+\alpha_7\cos(7\omega t)$	$0.1<k<0.8$; $0.5T\leqslant t_2-t_1\leqslant 9T$ $0.05<\alpha_3$, α_5, $\alpha_7<0.15$, $\sum(\alpha_i)^2=1$
振荡含暂降	$h(t)=A\{[1-k_1(u(t_2)-u(t_1))]\cos(\omega t)+$ $k_2\exp[-(t-t_1)/\tau]\cos[\omega_n(t-t_1)]\}$	$0.1<k_1<0.9$; $0.5T\leqslant t_2-t_1\leqslant 9T$ $0.1<k<0.8$; $25<1/\tau<125$; $\omega_n=(14-20)\omega$

（续）

信号类型	表达式	参数
振荡含暂升	$h(t)=A\{[1-k_1(u(t_2)-u(t_1))]\cos(\omega t)+$ $k_2\exp[-(t-t_1)/\tau]\cos[\omega_n(t-t_1)]\}$	$0.1<k_1<0.9$; $0.5T\leqslant t_2-t_1\leqslant 9T$ $0.1<k<0.8$; $25<1/\tau<125$; $\omega_n=(14\sim20)\omega$
闪变含谐波	$h(t)=A[1+\alpha\cos(\beta\omega t)]\cos(\omega t)+$ $\alpha_3\cos(3\omega t)+\alpha_5\cos(5\omega t)+\alpha_7\cos(7\omega t)$	$0.1\leqslant\alpha\leqslant0.2$; $0.1\leqslant\beta\leqslant0.4$ $0.05<\alpha_3, \alpha_5, \alpha_7<0.15$, $\sum(\alpha_i)^2=1$
闪变含暂降	$h(t)=A(1+k\sin(\beta\omega t))$ $\sin(\omega t)(1-\alpha(\mu(t-t_1)-\mu(t-t_2)))$	$0.1\leqslant k\leqslant0.2$; $0.1\leqslant\alpha\leqslant0.9$; $T\leqslant t_2-t_1\leqslant 9T$; $5\leqslant\beta\leqslant20$
闪变含暂升	$h(t)=A(1+k\sin(\beta\omega t))$ $\sin(\omega t)(1+\alpha(\mu(t-t_1)-\mu(t-t_2)))$	$0.1\leqslant k\leqslant0.2$; $0.1\leqslant\alpha\leqslant0.9$; $T\leqslant t_2-t_1\leqslant 9T$; $5\leqslant\beta\leqslant20$
中断含谐波	$h(t)=A\{1-k[u(t_2)-u(t_1)]\}$ $\cos(\omega t)[1+\alpha\cos(\beta\omega t)]\cos(\omega t)$	$0.1\leqslant\alpha\leqslant0.2$; $0.1\leqslant\beta\leqslant0.4$

3.1.2 多分辨率 S 变换及其窗宽调整因子的确定

通过研究发现，扰动信号中的电压暂降、暂升、中断、闪变等扰动成分主要集中于基频（我国为 50Hz）附近；由于主要考虑 13 次以下奇次谐波影响，谐波扰动范围集中在 100~700Hz 附近；700Hz 以上高频部分为暂态振荡扰动成分分布范围。根据海森堡测不准原理，提高频率分辨率会降低其时间分辨率，因此，需要高频率分辨率的扰动类型主要为不含低频扰动的谐波/振荡信号，且不同频率的高频扰动分析需要的频率分辨率也有所不同。为得到针对不同频段的最优窗宽因子，同时兼顾参数检测的准确率，提出了峭度-误差分析方法，根据多指标综合评价最终确定不同频段的最优窗宽因子。

1. 多分辨率 S 变换

Stockwell[4] 于 1996 年提出了 S 变换方法。设输入信号为 $h(t)$，经过 S 变换后为 $S(\tau, f)$。

$$S(\tau, f)=\int_{-\infty}^{\infty} h(t)w(\tau-t, f)\mathrm{e}^{-i2\pi ft}\mathrm{d}t \tag{3-1}$$

$$w(t, f)=\frac{|f|}{\sqrt{2\pi}}\mathrm{e}^{-t^2f^2/2} \tag{3-2}$$

式中，$w(t, f)$ 为高斯窗函数。

S 变换结果为一个二维复数矩阵，称 S 矩阵。对矩阵各元素求模后得到 S 模矩阵，列向量反映某时刻信号幅频特性，行向量描述信号在特定频率下的时域分布。由于非平稳信号中，不同频率成分在发生畸变时时-频分布特点不同。其中，信号的高频部分变化剧烈，而低频部分变化相对平稳。所以，将根据信号分析需要调整窗函数窗宽，即高频部分取较宽时间窗，低频部分取较窄时间窗。S 变换在窗函数确定后，针对不同频率的窗宽也随之确定。国内学者为获得更好的时-频分辨率，设计广义 S 变换方法（Generalized S Transform，GST），通过引入窗宽调整因子 λ，使 $\sigma(f)=1/\lambda|f|$，通过调整 λ 的值，使窗宽随频率成反比变化的速度发生改变，获得可变的时-频分辨率。改进后的 S 变换形式如下：

$$S(\tau, f)=\int_{-\infty}^{\infty} h(t)\frac{\lambda|f|}{\sqrt{2\pi}}\mathrm{e}^{-[(\tau-t)^2\lambda^2f^2]/2}\mathrm{e}^{-j2\pi ft}\mathrm{d}t \tag{3-3}$$

由式（3-3）可以得到广义 S 变换的离散表达如下（$f \to n/NT$，$\tau \to jT$）

$$\begin{cases} S\left[jT,\dfrac{n}{NT}\right] = \sum\limits_{m=0}^{N-1} H\left[\dfrac{m+n}{NT}\right] G(m,n)\mathrm{e}^{i2\pi mj/N} & n \neq 0 \\ S[jT,0] = \dfrac{1}{N}\sum\limits_{m=0}^{N-1} h\left(\dfrac{m}{NT}\right) & n = 0 \end{cases} \tag{3-4}$$

其中，N 为总采样点数；$j=0$，1，…，$N-1$；$n=0$，1，…，$N-1$。

$$G(m,n)=\mathrm{e}^{-2\pi^2 m^2/(\lambda^2 n^2)} \tag{3-5}$$

式中，$G(m, n)$ 由是高斯窗函数 $w(t, f)$ 经快速傅里叶变换获得。

2. GST 峭度-误差分析

常见电能质量扰动信号类型包括电压暂降、电压暂升、电压中断、闪变、谐波、暂态振荡等。从 S 变换后不同扰动信号时-频分布角度分析，电压暂降、电压暂升、电压中断、闪变 4 类扰动信号能量集中于低频部分，即基频附近，可以通过基频幅值变化情况进行分析；谐波信号能量分布于基频和谐波频率范围（一般考虑 13 次以下奇次谐波）附近；暂态振荡信号扰动成分分布高于谐波频率。

从模式识别角度看，对低频扰动分析包括信号幅值变化的精确描述及起止点的准确定位等，需要 GST 具有更高的时间分辨率；对谐波等中频扰动的分析目标主要为确定信号是否含有谐波成分，需要更高的频域分辨率；高频特征主要用于识别振荡与含振荡的复合扰动，要避免电压暂降、中断的高频能量和噪声信号的影响，需要综合考虑不同分类目标下的窗宽设定。从参数检测角度看，暂降、暂升、中断和暂态振荡等暂态类扰动需要更高的时间分辨率才能准确定位扰动起止时间和扰动幅值；谐波和暂态振荡的扰动频率需要更高的频率分辨率才能准确确定。

通过设定不同的窗宽调整因子，广义 S 变换可以获得不同的时-频分辨率，满足不同类型扰动信号分析需求。但是，现有广义 S 变化一般通过分析扰动信号的傅里叶谱，针对信号是否含有谐波成分进行初步分类，对含有谐波成分的信号采用较小的 λ 值，获得更高的频率分辨率；对不包含谐波成分的信号采用较大 λ 值，获得更好的时间分辨率。但当采用 GST 分析复合扰动时，如果信号为含有谐波的复合扰动信号（如谐波含暂降、谐波含暂升等），GST 均采用较小 λ 值进行分析，对复合扰动的暂降、暂升成分分析能力明显下降，影响分类准确率。为进一步提高广义 S 变换的复合扰动识别能力，设计一种多分辨率 S 变换方法（Multi-resolution S-transform，MST），针对不同频域范围内扰动类型识别需要，定义不同的 λ 值。通过调整特定频域的窗宽，使 MST 能够在不同频域范围内获得不同的时-频分辨率，满足复合扰动信号中不同扰动成分的分析要求。

（1）峭度、扰动识别、参数检测与 λ 之间的关系

在 GST 的时-频包络曲线中，如果扰动成分所在的时-频区域与周围时-频区域幅值变化越明显，则扰动识别效果越好。峭度是描述变量所有取值分布形态陡缓程度的统计量，表示变量分布曲线顶峰的尖平程度。其计算公式为

$$\beta=\frac{m_4}{\sigma^4}=\frac{\sum\limits_{i=1}^{n}(x_i-\bar{x})^4}{(n-1)\sigma^4} \tag{3-6}$$

式中，m_4 为变量的四阶中心距；σ 为变量的标准差；$\bar{x}$ 为变量的平均值。

峭度可用来衡量 GST 分类效果，但获得最大的峭度不一定能够满足扰动信号参数检测需要。在不同类型扰动信号中，低频类扰动参数分析需要较高的时间分辨率，谐波参数分析需要较高的频率分辨率，振荡分析则需综合考虑时-频分辨率。过高的频率分辨率或时间分辨率都会带来较大的参数检测误差，因此，在分析峭度同时，分析窗宽调整因子与参数检测误差之间关系。

分别分析采用不同 λ 值时，广义 S 变换时-频模矩阵（Generalized S Transform Modular Matrix，GSTMM）中相关时-频幅值曲线的峭度与参数检测误差。由于在参数检测中，畸变较大的扰动信号参数检测较准确，畸变较小的信号检测误差较大。因此，下文均以最小扰动参数为实验对象开展误差分析。

针对时间-幅值曲线进行峭度分析包括：电压暂降、暂升、中断信号的 GSTMM 时间-最大幅值曲线（T-MaxA 曲线）的扰动起止处曲线峭度；电压闪变的 GSTMM 时间-最大幅值曲线（T-MaxA 曲线）中相邻极小值间曲线峭度。针对频率-幅值曲线进行的峭度分析包括：谐波信号 GSTMM 的频率-最大幅值曲线（F-MaxA 曲线）中谐波频率前后曲线峭度；振荡信号 GSTMM 的 F-MaxA 曲线最大值前后曲线峭度。

相关曲线如图 3-1 所示。图中实线为峭度计算位置。由于电压暂降、暂升和中断的扰动特性相似，此处仅列出电压暂升、闪变、谐波与暂态振荡 4 种图示。由图 3-1 可见，通过调整窗宽因子可以获得 λ 与不同扰动峭度间关系。采用相同方法可获得 λ 与扰动参数误差之间关系。

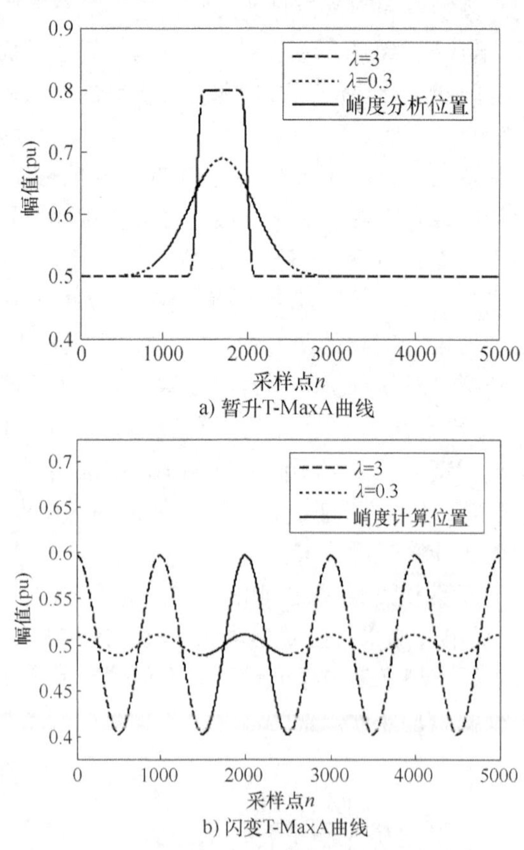

a) 暂升T-MaxA曲线

b) 闪变T-MaxA曲线

图 3-1　不同扰动信号峭度分析对象曲线

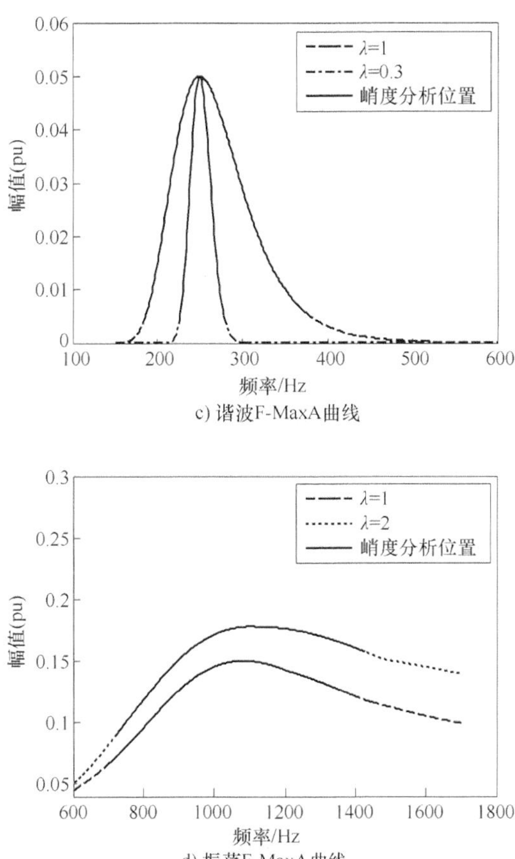

c) 谐波F-MaxA曲线

d) 振荡F-MaxA曲线

图 3-1　不同扰动信号峭度分析对象曲线（续）

图 3-2 同时展示 λ 值与峭度、λ 值与检测误差之间关系。图中相关扰动的参数均选择最小值。由图 3-2 可同时分析不同窗宽因子 λ 时 GST 扰动识别与参数检测能力。

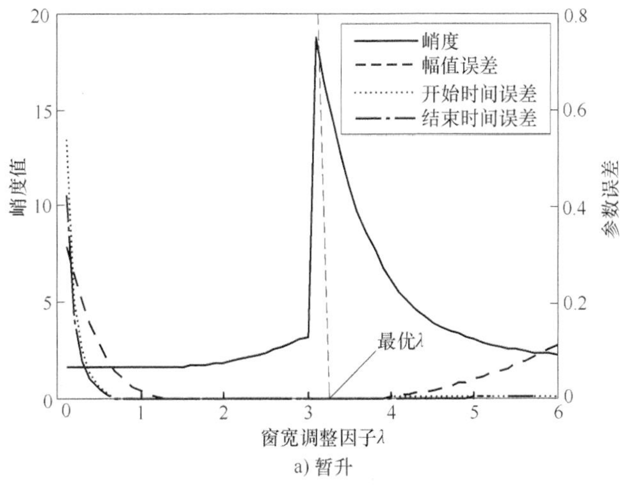

a) 暂升

图 3-2　不同 λ 值扰动信号峭度与参数检测误差曲线

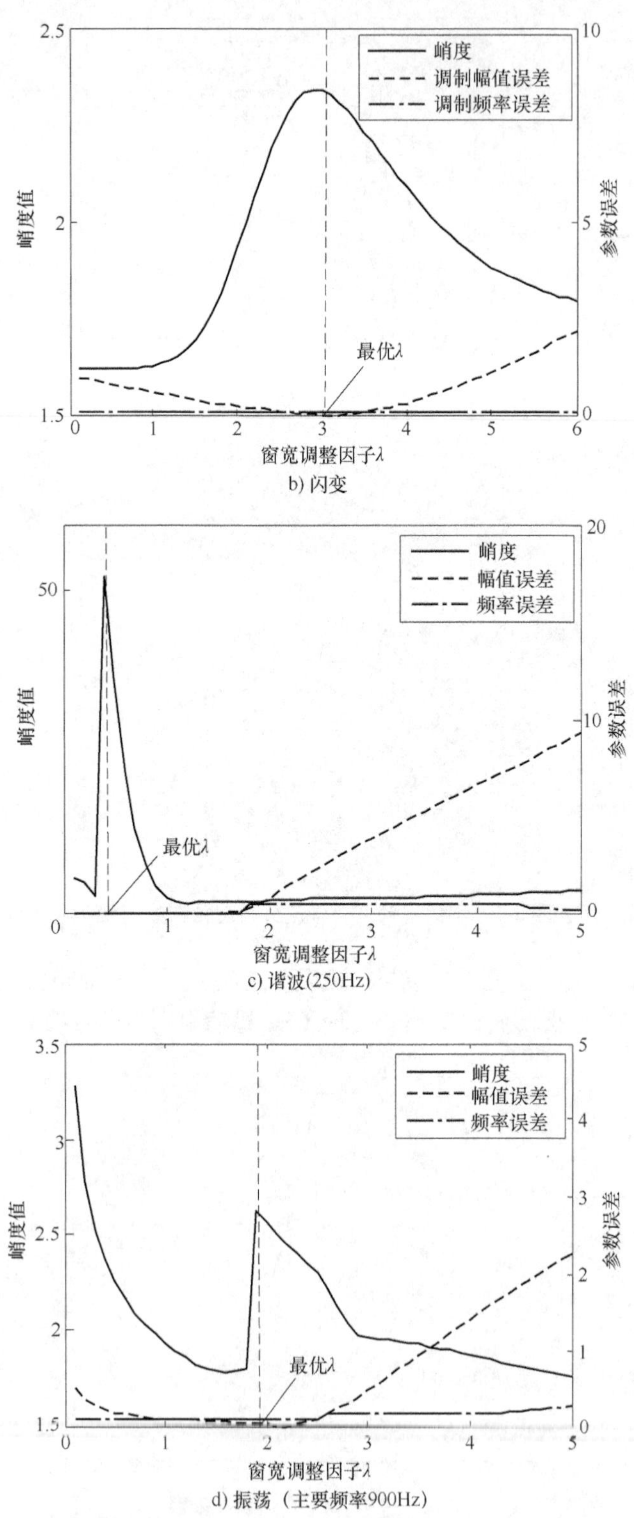

b) 闪变

c) 谐波(250Hz)

d) 振荡（主要频率900Hz）

图 3-2　不同 λ 值扰动信号峭度与参数检测误差曲线（续）

（2）最优 λ 值的确定

由图 3-2 可知，λ 值改变时，峭度、参数误差等随之改变。为获得最好的扰动识别与参数检测效果，选取最优 λ 值时，GST 应保证峭度指标最大（分类识别效果最佳）而各误差指标最小（参数检测最精确）。因此，采用离差最大化方法确定指标的最优加权向量，然后计算不同 λ 的多指标综合评价值从而确定最优 λ 值。

离差最大化方法为客观权重确定方法，权重的大小依赖于指标数据的分布，可以真实反映指标内部变异情况。离差最大化方法的基本思想为若某指标对所有评估对象（在本章中即 λ）的取值均相同，则赋予此指标权重为 0；反之，若某指标对各评估对象的指标值差异较大，则赋予此指标较大的权重。根据评价指标对所有评估对象的总离差最大确定加权向量 ω，ω 可通过求解式（3-7）所示模型得到。

$$\begin{cases} \max F(\omega) = \sum_{j=1}^{m}\sum_{i=1}^{n}\sum_{k=1}^{n} |Z_{ij} - Z_{kj}|\omega_j \\ \text{s.t.} \sum_{j=1}^{m} \omega_j^2 = 1 \end{cases} \tag{3-7}$$

式中，Z_{ij}为无量纲化后的决策矩阵；m 为峭度和误差指标的总个数；n 为评估对象 λ 的总个数。

构造拉格朗日函数解此模型，得到最优解 ω^*，第 i 个指标的归一化权重为 $\overline{\omega}_j^*$，其计算公式如下：

$$\overline{\omega}_j^* = \frac{\omega_j^*}{\sum_{j=1}^{m}\omega_j^*} = \frac{\sum_{i=1}^{n}\sum_{k=1}^{n}|Z_{ij} - Z_{kj}|}{\sum_{j=1}^{m}\sum_{i=1}^{n}\sum_{k=1}^{n}|Z_{ij} - Z_{kj}|} \tag{3-8}$$

最后，根据式（3-9）得到不同 λ 多指标综合评价值 $D_\lambda(\omega)$ 的大小。由于决策之前已对评价指标无量纲化处理，$D_\lambda(\omega)$ 越大越好。而最大 $D_\lambda(\omega)$ 对应的 λ，即为 MFST 最优 λ 值。

$$D_\lambda(\omega) = \sum_{j=1}^{m} Z_{ij}\omega_j, \quad \lambda = 0.1, 0.2, \cdots, 6 \tag{3-9}$$

3. 窗宽调整因子确定

在多指标综合评价的基础上，根据各类扰动最优窗宽分析，最终确定 λ 值：

（1）处理低频类扰动窗宽调整因子选择

T-MaxA 曲线的扰动起止处曲线峭度最大值对应的窗宽调整因子为 3.3，T-MaxA 曲线相邻极小值间曲线峭度最大值对应的窗宽调整因子也为 3.3，且电压暂升类扰动的幅值和起止时间误差、电压闪变的调制幅值和调制频率误差较低。由于两类扰动的多指标综合评价值在 λ 为 3.3 时取得最大值，故选取处理低频率扰动成分的窗宽调整因子 λ_L为 3.3。

（2）处理暂态振荡扰动的窗宽调整因子选择

对主导频率分别为 700～1500Hz 的振荡扰动信号的 F-MaxA 曲线进行峭度和参数误差分析发现，所有主导频率下的振荡扰动参数误差最小值均出现在窗宽调整因子为 2 处，且非失真段峭度最大值均出现在此处。由于暂态振荡扰动的多指标综合评价值在 λ 为 2 时取得最大值，故选取处理暂态振荡扰动成分的窗宽调整因子 λ_H为 2。

（3）处理谐波的窗宽调整因子选择

图 3-2 中 F-MaxA 曲线 250Hz 谐波频率前后曲线峭度最大值对应的窗宽调整因子为 0.4；此外，由于不同次谐波所在频率范围不同，按多指标综合评价值最大准则，分别确定分析不同频次谐波所需最优 λ_M值。考虑间谐波分析需要，采用三次样条插值法，确定不同频率谐波分析与最优 λ_M值之间的对应关系，其拟合效果如图 3-3 所示。

三次样条插值函数 $S(x)$ 是一个多分段三次多项式，若用 $S_i(x)$ 表示它在第 i 个区间 $[x_{i-1}, x_i]$ 上的表达式，可表达为

$$S_i(x)=a_{i0}+a_{i1}x+a_{i2}x^2+a_{i3}x^3 \tag{3-10}$$

其中，$x\in[x_{i-1}, x_i](i=1, 2, \cdots, n)$。

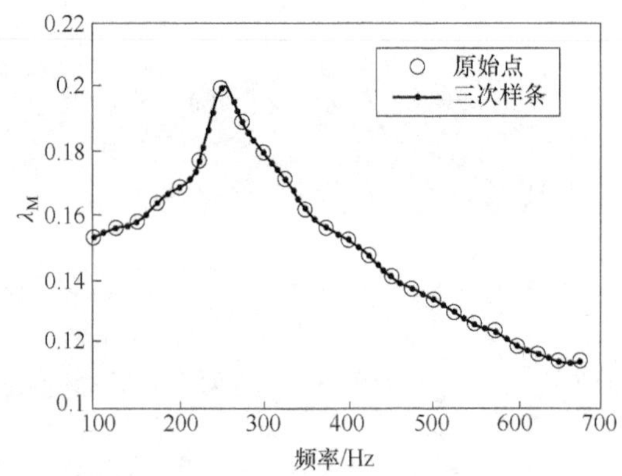

图 3-3 谐波的最优 λ_M因子拟合曲线

3.1.3 快速 S 变换原理

针对 S 变换算法的时间复杂度与空间复杂度过高问题，部分研究设计快速 S 变换（Fast S-Transform，FST）方法，通过选取主要频率点或扰动频率点，并且只针对以上频率进行快速傅里叶变换（Fast Fourier Transform，FFT）逆变换，以降低运算量与空间复杂度。快速 S 变换降低时间和空间复杂度，同时能够准确检测出电能质量扰动信号的特征值，较之 S 变换大大缩短了运算时间。然而，针对高噪环境下的扰动信号主要频率点选择尚缺乏有效理论指导，同时，由于暂态振荡的频域分布于广泛的高频范围，且持续时间短，扰动能量小，在高噪声环境下，难以通过对信号 FFT 谱分析得到其频域分布。因此，现有 FST 方法尚不能完全满足扰动信号的识别需要。

本章从原始信号频域能量分布特点出发，考虑电压暂降、电压暂升、电压中断、闪变、谐波等扰动成分的 FFT 谱幅值较大，而暂态振荡的扰动成分 FFT 谱幅值较小，以 700Hz 为界对扰动信号的 FFT 分频段进行 Otsu's 滤波，保留所有扰动能量的频域部分，提升 FST 方法的抗噪能力。

1. Otsu's 滤波方法

低频类扰动信号 FFT 谱能量主要集中于基频附近；谐波除基频外，谐波所在频率附近有能量分布；振荡信号高频部分存在连续的能量分布，频域分布相对较广。含 20dB 高斯白噪声的不同类型扰动信号 FFT 谱如图 3-4 所示。由于不同类型信号扰动频域、选择的窗宽调

整因子和所需保留进行 IFFT 变换的频率成分各有不同。因此，可在不增加过多运算量前提下，通过扰动信号 FFT 谱特点，设定阈值，确定扰动所在频域，并自适应调整 FST 所需保留的频域成分。

为合理选择阈值，对原始信号的 FFT 谱进行 Otsu's 最优阈值滤波。

设集合 A 为扰动信号 FFT 谱中一组幅值在 $[A_{min}, \Delta]$（A_{min} 为 FFT 谱最小幅值，Δ 为阈值）内的频率点，集合 B 为扰动信号 FFT 谱中一组幅值在 $(\Delta, A_{max}]$（A_{max} 为 FFT 谱最大幅值）内的频率点。Otsu's 方法选择阈值 Δ，使集合 A、集合 B 两类之间的方差 $\sigma_f^2(\Delta)$ 最大，其表达式如下所示：

$$\sigma_f^2(\Delta)=P_A(\Delta)[m_A(\Delta)-m_f]^2+P_B(\Delta)[m_B(\Delta)-m_f]^2 \tag{3-11}$$

式中，$P_A(\Delta)$ 为 FFT 谱中幅值在 $[A_{min}, \Delta]$ 内的频率点个数与 FFT 谱总频率点数的比值；$P_B(\Delta)$ 为 FFT 谱中幅值在 $(\Delta, A_{max}]$ 内的时-频点个数与 FFT 谱总频率点数的比值；$m_A(\Delta)$ 为集合 A 所有频率点对应幅值的均值；$m_B(\Delta)$ 为集合 B 所有频率点对应幅值的均值；m_f 为 FFT 谱的幅值均值。

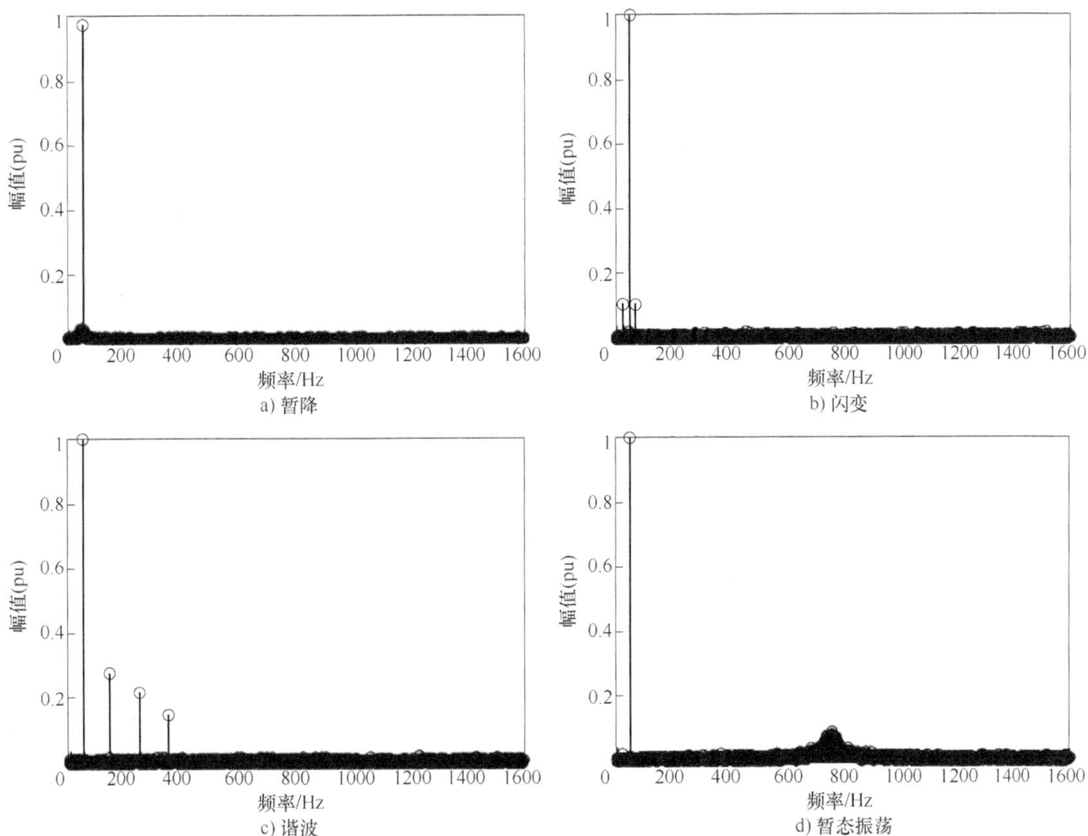

图 3-4　20dB 噪声环境下扰动信号 FFT 谱值曲线

由于 $P_B(\Delta) = 1 - P_A(\Delta)$，可进一步将类间方差表达为

$$\sigma_f^2(\Delta)=\frac{[m_f P_A(\Delta)-m_A(\Delta)]^2}{P_A(\Delta)[1-P_A(\Delta)]} \tag{3-12}$$

由上可见，Otsu's 方法确定的最优阈值 Δ 完全基于参数。通过最大化类间方差有效地保留了 FFT 谱中扰动的频率点。根据扰动信号频谱特点，在高中低频段分别经 Otsu's 方法设定该频率段阈值，仅保留频谱幅值高于阈值的扰动频域内的信号谱值开展 IFFT 运算。由此可以显著降低运算量，并在一定程度上避免噪声能量对分类与参数检测的干扰。阈值处理后的保留的 FFT 谱如图 3-5 所示。

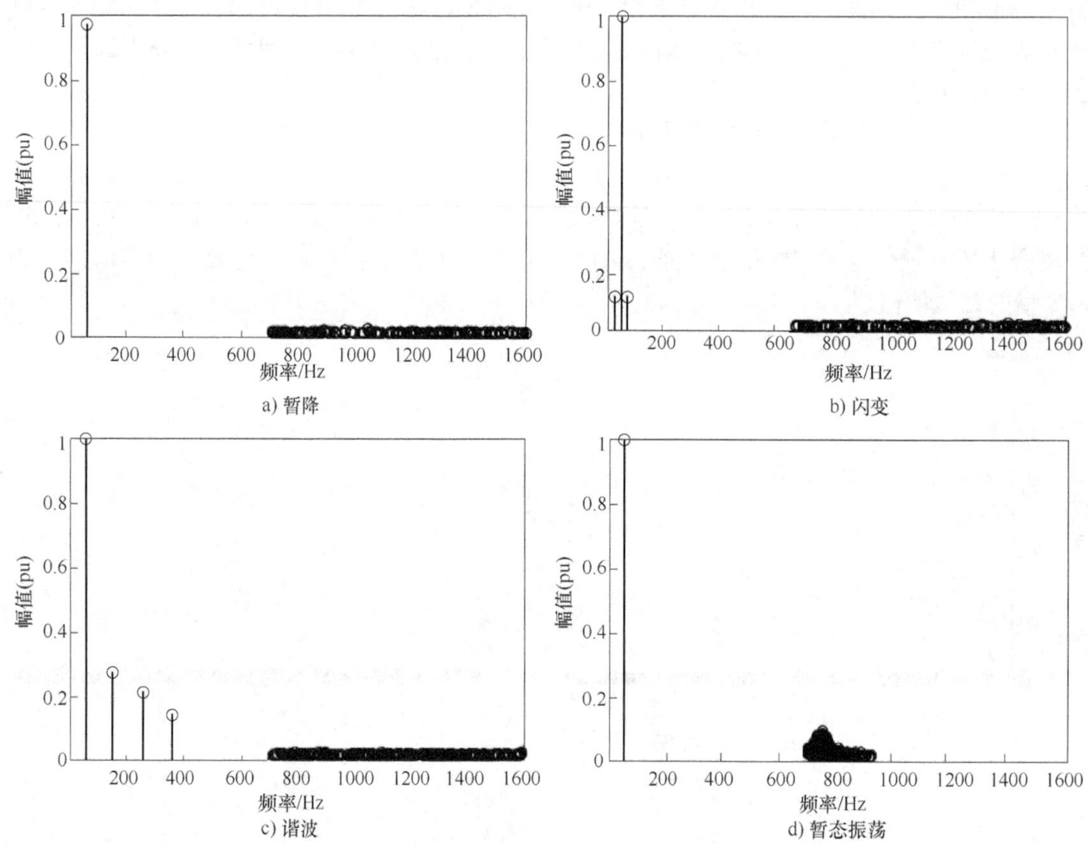

图 3-5　Otsu's 滤波后 FFT 谱值曲线

2. 多分辨率快速 S 变换

多分辨率快速 S 变换离散表达式如下：($f \to n/NT$，$\tau \to jT$)

$$S\left(jT, \frac{n_x}{NT}\right) = \sum_{m=0}^{N-1} H\left(\frac{m+n_x}{NT}\right) \mathrm{e}^{-2\pi^2 m^2/\lambda_x^2 n_x^2} \mathrm{e}^{i2\pi mj/N} \tag{3-13}$$

式中，n_x为 FFT 谱中低频、高频部分经 Otsu's 阈值滤波后保留的频率点。

采用该方法滤波在提高运算速度的同时，能够保留中低频扰动类型的高频部分扰动成分，提升扰动识别准确率；λ_x为 MFST 窗宽调整因子，式中 λ_x与 n_x的对应关系如下所示：

$$\lambda_x = \begin{cases} 3.3 & n_x \leqslant 90\text{Hz} \\ S_i(n_x) & 91\text{Hz} \leqslant n_x \leqslant 700\text{Hz} \\ 2 & n_x \geqslant 701\text{Hz} \end{cases} \tag{3-14}$$

式中，$S_i(n_x)$ 为确定处理含谐波成分窗宽因子 λ_M 的拟合函数。

MFST 流程图如图 3-6 所示。

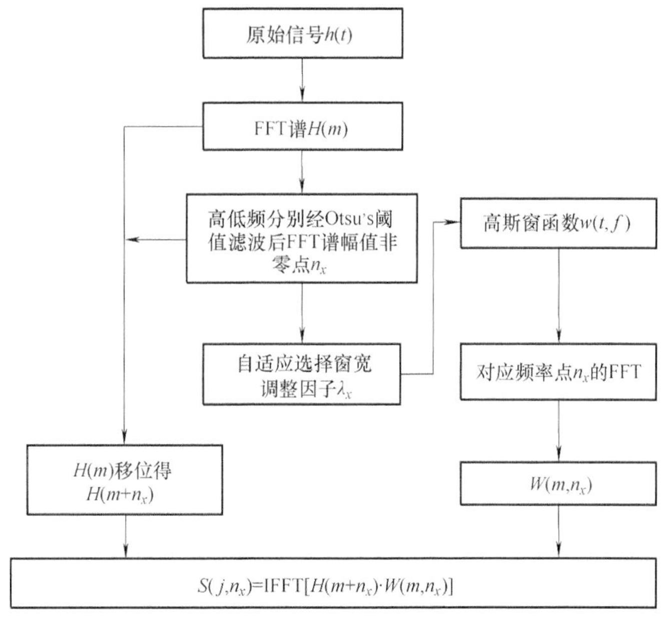

图 3-6　MFST 流程图

3.1.4　采用 MFST 的暂态扰动信号处理

MFST 方法识别的电能质量信号包括无扰动噪声信号（C_0）、电压暂降（C_1）、电压暂升（C_2）、电压中断（C_3）、闪变（C_4）、谐波（C_5）、暂态振荡（C_6），复合扰动类型有谐波含暂降（C_7）、谐波含暂升（C_8）、谐波含闪变（C_9）、暂降含振荡（C_{10}）、暂升含振荡（C_{11}）和闪变含振荡（C_{12}）。信噪比为 30dB 的单一扰动信号通过 MFST 处理前后如图 3-7～图 3-10 所示。图 3-7 为原始扰动信号幅值曲线；图 3-8 为扰动信号 FFT 谱值曲线；图 3-9 为扰动信号经 MFST 处理后，高频部分时-频等高线图；图 3-10 为扰动信号经 MFST 处理后得到的基频幅值曲线。图 3-7～图 3-10 中，n 为采样点序号，pu 为幅值标幺值。

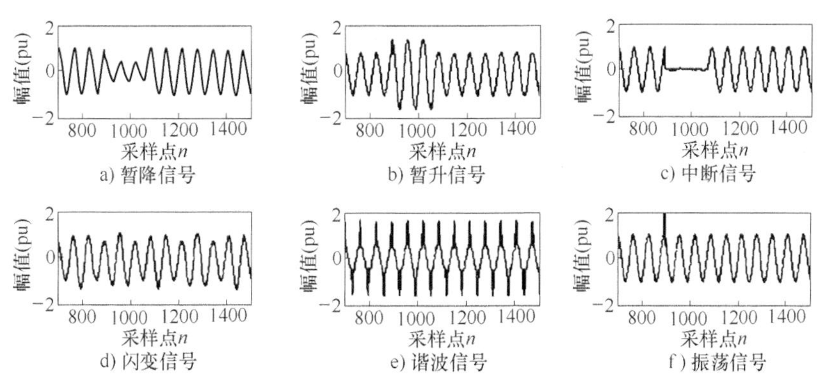

图 3-7　原始扰动信号曲线图

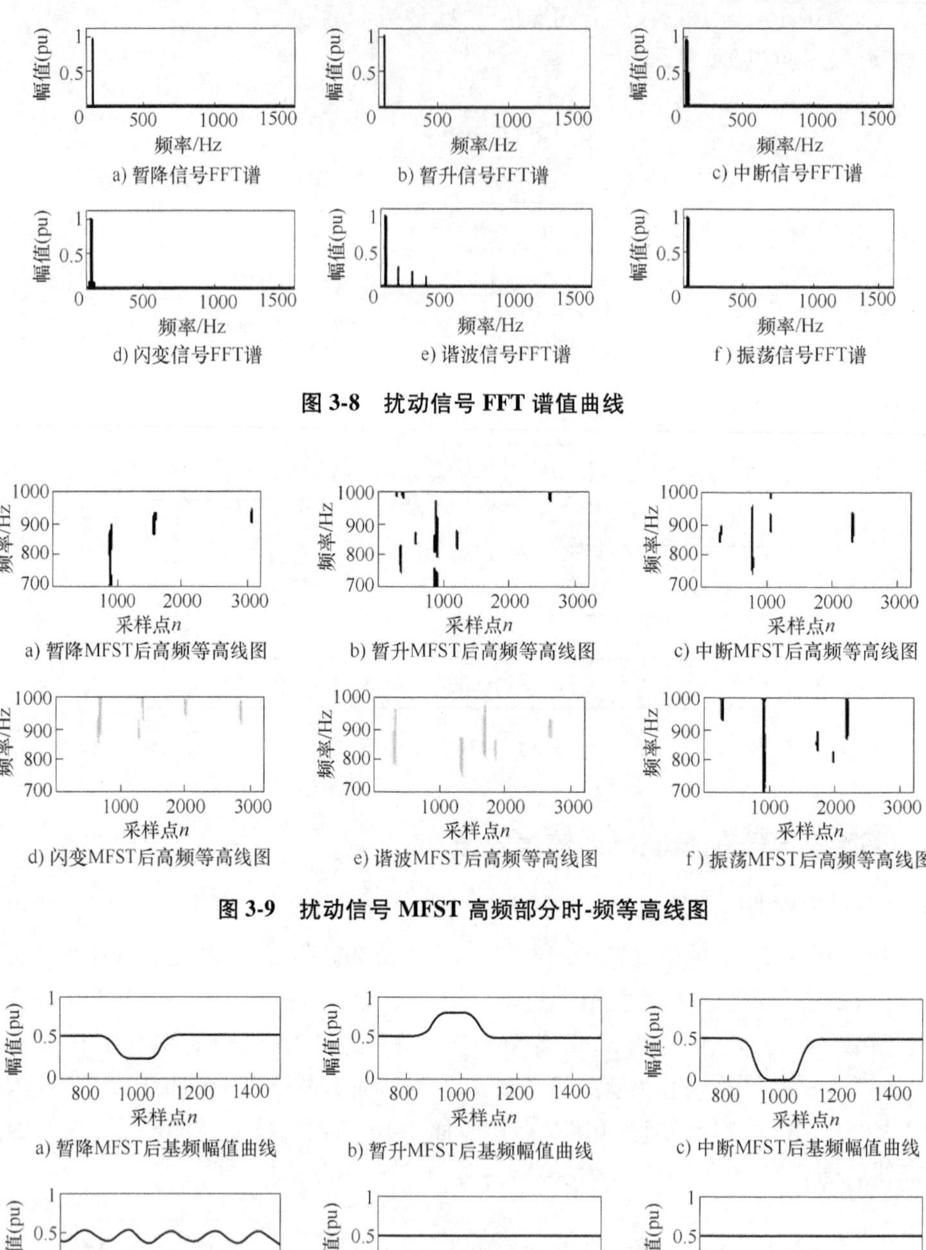

图 3-8 扰动信号 FFT 谱值曲线

图 3-9 扰动信号 MFST 高频部分时-频等高线图

图 3-10 扰动信号 MFST 后基频幅值曲线

由图 3-8 可知，谐波信号可以通过谐波频域范围内的 FFT 谱确定；由图 3-9 可知，高频部分有暂态振荡扰动能量分布，但存在噪声干扰；由图 3-10 可知，电压暂降、电压暂升、电压中断、电压闪变 4 种扰动可通过基频变换判别，但是，当扰动持续时间较短时，通过基频判定暂降和中断不够准确。

3.2 基于 MFST 的电能质量扰动信号特征提取

3.2.1 采用灰度级形态学高频降噪的振荡特征提取

信噪比为 30dB 的暂态振荡扰动信号经 MFST 处理后，高频部分时-频等高线如图 3-9f 所示，从图中可知，高频部分在噪声环境下，仍然受到较严重的干扰，因此需要对该信号时-频区域进行降噪处理。由于 MFST 模矩阵高频部分为二维矩阵形式，呈现出较明显的灰度图像特点，且通过观察，可确定相较于噪声成分，暂态振荡成分能量分布在较大的时-频区域。因此，可通过灰度级形态学降噪方法，降低高频频域噪声对扰动识别准确率的影响，提升特征表现能力。

1. 形态学开运算

通过结构元 b 与 MFST 时-频模矩阵的高频部分 f_H 进行灰度级膨胀，表示为 $f_H \oplus b$ ，其定义为

$$(f_H \oplus b)(x,y)=\max\{f_H(x-x',y-y')+b(x',y')\mid(x',y')\in D_b\} \tag{3-15}$$

其中，D_b 为结构元 b 的域。其过程相当于将结构元以原点翻转 180°，并在 f_H 内各个时频点平移。在每个平移位置，翻转的结构元值与时-频点幅值相加并计算出最大值。

通过结构元 b 对 f_H 进行灰度级腐蚀，表示为 $f_H \Theta b$ ，其定义为

$$(f_H \Theta b)(x,y)=\min\{f_H(x-x',y-y')-b(x',y')\mid(x',y')\in D_b\} \tag{3-16}$$

其过程为结构元平移过 f_H 内各个时-频点，每个时-频点处，用时-频点幅值减去结构元值并计算其最小值。

在定义灰度级腐蚀与膨胀运算基础上，得到灰度级开运算与闭运算。

通过结构元 b 对 f_H 进行灰度级开运算，表示为 $f_H \circ b$ ，定义为

$$f_H \circ b=(f_H \Theta b)\oplus b \tag{3-17}$$

即先对 f_H 进行腐蚀操作，之后再对 f_H 进行膨胀操作。

通过结构元 b 对 f_H 进行灰度级闭运算，表示为 $f_H \cdot b$ ，定义为

$$f_H \cdot b=(f_H \oplus b)\Theta b \tag{3-18}$$

即先对 f_H 进行膨胀操作，之后再对 f_H 进行腐蚀操作。

灰度级形态学的开操作相当于去除灰度图像中比结构元小的明亮部分（灰度值较高部分）；闭操作相当于去除比结构元小的黑暗部分（灰度值较低或为 0 部分）。由图 3-9f 可知，在 f_H 中，噪声相当于细小的“明亮”部分，因此，采用灰度级开运算，能够较好地去除噪声干扰。

2. 采用灰度级形态学高频降噪

由于电能质量信号中所含噪声的时-频分布与幅值具有随机性，因此，f_H 的各个时-频点均有幅值存在，不宜直接采用形态学降噪方法。当采用 MFST 处理含噪声扰动信号时，得到的高频部分时-频矩阵各个时-频点上实际都具有幅值，采用形态学方法滤波前需要对时-频矩阵先进行阈值滤波处理。其处理方法如下：

（1）设阈值为 Δ，矩阵内第 i 行、j 列的时-频点幅值为 $f_H(x_i,\ y_j)$ ；

（2）如果$f_H(x_i, y_j) \leqslant \Delta$，则滤波后的时-频点幅值为$f'_H(x_i, y_j)=0$；否则，$f'_H(x_i, y_j)=f_H(x_i, y_j)$。

即首先对f_H进行阈值滤波，仅保留噪声能量较大处和暂态振荡发生处的信号能量；然后，运用灰度级形态学的开运算处理f_H，滤除扰动信号噪声。

设计形态学滤波器时，选择合适形状和宽度的结构元对降噪效果好坏与运算量大小有直接影响。常用的结构元形状包括圆形、六角形、正方形、线段等。在实际应用中，线段形状的结构元结构简单，运算量最小；而圆形、六角形、正方形等形状的结构元相当于若干不同角度、线段形状结构元的叠加，运算复杂度远高于线段形状结构元。

由图 3-9f 可知，在阈值滤波后的f_H中，振荡与噪声成分呈纵向带状分布，且时域宽度较窄；因此，可采用角度为 0 的线段结构元，保证滤波效果前提下，尽量减少滤波运算复杂度。

线段结构元的大小根据电能质量信号时域分布特点确定。高频频域内的振荡信号和噪声信号时域分布特性不同。高频振荡一般维持 0.5 周波以上，时域分布相对较宽；而噪声时域分布很窄。因此，结构元宽度应小于阈值滤波后振荡时-域分布宽度，且大于噪声时域分布宽度。由于本章仿真实验信号采样率 5kHz，在统计实验基础上，最终确定结构元长度为 25。

滤波前后f_H的等高线图如图 3-11 所示。

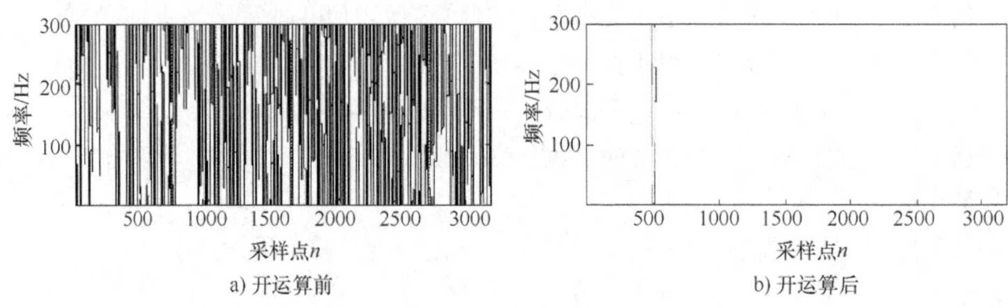

图 3-11　开运算滤波效果（20dB）

3. 降噪后特征分类能力比较

高频域最大幅值点邻域能量主要用于识别信号中是否含有暂态振荡成分。仿真生成不同噪声水平下的暂态振荡与无扰动噪声信号各 100 组，验证降噪前后扰动识别效果。

表 3-3 为采用无降噪环节高频能量、阈值降噪后高频能量和二维形态学降噪后高频能量等 3 种特征识别时，存在的交叉样本数。由表 3-3 可知，当采用二维形态学降噪后，交叉样本数明显减少，能量特征分类能力显著提高，且效果优于阈值降噪方法。

表 3-3　不同降噪方法能量特征分类能力比较

高频能量特征	交叉样本数			
处理方法	20dB	30dB	40dB	50dB
无降噪	28	23	10	1
阈值降噪	13	9	4	0
二维形态学降噪	3	0	0	0

图 3-12 为 3 种能量特征在识别暂态振荡与正常信号时，不同噪声环境下的特征分布范围。由图 3-12 可知，当采用无降噪环节高频能量、阈值降噪后高频能量 2 类特征分类时，不同信噪比下的分类阈值所在范围波动较大，难以得到适用于不同噪声环境的最优阈值，这也是国外同类研究只能保证相关系统工作于 30dB 以上噪声环境下的主要原因。当采用形态学降噪后，不同噪声环境下的最优分类阈值范围基本相同，适合高噪声环境下的分类器设计。

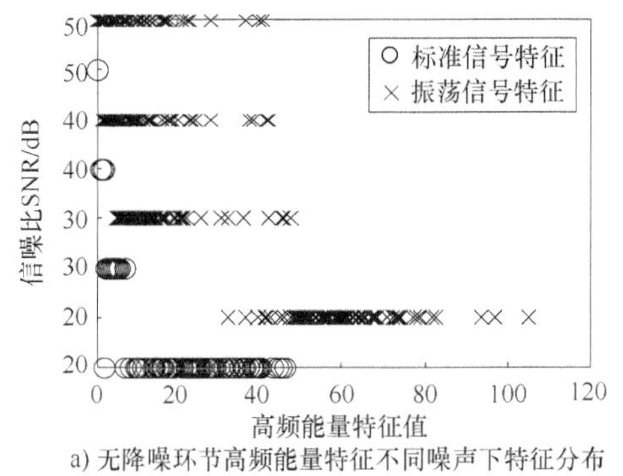

a) 无降噪环节高频能量特征不同噪声下特征分布

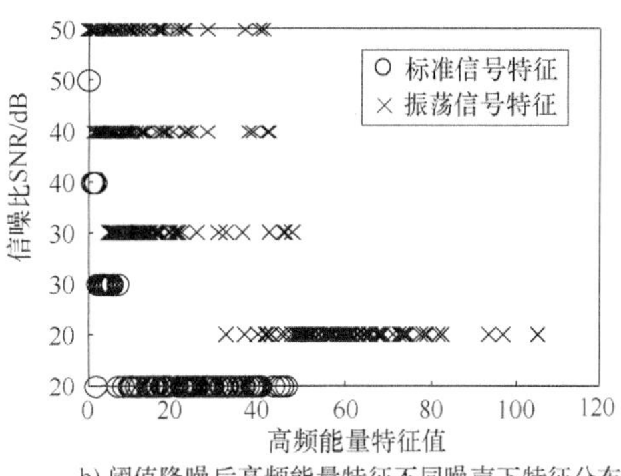

b) 阈值降噪后高频能量特征不同噪声下特征分布

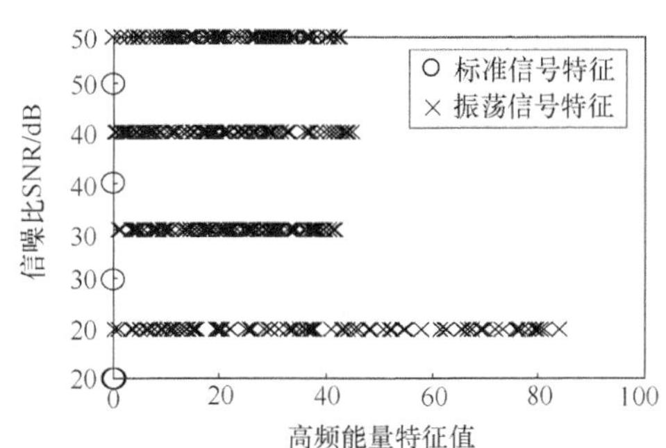

c) 二维形态学降噪后高频能量特征不同噪声下特征分布

图 3-12　不同噪声下 3 种高频能量特征识别振荡特征值分布图

3.2.2　扰动特征提取

在通过 MFST 与形态学降噪处理后，从原始信号、原始信号 FFT 谱、MFST 基频幅值曲线和 MFST 高频矩阵中提取 5 种特征，用于识别扰动信号。其中，FFT 谱特征主要用于识别含谐波扰动信号。

由以上分析，从原始信号傅里叶谱中提取中频段幅值最大值（F_1）；从原始信号中提取信号 1/4 周期能量跌落幅度 $D(F_2)$；从 MFST 中提取基频归一化幅值因子（F_3）、基频对应幅值方差（F_4）与形态学去噪后高频域最大幅值点邻域能量（F_5），共 5 种特征。相关部分特征计算方法如下：

特征 F_1：FFT 功率谱中频段最大值

$$F_1 = \max|H(f)|,\quad 91\text{Hz} \leqslant f \leqslant 700\text{Hz} \tag{3-19}$$

其中，$H(f)$ 为由输入信号 $h(t)$ 经离散快速傅里叶变换后获得的傅里叶谱。

特征 F_2：信号 1/4 周期能量跌落幅度

$$F_2=\frac{\min[R(m)]}{R_0} \tag{3-20}$$

式中，$R(m)$ 是原始信号各个 1/4 周期的方均根值（Root Mean Square，RMS）；R_0 为 1/4 周期无噪声标准电能质量信号 RMS。

$$R(m)=\sqrt{\frac{1}{16}\sum_{t=16m-15}^{t=16m}h^2(t)} \tag{3-21}$$

特征 F_3：基频归一化因子

$$F_3=\frac{A_{n0\max}+A_{n0\min}-1}{2} \tag{3-22}$$

式中，$A_{n0\max}$ 为归一化后基频幅值曲线的最大值；$A_{n0\min}$ 为归一化后基频幅值曲线的最小值。

特征 F_4：基频对应幅值方差

$$F_4=\frac{1}{N}\sum_{m=0}^{N-1}\left[A_0(t)-\frac{1}{N}\sum_{m=0}^{N-1}A_{n0}(t)\right]^2 \tag{3-23}$$

式中，$A_{n0}(t)$ 为基频幅值向量。

特征 F_5：形态学去噪后，高频域最大幅值点邻域能量

$$F_5=\sum_{f=f_1-150}^{f_1+150}\sum_{t=t_1+20}^{t_1+40}[S'(t_1,f_1)]^2 \tag{3-24}$$

式中，$(t_1,\ f_1)$ 为 701~1000Hz 频域 MFST 时-频模矩阵最大幅值点坐标；$S'(t_1,\ f_1)$ 指形态学去噪后该频域部分 MFST 模矩阵。

3.3 基于 MFST 的电能质量扰动信号识别实验

3.3.1 模式识别分类器设计

决策树通过将复杂问题转化为若干二分类问题，实现原始扰动信号的识别，分类效率高，实现简单。但是由于实际电力系统中的电能质量信号信噪比难以确定，因此，随机噪声环境下，节点分类阈值界定是分类器设计的难点。本章选用抗噪性高的特征，并采用最小分类损失原则确定分类阈值，通过 MATLAB 生成覆盖全部扰动范围的仿真信号对决策树进行训练。

1. 采用最小分类损失原则确定分类阈值

为适应不同噪声环境下的扰动信号分类需求，通过 MATLAB 仿真生成覆盖不同参数范围且信噪比为 20~50dB 范围内随机值的仿真信号。仿真信号每类 500 组，共 6500 组数据，在此基础上开展进行统计分析。信号采样率为 5kHz。根据最小分类损失原则，确定分类阈值。

依照此原则确定阈值的过程如图 3-13 所示。图 3-13a 为采用电压暂降与暂降含振荡 2 类扰动的扰动样本特征值分布情况（为使图像清晰，两种扰动实验样本各 100 组）。图 3-13b 为样本 F_5 值交叉部分，为了确定最优阈值，设计误识别率 E_r，令

$$E_r = \frac{p+q}{M} \times 100\% \tag{3-25}$$

式中，p 为当选定阈值后，一类待识别样本被错误识别的个数；q 为另一类样本误识别的个数；M 为待识别总样本数。

当阈值变化时，E_r 的值也随之变化，为达到最优准确率，应使 E_r 值尽量小，即获得最小分类损失。基于最小分类损失原则确定最优阈值过程如下：

（1）通过统计实验，确定交叉样本区域，分别取交叉样本区域内样本特征的最大值与最小值作为阈值上限与阈值下限（如图 3-13b 所示）。

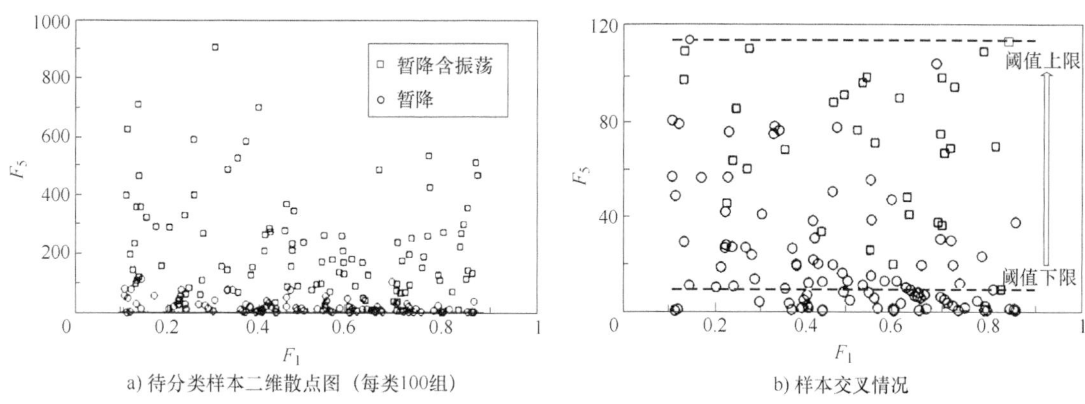

a) 待分类样本二维散点图（每类100组）　　b) 样本交叉情况

图 3-13　基于最小分类损失原则的阈值确定过程

（2）将交叉区域内各个样本的特征值按照从小到大排列，将各个样本的特征值分别作为分类阈值，并计算该阈值下 E_r。

（3）选择交叉样本中，对应 E_r 最小值（E_{rmin}）的特征值作为分类阈值。

图 3-14a 与图 3-14b 分别表现了当实验样本为每类 100 组和 500 组情况下，阈值由其取值范围下限逐渐增大到上限时，E_r 的变化情况。当 $E_r = E_{rmin}$ 时，则该阈值即为针对训练样本所能选取的最优阈值。同时，比较两图可以发现，当训练样本较多时，分类阈值的确定更加精确。因此，以下分类阈值的确定均采用每类扰动 500 组开展分析。

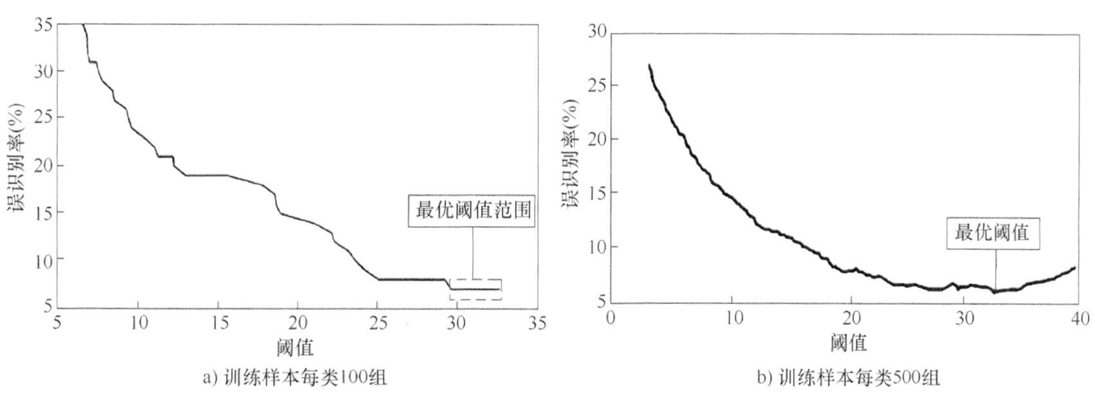

a) 训练样本每类100组　　b) 训练样本每类500组

图 3-14　采用不同阈值误识别率变化曲线

2. 基于决策树的扰动信号分类器设计

根据特征 $F_1 \sim F_5$ 可以区分的扰动信号类型，通过 MATLAB 仿真生成信噪比分别为 20dB、30dB、40dB、50dB 和信噪比为 20～50dB 随机值的 13 类电能质量仿真信号每类 500 组，共 32500 组仿真信号对决策树进行训练，以满足不同噪声环境下的扰动信号分类需求。无交叉样本节点阈值由非交叉特征值范围的中间值确定，如图 3-15 所示；含交叉样本的节点阈值由最小分类损失原则确定。

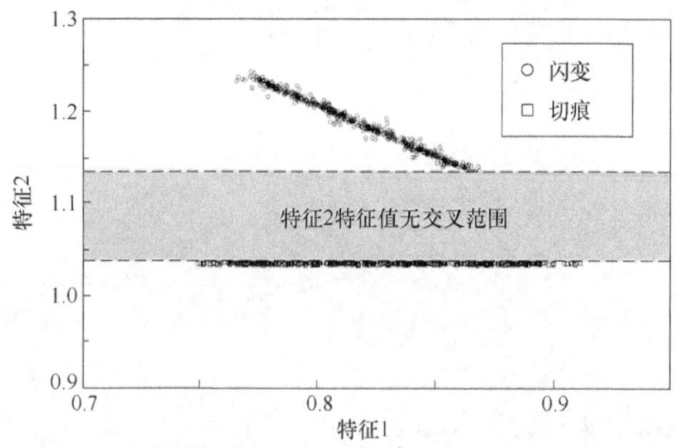

图 3-15　特征值无交叉情况阈值确定过程

最终确立的决策树分类器结构如图 3-16 所示。

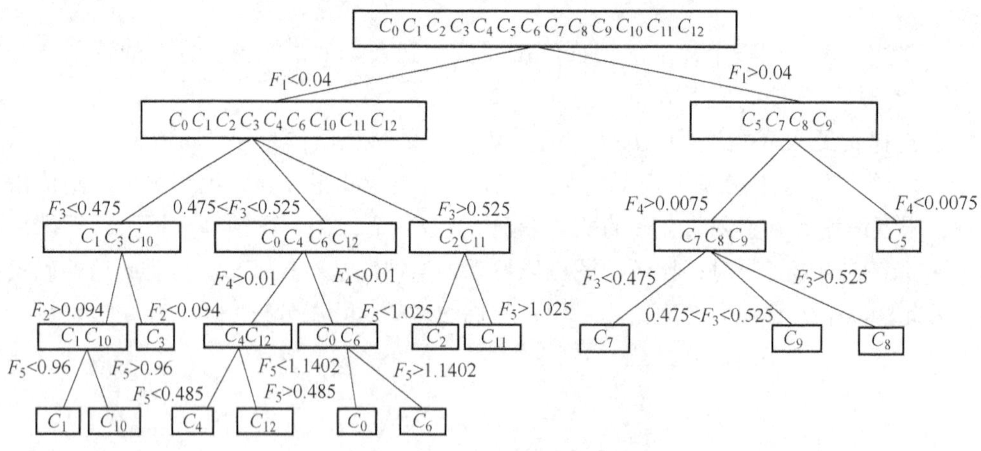

图 3-16　决策树结构图

3.3.2　实验流程

为充分验证本方法的有效性，分别采用电能质量扰动仿真信号与意大利某电网实测电能质量数据验证其分类识别能力。其中，仿真电能质量扰动信号的识别为有监督分类实验；对于实测电能质量扰动信号的识别，虽然实测数据库中记录了扰动信号的扰动类型、预估扰动参数、录波起止时间和采样率等信息，但部分信号被标识为未知类型且扰动参数的检测不够准确，故对于实测扰动信号的识别为无监督分类实验，数据库中标识仅作为本章实验结果的对比。

电能质量扰动信号识别流程如图 3-17 所示。从流程图中可知，首先，建立待检测样本库，待检测样本库由 MATLAB 仿真信号和意大利某电网实测电能质量信号数据库组成；其次，从原始信号、原始信号 FFT 谱、MFST 时-频模矩阵低频部分和 MFST 时-频模矩阵高频部分中提取 5 个特征，用于识别扰动信号，其中，F_1 主要用于识别谐波信号，F_2 用于区分中断和暂降类扰动，F_3 主要用于区分扰动信号基频幅值的变化，F_4 用于将闪变信号识别开来，经过降噪处理后得到的 F_5 用于检测出难于识别的暂态振荡成分。然后，将样本的 5 个特征值输入决策树分类器，由决策树输出此样本的扰动类型。

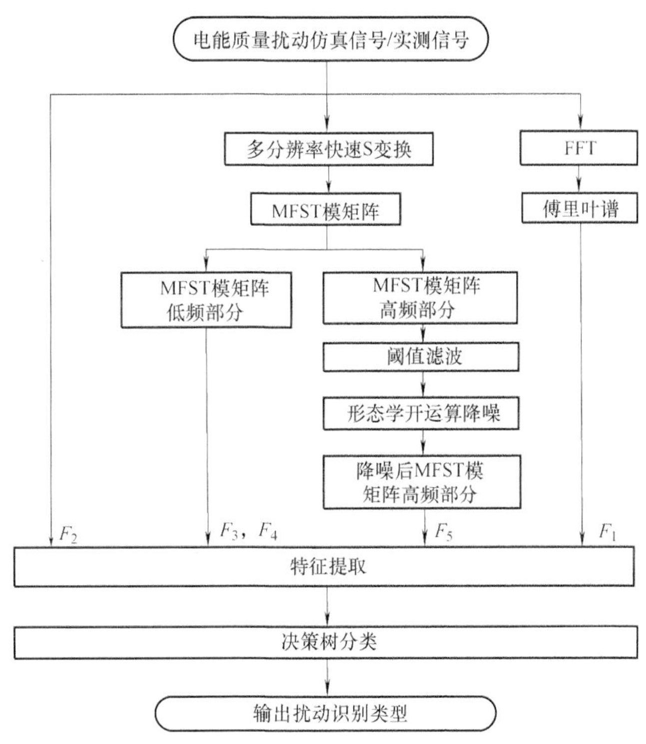

图 3-17　电能质量扰动信号识别流程图

3.3.3　仿真实验分析

1. MFST 识别准确率分析

为验证不同信噪比下，新方法的分类能力，采用 MATLAB 仿真生成信噪比分别为 20dB、30dB、40dB、50dB 和信噪比为 20～50dB 随机值的 13 类电能质量仿真信号每类 500 组，共 32500 组开展仿真实验。表 3-4～表 3-8 分别为 20dB、30dB、40dB、50dB 与随机噪声（20～50dB）环境下新方法的识别准确率。从表 3-4～表 3-8 可见，所有噪声环境下新方法均可达到较高的识别准确率，且随着噪声的减小，识别准确率增加；对难以区分的振荡成分，新方法将单一类信号（含噪正常信号 C_0、电压暂降 C_1、电压暂升 C_2、电压闪变 C_4）与对应的含振荡类扰动信号（暂态振荡 C_6、暂降含振荡 C_{10}、暂升含振荡 C_{11} 和闪变含振荡 C_{12}）有效进行区分；谐波类扰动信号的识别准确率高；从原始信号提取的特征 F_2 可以将电压暂降 C_1 与

电压中断 C_3 有效区分开来。

表 3-4　20dB 时扰动识别准确率

20dB	C_0	C_1	C_2	C_3	C_4	C_5	C_6	C_7	C_8	C_9	C_{10}	C_{11}	C_{12}	总数	准确率
C_0	495	1	1	—	—	—	—	—	—	3	—	—	—	500	99%
C_1	—	494	—	2	—	—	—	—	—	—	4	—	—	500	98.8%
C_2	1	—	495	—	—	—	—	—	—	—	—	4	—	500	99%
C_3	1	4	—	494	1	—	—	—	—	—	—	—	—	500	98.8%
C_4	—	—	—	—	496	—	—	—	—	—	—	—	4	500	99.2%
C_5	3	—	—	—	—	497	—	—	—	—	—	—	—	500	99.4%
C_6	7	—	—	—	1	—	492	—	—	—	—	—	—	500	98.4%
C_7	—	4	—	2	1	—	—	493	—	—	—	—	—	500	98.6%
C_8	—	—	5	—	—	—	—	—	495	—	—	—	—	500	99%
C_9	—	—	—	3	—	—	—	—	—	497	—	—	—	500	99.4%
C_{10}	—	6	—	1	—	—	—	3	—	—	490	—	—	500	98%
C_{11}	—	—	6	—	—	—	—	—	2	—	—	492	—	500	98.4%
C_{12}	—	—	—	5	—	—	—	—	—	3	—	—	492	500	98.4%

表 3-5　30dB 时扰动识别准确率

30dB	C_0	C_1	C_2	C_3	C_4	C_5	C_6	C_7	C_8	C_9	C_{10}	C_{11}	C_{12}	总数	准确率
C_0	496	1	1	—	—	—	—	—	—	2	—	—	—	500	99.2%
C_1	—	495	—	2	—	—	—	—	—	—	3	—	—	500	99%
C_2	1	—	497	—	—	—	—	—	—	—	—	2	—	500	99.4%
C_3	1	3	—	496	—	—	—	—	—	—	—	—	—	500	99.2%
C_4	—	—	—	—	497	—	—	—	—	—	—	—	3	500	99.4%
C_5	1	—	—	—	—	499	—	—	—	—	—	—	—	500	99.8%
C_6	5	—	—	—	1	—	494	—	—	—	—	—	—	500	98.8%
C_7	—	3	—	1	1	—	—	495	—	—	—	—	—	500	99%
C_8	—	—	4	—	—	—	—	—	496	—	—	—	—	500	99.2%
C_9	—	—	—	2	—	—	—	—	—	498	—	—	—	500	99.6%
C_{10}	—	5	—	1	—	—	—	2	—	—	492	—	—	500	98.4%
C_{11}	—	—	5	—	—	—	—	—	2	—	—	493	—	500	98.6%
C_{12}	—	—	—	4	—	—	—	—	—	2	—	—	494	500	98.8%

表 3-6　40dB 时扰动识别准确率

40dB	C_0	C_1	C_2	C_3	C_4	C_5	C_6	C_7	C_8	C_9	C_{10}	C_{11}	C_{12}	总数	准确率
C_0	498	1	—	—	—	—	—	—	—	1	—	—	—	500	99.6%
C_1	—	499	—	1	—	—	—	—	—	—	—	—	—	500	99.8%
C_2	1	—	498	—	—	—	—	—	—	—	—	1	—	500	99.6%
C_3	—	3	—	497	—	—	—	—	—	—	—	—	—	500	99.4%
C_4	—	—	—	—	500	—	—	—	—	—	—	—	—	500	100%
C_5	—	—	—	—	—	500	—	—	—	—	—	—	—	500	100%
C_6	3	—	—	—	—	—	497	—	—	—	—	—	—	500	99.4%
C_7	—	2	—	—	—	—	—	498	—	—	—	—	—	500	99.6%
C_8	—	—	2	—	—	—	—	—	498	—	—	—	—	500	99.6%
C_9	—	—	—	—	—	—	—	—	—	500	—	—	—	500	100%
C_{10}	—	3	—	—	—	—	—	1	—	—	496	—	—	500	99.2%
C_{11}	—	—	3	—	—	—	—	—	1	—	—	496	—	500	99.2%
C_{12}	—	—	—	2	—	—	—	—	—	1	—	—	497	500	99.4%

表 3-7　50dB 时扰动识别准确率

50dB	C_0	C_1	C_2	C_3	C_4	C_5	C_6	C_7	C_8	C_9	C_{10}	C_{11}	C_{12}	总数	准确率
C_0	500	—	—	—	—	—	—	—	—	—	—	—	—	500	100%
C_1	—	499	—	1	—	—	—	—	—	—	—	—	—	500	99.8%
C_2	—	—	500	—	—	—	—	—	—	—	—	—	—	500	100%
C_3	—	2	—	498	—	—	—	—	—	—	—	—	—	500	99.6%
C_4	—	—	—	—	500	—	—	—	—	—	—	—	—	500	100%
C_5	—	—	—	—	—	500	—	—	—	—	—	—	—	500	100%
C_6	1	—	—	—	—	—	499	—	—	—	—	—	—	500	99.8%
C_7	—	—	—	—	—	—	—	500	—	—	—	—	—	500	100%
C_8	—	—	—	—	—	—	—	—	500	—	—	—	—	500	100%
C_9	—	—	—	—	—	—	—	—	—	500	—	—	—	500	100%
C_{10}	—	1	—	—	—	—	—	1	—	—	498	—	—	500	99.6%
C_{11}	—	—	1	—	—	—	—	—	1	—	—	498	—	500	99.6%
C_{12}	—	—	—	—	—	—	—	—	—	1	—	—	499	500	99.8%

表 3-8　20~50dB 时扰动识别准确率

20~50dB	C_0	C_1	C_2	C_3	C_4	C_5	C_7	C_8	C_9	C_{10}	C_{11}	C_{12}	总数	准确率
C_0	497	1	—	—	—	—	—	—	2	—	—	—	500	99.4%
C_1	—	498	—	1	—	—	—	—	—	1	—	—	500	99.6%
C_2	—	—	499	—	—	—	—	—	—	—	1	—	500	99.8%
C_3	1	3	—	496	—	—	—	—	—	—	—	—	500	99.2%
C_4	—	—	—	—	500	—	—	—	—	—	—	—	500	100%
C_5	1	—	—	—	—	499	—	—	—	—	—	—	500	99.8%
C_6	3	—	—	—	1	—	—	—	—	—	—	—	500	99.2%
C_7	—	2	—	1	—	—	497	—	—	—	—	—	500	99.4%
C_8	—	—	2	—	—	—	—	498	—	—	—	—	500	99.6%
C_9	—	—	—	—	—	—	—	—	500	—	—	—	500	100%
C_{10}	—	4	—	1	—	—	1	—	—	494	—	—	500	98.8%
C_{11}	—	—	3	—	—	—	—	2	—	—	495	—	500	99%
C_{12}	—	—	—	3	—	—	—	—	1	—	—	496	500	99.2%

2. 对比实验识别结果分析

采用相同决策树构建策略，构建基于 ST[5]、GST[6]、HST[7] 3 种信号处理方法的决策树，以验证新方法的分类优势。4 种信号处理方法的识别结果见表 3-9 和表 3-10。

表 3-9　分类准确率比较（信噪比在 20~50dB 之间）

类　型	准确率（%）			
处理方法	MFST	GST	ST	HST
C_0 标准信号	99.4	99	98.2	98.8
C_1 暂降	99.6	99.2	98.6	98.8
C_2 暂升	99.8	99.4	98	98.2
C_3 中断	99.2	99	98.8	99
C_4 闪变	100	100	98.2	98
C_5 谐波	99.8	99.8	99.8	99.8
C_6 暂态振荡	99.2	98.8	97.4	98.2
C_7 谐波含暂降	99.4	95.4	97.8	98
C_8 谐波含暂升	99.6	96.2	98	98.4
C_9 谐波含闪变	100	96.6	98.2	97.8

（续）

类　型	准确率（%）			
C_{10}暂降含振荡	98.8	98.4	97.2	98
C_{11}暂升含振荡	99	98.2	97.2	98.2
C_{12}闪变含振荡	99.2	98.8	97.4	98.2
总准确率	99.46	98.37	98.06	98.42

表 3-10　不同噪声环境下分类准确率比较

SNR	准确率（%）			
	MFST	GST	ST	HST
50dB	99.86	98.62	98.16	98.66
40dB	99.6	98.54	98.12	98.51
30dB	99.11	98.24	97.88	98.34
20dB	98.8	97.74	97.43	98.09

由表 3-9 可知，相较于 ST、GST、HST 方法，MFST 方法在识别不同类别扰动信号时，分类准确率均为最高，且随机噪声实验中保持了 99.46%的分类准确率。在识别复合扰动时（$C_7 \sim C_{12}$），优势尤其明显。因此，本章所提出的方法具有良好的分类准确率。

由表 3-10 可知，MFST 方法在不同噪声水平下的分类总准确率均高于其他方法，且 4 种信号处理方法在采用相同决策树构建策略后所取得的准确率受噪声影响不大（20dB 与 50dB 环境下准确率相差均在 1.1%以下），证明了决策树的抗噪性。因此，本方法同时具有良好的抗噪性和鲁棒性。

3. 运算时间对比分析

不同采样率下，分别采用 MFST、GST 信号处理方法处理 100 组信噪比为 30dB 的电压暂降（C_1）、谐波（C_5）、暂态振荡（C_6）、谐波含暂降（C_7）和暂降含振荡（C_{10}）所需的运算时间如图 3-18 所示。可见相较于 GST 方法，在相同采样率下，MFST 方法所需运算时间短，且随着采样率的增高，MFST 方法运算速度快的优势更加明显，更适用于工程中高采样率信号分析的要求。

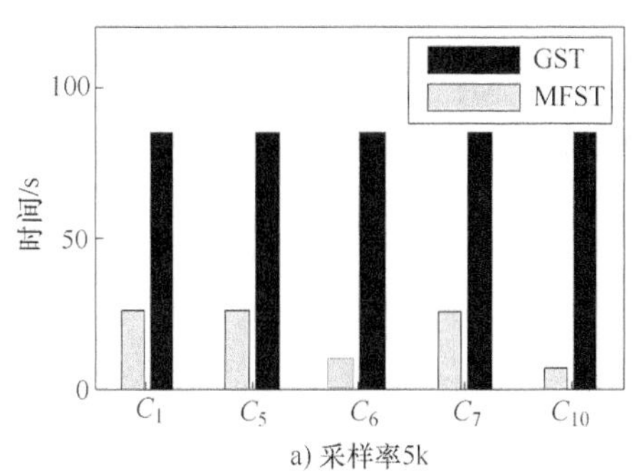

a) 采样率5k

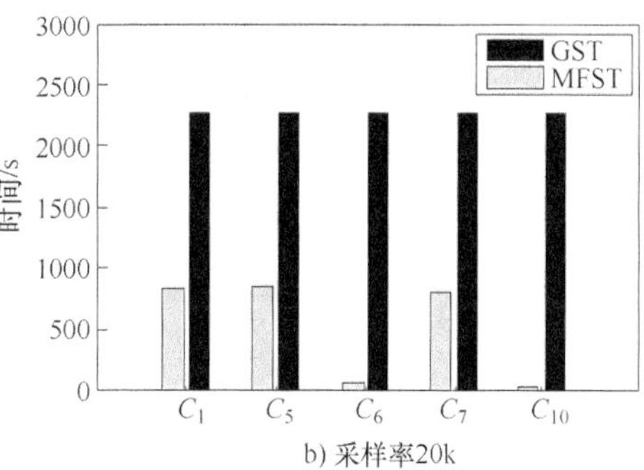

b) 采样率20k

图 3-18　不同采样率下 MFST 与 GST 运算时间对比图

3.3.4 实测数据分析

采用意大利某电网 2006 年 11 月间实测单相电能质量信号 952 组开展分析[7]。数据库中标识电压暂降 25 组，电压中断 5 组，暂态振荡 910 组，谐波信号 8 组，未知类型畸变信号 4 组。实验过程中取采样率为 10kHz，并对信号电压值进行归一化预处理。数据库中标识数据类型及本章识别出的类型见表 3-11。

表 3-11 实测信号识别类型对照表

数据库标识类型	暂降 25 组	中断 5 组	暂态振荡 910 组	谐波 8 组	未知类型 4 组
本章识别类型	暂降 3 组 谐波含暂降 3 组 正常信号 19 组	中断 5 组	暂态振荡 910 组	谐波 5 组 谐波含闪变 3 组	谐波 1 组 暂态振荡 1 组 谐波含闪变 2 组

实验结果显示，采用本方法识别后，电压中断、暂态振荡识别结果与数据库中标识相同。25 组暂降信号中，由于对暂降定义阈值不同，部分实测信号中信号幅值下跌幅度不足 0.1pu，不满足 IEEE 标准定义范围，因此未做分析。在下跌幅值超过 0.1pu 的 6 组样本中，3 组识别为暂降；3 组含有谐波成分，识别为谐波含暂降。8 组谐波信号中，5 组识别为谐波，3 组识别为谐波含闪变。6 组典型实测信号波形如图 3-19 所示，其特征值见表 3-12。原系统无法识别的 4 种扰动，本章分类系统给出其具体特征值及识别结果见表 3-13。

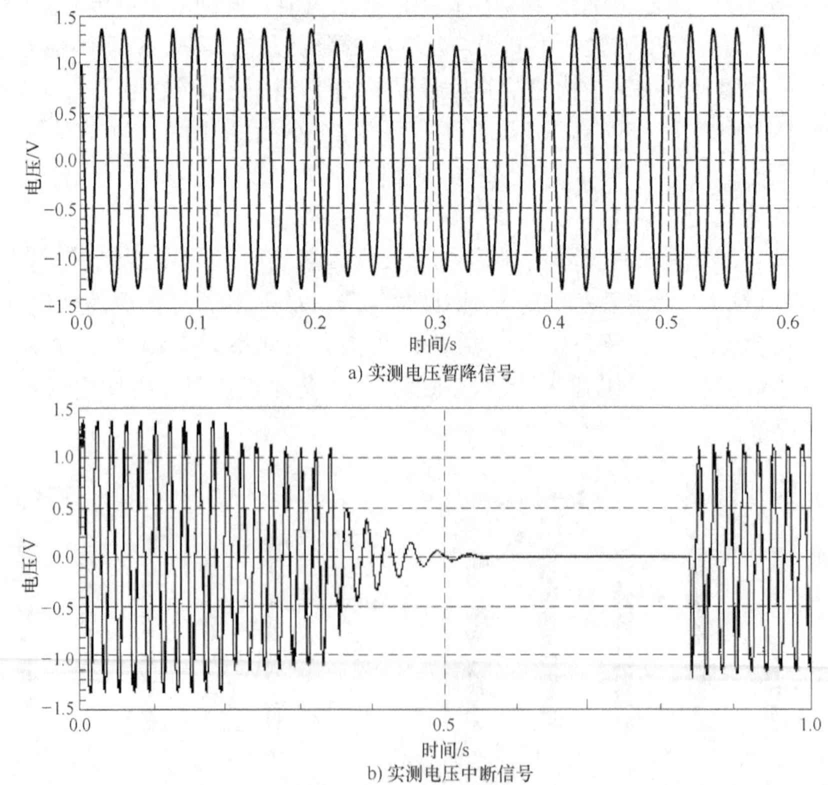

图 3-19 实测电能质量信号波形图

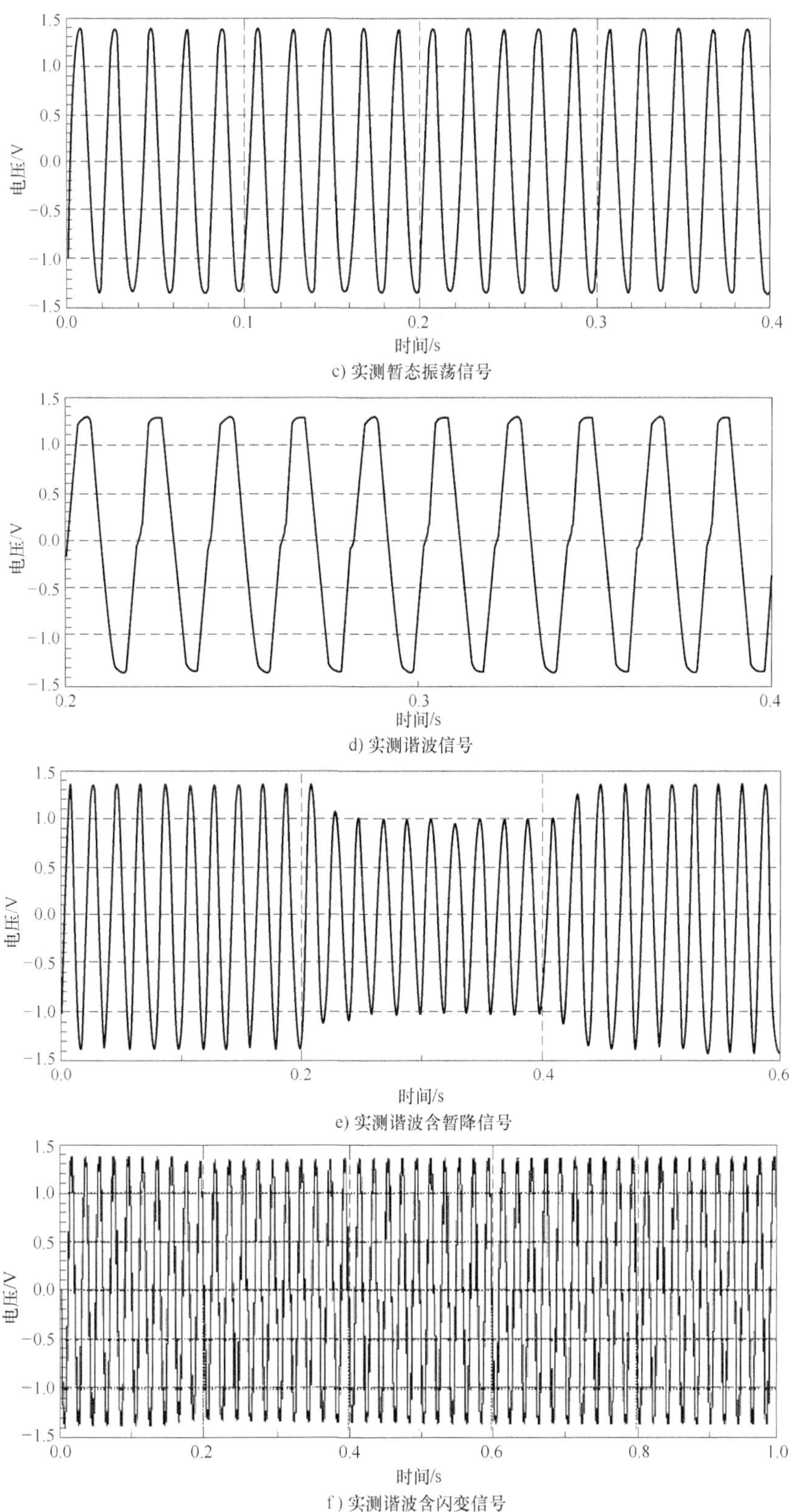

c) 实测暂态振荡信号

d) 实测谐波信号

e) 实测谐波含暂降信号

f) 实测谐波含闪变信号

图 3-19　实测电能质量信号波形图（续）

表 3-12 实测信号特征值

信号	F_1	F_2	F_3	F_4	F_5	标识类型[7]	判断类型
信号 1	0.0106	0.857	0.4564	0.0117	0.2873	暂降	暂降
信号 2	0.0108	0.0018	0.0236	0.0491	0.3241	中断	中断
信号 3	0.0071	1.0034	0.5085	3.4×10^{-4}	2.4325	暂态振荡	暂态振荡
信号 4	0.1314	0.9898	0.4978	1.6×10^{-6}	0.3274	谐波	谐波
信号 5	0.0713	0.637	0.4039	0.0452	0.2196	暂降	谐波含暂降
信号 6	0.0647	0.9592	0.5137	0.0536	0.3962	闪变	谐波含闪变

表 3-13 未知类型实测信号特征值与识别结果

信号	F_1	F_2	F_3	F_4	F_5	判断类型
未知类型信号 1	0.0828	0.9417	0.5127	0.0229	0.3618	谐波含闪变
未知类型信号 2	0.0056	0.9743	0.5158	4.2×10^{-4}	4.7923	暂态振荡
未知类型信号 3	0.0516	0.9819	0.5093	5.5×10^{-4}	0.2552	谐波
未知类型信号 4	0.0735	0.9785	0.5112	0.0587	0.2816	谐波含闪变

由于参考文献［7］未考虑复合扰动的识别，因此部分信号的复合扰动成分没有得到重视，且识别扰动种类有限（仅包括暂降、中断、振荡、谐波 4 种扰动）。本方法能够识别出扰动信号的不同扰动成分，复合扰动识别准确。相较于参考文献［7］，本方法识别扰动类型更多且在复合扰动识别方面具有优势。实测信号实验证明了本方法在实际应用中的有效性。

3.4 本章小结

本章提出一种多分辨率快速 S 变换方法用于高噪声高采样率下实测电能质量扰动信号的分类识别。首先，通过峭度-误差分析实现 S 变换窗宽因子的自适应调整从而提升特征表现能力，同时，采用 Otsu's 滤波方法保留主要频率点提高 S 变换的运算速度；其次，引入数学形态学等数字图像处理技术去除高频噪声对特征表现的影响，在此基础上，选取表现能力强的特征组合，降低分类复杂度与分类器维数；最后，根据最小分类损失原则构建分类树。本章完成的主要工作和得出的结论如下：

（1）针对广义 S 变换窗宽因子未随扰动信号需求不同而自适应调整的问题，提出多分辨率 S 变换方法，根据峭度-误差分析在不同频段采用不同的窗宽因子，同时满足复合扰动信号中不同扰动成分的分析要求和参数检测误差精度的要求。

（2）针对工程采样信号采样率高，S 变换不能实时处理的问题，提出基于 Otsu's 滤波方法仅保留主要频率点进行逆傅里叶变换的快速 S 变换方法，大大缩短了运算时间。

（3）针对决策树节点分类阈值易受噪声影响，引入数学形态学开运算降低噪声成分对暂态振荡扰动识别的影响，通过拓宽特征表现形式建立决策树，使决策树可应用于高噪声环境。

（4）提出最小分类损失原则用于确定决策树分类阈值的确定，当训练样本较多时，分类阈值的确定更加精确。

仿真实验及实测数据分析表明，该方法能够有效提升复合扰动识别能力，有望解决现有扰动识别方法难以在工程中得到应用的问题，能够进一步促进扰动识别技术在电能质量监测与诊断、继电保护等领域的应用，对提高我国电网智能化、保障电力安全具有重要意义。

未来研究方向展望如下：

（1）在本章理论基础上可进一步开发扰动识别软件系统，以验证相关成果，并为进一步推广做好准备。

（2）进行电能质量扰动源定位相关工作的研究，如电压暂降源定位、电力市场中公共连接点处电能质量扰动责任界定等。

参考文献

[1] 王丽霞，何正友，赵静. 一种基于线性时频分布和二进制阈值特征矩阵的电能质量分类方法［J］. 电工技术学报，2011，26（4）：185-191.

[2] LEE C Y，SHEN Y X. Optimal feature selection for power-quality disturbances classification［J］. IEEE Transactions on Power Delivery，2011，26（4）：2342-2351.

[3] HOOSHMAND R，ENSHAEE A. Detection and classification of single and combined power quality disturbances using fuzzy systems oriented by particle swarm optimization algorithm［J］. Electric Power Systems Research，2010，80（12）：1552-1561.

[4] STOCKWELL R G，MANSINHA L，LOWE R P. Localization of the complex spectrum：the S transform［J］. IEEE Transactions on Signal Processing，1996，44（4）：998-1001.

[5] 黄南天，张卫辉，蔡国伟，等. 采用改进多分辨率快速 S 变换的电能质量扰动识别［J］. 电网技术，2015，39（05）：1412-1418.

[6] 徐方维，杨洪耕，叶茂清，等. 基于改进 S 变换的电能质量扰动分类［J］. 中国电机工程学报，2012，32（4）：77-84.

[7] RADIL T，RAMOS P M，JANEIRO F M，et al. PQ monitoring system for real-time detection and classification of disturbances in a single-phase power system［J］. IEEE Transactions on Instrumentation & Measurement，2008，57（8）：1725-1733.

第4章　基于时域压缩特征提取的电能质量分析技术研究

随着分布式电源与电力电子设备不断接入电网，暂态电能质量问题逐渐引起公众关注。研究实时、准确的电能质量扰动信号分类技术是开放电力市场环境下的必然要求；也是连接至电力系统的海量电能质量监测装置中大数据的客观处理需求。为提高采用S变换识别电能质量扰动的实时性并降低其空间复杂度，本章提出一种基于时域压缩快速S变换（Time Domain Compressed Fast S-transform，TCFST）的电能质量扰动识别方法。针对电力系统监测过程中大量电能质量数据时间处理长、占用存储空间大，而实际的电力系统故障需要及时发现、定位并解决问题，引入以时域压缩特征提取为理论基础的电能质量分析技术。相较传统特征提取方法的时间、空间复杂度，采用时域压缩基础开展的提取过程可以改善此类问题。首先，利用MATLAB建立扰动信号的数学模型；然后利用时域压缩的方法提取并选择特征，以降低空间复杂度；最后，设计分类器进一步完成对电能质量扰动信号的实时分析。大量仿真实验证明，时域压缩方法具有更好的特征表现能力，可以降低时间、空间复杂度，提高扰动识别的准确率。

4.1　配电网系统的时-频分析方法

4.1.1　配电网系统模型的建立

采用PSCAD软件生成我国某地的配电网模型，利用该模型生成不同种类的电能质量扰动信号为进一步的电能质量分析提供数据基础。10kV辐射形配电网的仿真模型如图4-1所示，该网络由110kV电网经两个110/10kV降压变压器得到的2个10kV馈线网络组成。该仿真模型通过在母线1上设置线路故障、电容器投切和非线性负载的接入等工况，生成各类电能质量扰动信号共14种，每种包括100组数据。扰动数据主要通过改变该配电系统的工况获得，其中，暂降、暂升及中断通过设置单相短路接地（SLG）、两相短路（LL）与三相短路（LLL）故障获得；尖峰和暂态振荡通过投切大容量电容器引发；谐波、闪变与切痕通过非线性电力电子器件为核心的转换器应用获得；复合扰动通过配电网络中线路故障与其他负载的同时应用获得。以PSCAD仿真模型为依据，产生14种暂态扰动共1400组信号，利用 ST 与 FST 针对 14 种电能质量扰动信号进行时-频分析，为特征提取与模式识别奠定基础。

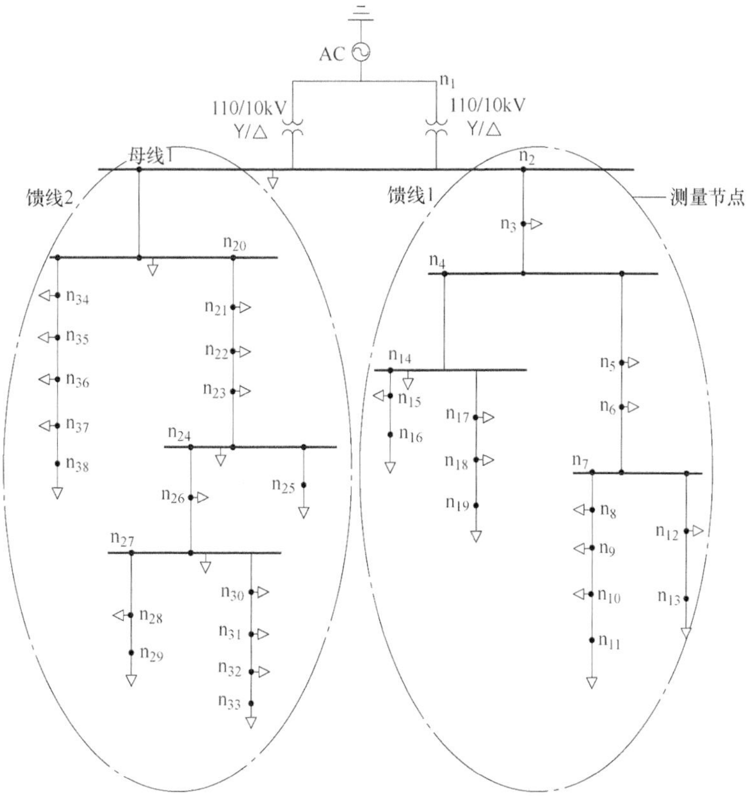

图 4-1　某地配电系统的仿真模型

4.1.2　S 变换

ST 由 Stockwell 提出[1]，是短时傅里叶变换（Short-Time Fourier Transform，STFT）和小波变换（Wavelet Transform，WT）的扩展，具有良好的时-频特征表现能力。其窗函数随频率成反比变化，符合电能质量扰动信号的变时-频精度需要。

设扰动信号为 $h(t)$，经过 ST 后为 $S(\tau, f)$，表达式为

$$S(\tau, f) = \int_{-\infty}^{\infty} h(t) w(\tau - t, f) \mathrm{e}^{-i2\pi ft} \mathrm{d}t \tag{4-1}$$

$$w(t, f) = \frac{|f|}{\sqrt{2\pi}} \mathrm{e}^{-t^2 f^2/2} \tag{4-2}$$

式中，t 为时间；f 为频率；$w(t, f)$ 为高斯窗函数；$\sigma(f) = 1/|f|$ 为窗宽调整函数。

由式（4-1），式（4-2）可得到 ST 的离散表达形式如下（$f \to n/NT$，$\tau \to jT$）：

$$\begin{cases} S\left[jT, \dfrac{n}{NT}\right] = \displaystyle\sum_{m=0}^{N-1} H\left[\dfrac{m+n}{NT}\right] G(m,n) \mathrm{e}^{i2\pi mj/N} & n \neq 0 \\ S[jT, 0] = \dfrac{1}{N} \displaystyle\sum_{m=0}^{N-1} h\left(\dfrac{m}{NT}\right) & n = 0 \end{cases} \tag{4-3}$$

式中，N 为样本采样点数；T 为采样时间间隔；$j=0, 1, \cdots, N$；$G(m, n)$ 为由 $w(t, f)$ 经离散快速傅里叶变换后获得的高斯窗函数。

ST 模矩阵（ST Modular Matrix，STMM）为二维矩阵，其行对应特定频率的时域分布，列对应扰动信号某时刻的幅频特性。当样本采样点数为 N 时，其空间复杂度为 $O(N^2)$ 。

典型的电能质量扰动信号及其 STMM 如图 4-2 所示。

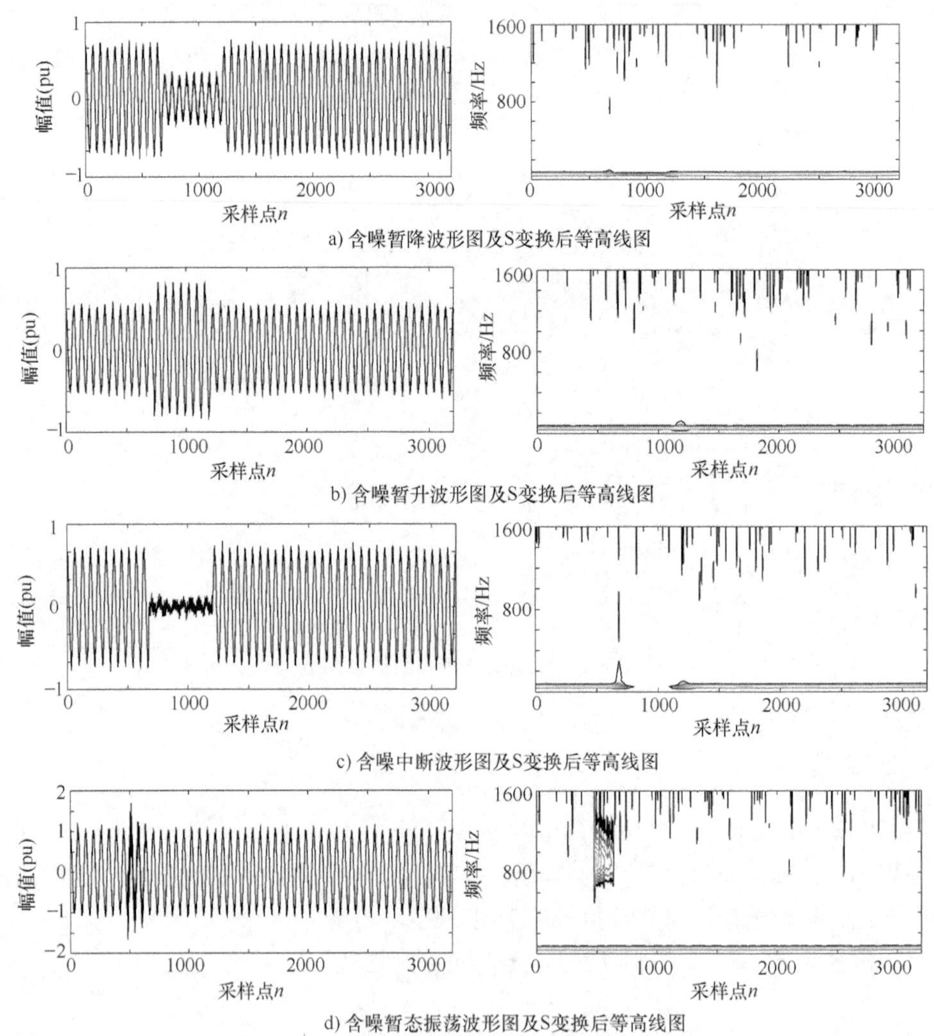

图 4-2 不同类型电能质量扰动信号及其 STMM

4.1.3 快速 S 变换

电能质量扰动识别中采用的特征是由 STMM 中获得的若干特定频率对应的幅值向量。当样本采样点数为 N 时，其空间复杂度为 $O(N^2)$ 。ST 针对所有频率点进行运算，在对其他频率点的处理过程增加空间和运算复杂度。当输入扰动信号的采样点为 N 时，ST 结果为 $N/2$ 行 N 列模时频矩阵，因此空间复杂度为 $O(N^2)$ 。由于处理数据量大，较难达到实时、高效的电能质量扰动信号识别。针对此问题，快速 S 变换（Fast S-transform，FST）可针对扰动信号的主要频率点进行反向快速傅里叶变换（Invert Fast Fourier Transformation，IFFT），将得到频率幅值特征应用于电能质量扰动识别，从而减小了运算量和存储空间，提高了运算速度，更好满足实时性要求。

FST 的离散表达式如下（$f \to n_x/NT$，$\tau \to jT$）

$$S\left(jT,\frac{n_x}{NT}\right)=\sum_{m=0}^{N-1}H\left(\frac{m+n_x}{NT}\right)\mathrm{e}^{-2\pi^2m^2/\lambda_x^2n_x^2}\mathrm{e}^{i2\pi mj/N} \tag{4-4}$$

式中，n_x 表示根据 FFT 谱值确定的主要频率点；λ_x 为窗宽调整因子。

λ_x 和 n_x 的对应关系为

$$\lambda_x=\begin{cases}3.3 & n_x\leqslant 90\mathrm{Hz}\\ S_i(n_x) & 91\mathrm{Hz}\leqslant n_x\leqslant 660\mathrm{Hz}\\ 2 & n_x\geqslant 661\mathrm{Hz}\end{cases} \tag{4-5}$$

式中，$S_i(n_x)$ 为分析复合扰动中含谐波时，确定窗宽调整因子涉及的拟合函数，拟合函数的参数确定见参考文献［3］。

$W(m,\ n_x)$ 为经 DFT 得到的高斯窗函数，表达式如下：

$$W(m,n_x)=\mathrm{e}^{-2\pi^2m^2/n_x^2} \tag{4-6}$$

快速 S 变换的工作原理为

（1）针对原始信号 $h(t)$ 进行 FFT 得到 $H(m)$；

（2）根据 $H(m)$ 得到主要频率点；

（3）针对主要频率点进行 IFFT，实现快速 S 变换。

以卷积形式表示的 S 变换表示为

$$S(\tau,f)=\int_{-\infty}^{\infty}p(t,f)g(\tau-t,f)\mathrm{d}t \tag{4-7}$$

其中，$p(t,\ f)=h(\tau)\mathrm{e}^{-i2\pi f\tau}$，$g(\tau-t,\ f)=\dfrac{|f|}{\sqrt{2\pi}}\mathrm{e}^{-\frac{\tau^2f^2}{2}}$

由卷积定理可得

$$B(\alpha,f)=P(\alpha,f)G(\alpha,f) \tag{4-8}$$

式中，$B(\alpha,\ f)$ 为 $S(\tau,\ f)$ 的傅里叶变换；$P(\alpha,\ f)$ 为 $p(\tau,\ f)$ 的傅里叶变换；$G(\alpha,\ f)$ 为 $g(\tau,\ f)$ 的傅里叶变换。

STMM 可以获取信号的最优特征，便于后期对电能质量扰动信号的准确辨识。电能质量扰动信号主要包括畸变发生在基频附近的暂降、暂升、中断、闪变、尖峰、切痕，发生在中频段范围内各频次的谐波，以及发生在高频段范围内的暂态振荡。因此，提取的特征主要集中在基频、中频以及高频部分。FST 只针对傅里叶变换后的主要频率点进行加窗，IFFT 取代了 ST 中对所有频率进行加窗 IFFT 的过程，首先，对仿真扰动信号进行傅里叶变换；其次，在频域范围内确定主要频率点；最后，针对主要频率点对应的部分开展 IFFT。该方法减少了模时频矩阵的行数，实现了信号频域上的压缩。

由于 FST 实现频域上的压缩，可降低运算复杂度，在此，针对谐波信号的运算时间开展对比实验，分别取无噪声，信噪比为 40dB、30dB 及 20dB 情况下各个噪声环境对应的谐波信号，并利用 FST 与 ST 对其进行分析，对比结果见表 4-1。

表 4-1 S 变换与快速 S 变换运算时间对比

时频分析方法	运算时间/s			
	无噪	SNR=40dB	SNR=30dB	SNR=20dB
ST	0.8997	0.9191	0.9227	0.9425
FST	0.1772	0.1871	0.1958	0.2720

本章采用了时-频分割改进全局阈值进行降噪，针对含噪电能质量扰动信号采用 ST 进行时-频处理，根据时域压缩方法获得特征，针对电能质量扰动信号完成 FST 分析。针对不同目的采用了不同的时-频处理方法。由于噪声分布随机，降噪过程中侧重于信号的整体时频处理，而不是降低运算量；进行特征提取时，主要为了提取表现不同扰动分布特点的特征，因此可以采用 FST 实现时域压缩特征提取。FST 能够降低运算复杂度，主要是因为对检测到的主要频率点进行 ST，减小了模时频矩阵的行数，实现了频域上的压缩。同时，也可以降低模时频矩阵的列数，实现时域上的压缩。

4.2 采用时-频分割的改进全局阈值降噪

4.2.1 电能质量扰动信号时-频分割

STMM 的行对应特定频率的时间维度的特性，列对应任一时刻的幅频关系。当采样点数为 N 时，其空间复杂度为 $O(N^2)$。

由图 4-3 可知，在 ST 处理后的时-频矩阵中，不同类型信号其扰动成分分布区域不同。由于高低频频域之间的幅值差距比较大，若对 STMM 开展整体降噪，可能会将幅值较小的暂态振荡和暂降、暂升起止点处的高频成分当作噪声直接滤除，影响后期分类效果。因此，需要根据不同时-频域内信号特点，对原始信号进行时-频分割，再进行降噪处理，以保留有效

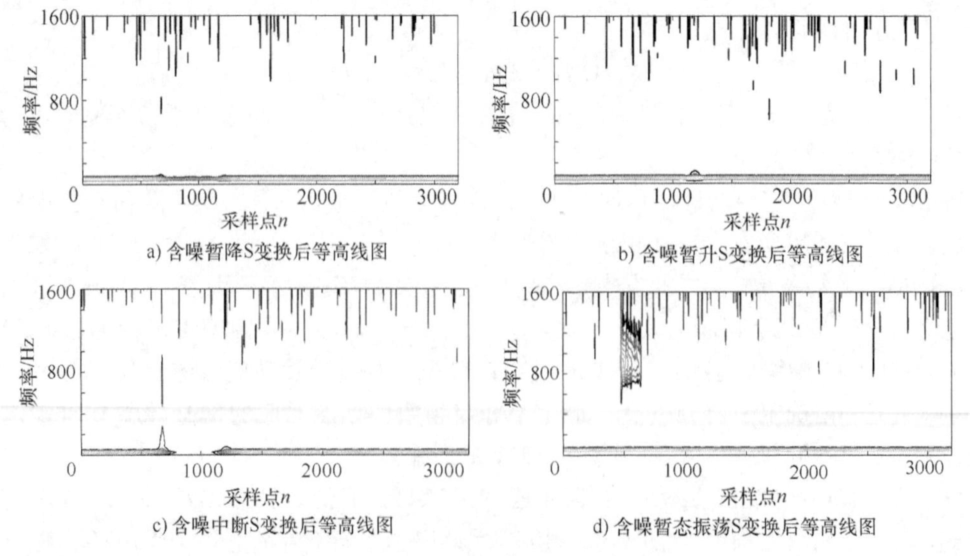

a) 含噪暂降S变换后等高线图

b) 含噪暂升S变换后等高线图

c) 含噪中断S变换后等高线图

d) 含噪暂态振荡S变换后等高线图

图 4-3 电能质量扰动信号 ST 后等高线图

扰动成分。信号基频附近为主要能量分布区域，STMM 基频附近幅值明显高于高频部分，在高频范围内，除了含有暂态振荡信号的高频振荡成分外，还含有暂降、暂升等信号畸变起止点附近时域内的能量分布。

由图 4-3 的扰动信号时-频分布特性可知，对于暂态振荡信号，可将 STMM 分为高频与低频频段（其分割频率为 125Hz）；考虑到暂降、暂升等扰动信号应该保留畸变起止时刻的详细时-频信息，除频域分割外，以扰动起止点为中心，划定单独的时域（将完整扰动信号时域分为 5 部分，共 10 个时-频块），以保存起止点高频信息。具体分割如图 4-4 所示。其中，暂升与暂降的起止点前后各 0. 5 周期为时域分割点。

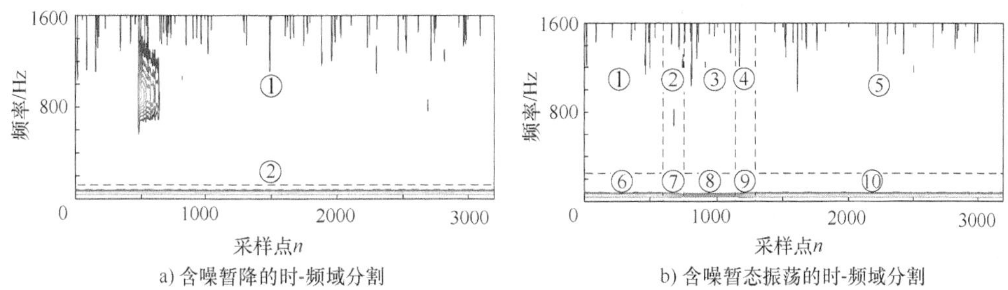

a) 含噪暂降的时-频域分割　　b) 含噪暂态振荡的时-频域分割

图 4-4　含噪信号的时-频域分割

4. 2. 2　图像平滑改进全局阈值

图像平滑技术作为一种常用的滤除灰度图像中“无用信号”的图像增强处理方法，可以用于实现阈值降噪。图像平滑技术由邻域平均法、中值滤波法、多图像平均法等组成，通过取平均值或中值来实现降低图像的锐度，从而实现滤波降噪[4]。本章采用邻域平均法，将图像周围各个像素进行均值运算，然后取代每一个像素的灰度值，通过求平均值的方法使高频点的灰度值变小，相当于二维低通滤波器作用之后的结果。通过时-频域分割将原始时-频面分为若干区域，再对各时-频子区域采用不同模板分别开展基于图像平滑改进全局阈值的信号降噪。传统的邻域平均法是所有模板取同一系数开展降噪，但由于电能质量扰动信号分布区域不同，可以在不同时-频域范围内选取不同的模板系数，克服了传统邻域平均法单一模板系数的劣势，通过调整模板尺寸实现更好的滤波降噪效果。

1. 图像平滑

噪声在图像上会表现出孤立、空间不相关的特点，而图像信号在空间和时间上均具有相关性，噪声成分的介入会使图像灰度发生明显变化。邻域平均法针对噪声孤立与不相关的特点进行降噪处理，其主要思想是通过将一个点与周围像素点取平均值，作为降噪后该像素的灰度值，实现对含噪声灰度图像的平滑处理。图像平滑技术可以有效滤掉高斯白噪声，其表达式为

$$\overline{f}(x,y)=\frac{1}{M}\sum_{(m,n)\in S}f(x-m,y-n) \tag{4-9}$$

式中，S 为邻域；M 为 S 内所有像素（即 STMM 中的时-频点）数目。

设 z 为高斯白噪声，g 为原始图像，含噪声图像 f 在点（x，y）处表示为

$$f(x,y)=g(x,y)+z(x,y) \tag{4-10}$$

采用图像平滑技术后的表达式为

$$\overline{f}(x,y)=\frac{1}{M}\sum_{(x,y)\in S}f(x,y)=\frac{1}{M}\sum_{(x,y)\in S}g(x,y)+\frac{1}{M}\sum_{(x,y)\in S}z(x,y) \tag{4-11}$$

图像平滑方法实现了邻域处理，处理后该点的值不仅与其灰度值有关，还与其周围的灰度值相关。其中模板系数的大小决定降噪效果，模板系数小，则降噪效果不明显；模板系数大时，降噪效果显著，但是图像会出现模糊情况。为了提高滤波降噪效果，应针对实际情况选取模板系数，不能为了追求降噪效果忽略图像的原始特征。在对电能质量扰动信号进行滤波降噪时，噪声多集中于高频范围，分布于高频区域的扰动信号的特征更易于识别，应选取较大模板系数进行滤波降噪。

2. 最优阈值计算方法

本章中采用图像平滑法改进全局阈值降噪的重点在于滤波降噪前的平滑环节，因此模板系数的选取尤为重要。其中，选取最优阈值步骤如下：

（1）针对不同时-频特性选取系数模板平滑含噪声图像。

（2）根据 STMM 的幅值选取初始估计值 T，时频点被分为 $C_1\in\{0,1,2,\cdots,T\}$ 和 $C_2\in\{T+1,T+2,\cdots,255\}$ 两部分。

（3）确定最优阈值 T，T 即为 $\sigma_B^2(T)$ 的最大值，可以通过不断重复优化 T 值得到，表达式如下：

$$\sigma_B^2(T)=\frac{[m_G P_1(T)-m(T)]^2}{P_1(T)[1-P_1(T)]} \tag{4-12}$$

式中，m_G 表示全局阈值；$m(T)$ 为时-频点（0，T）范围内幅值平均值；$P_1(T)$ 为 C_1 发生的概率。

$$m_G=\sum_{i=0}^{255}ip_i \tag{4-13}$$

$$m(T)=\sum_{i=0}^{T}ip_i \tag{4-14}$$

$$P_1(T)=\sum_{i=0}^{T}p_i \tag{4-15}$$

滤波降噪性能的参数包括信噪比（Signal Noise Ratio，SNR）和均方差（Mean Square Error，MSE），SNR 可以体现扰动信号降噪后的效果，MSE 表示滤波后的信号与无噪信号之间的相似程度，其表达式分别如下：

$$R_{SNR}=10\lg\frac{\sum_{i=0}^{L-1}\|x_o(i)\|^2}{\sum_{i=0}^{L-1}\|x_o(i)-x_c(i)\|^2} \tag{4-16}$$

$$R_{MSE}=\left[\frac{\sum_{i=0}^{L-1}\|x_o(i)-x_c(i)\|^2}{\sum_{i=1}^{L-1}\|x_o(i)\|^2}\right]^{\frac{1}{2}} \tag{4-17}$$

式中，$x_o(i)$ 表示降噪后信号；$x_c(i)$ 为无噪信号；L 为数据长度。

4.2.3　对比仿真实验

选取暂降、暂升、中断及暂态振荡 4 种常见暂态电能质量扰动信号作为对象开展实验，针对含噪声的扰动信号开展图像平滑改进全局阈值降噪，验证本方法有效性。

为降低全局阈值降噪导致扰动起止点附近发生信号失真，采用 S 变换进行时-频域分割，并结合图像平滑改进全局阈值降噪，过程如图 4-5 所示。将扰动信号进行时-频域分割，根据定位的起止点确定时域分割，根据扰动信号的能量分布确定频域分割。

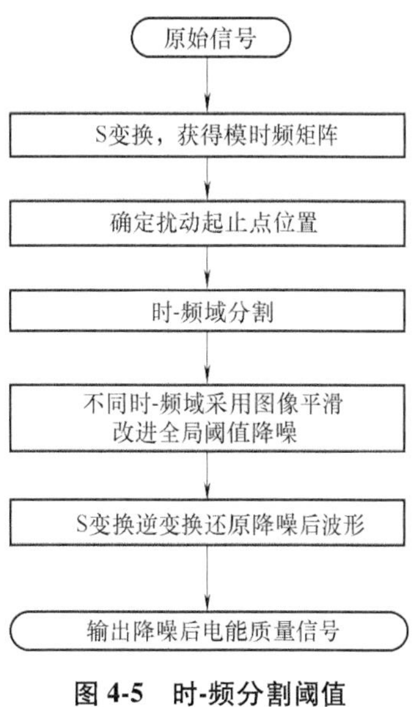

图 4-5　时-频分割阈值降噪方法流程图

高斯白噪声普遍存在各类信号中，并分布于各频段，具有随机散落的特点。以添加 20dB 高斯白噪声的暂降扰动信号为例，分析时-频域分割方法，分割结果如图 4-4a 所示。暂降信号的时-频域被划分为 10 个时-频块，从频域角度观察，①、②、③、④、⑤为高频域部分，⑥、⑦、⑧、⑨、⑩为低频域部分；从时域角度观察，②、④、⑦、⑧为扰动信号发生畸变的时刻，其余部分为未发生畸变时刻。为了保留不同时-频域的有效扰动信号信息，且信号的畸变特点体现在不同的时-频域，在此采用时-频分割方法。结合时-频块的不同特点采用不同系数模板进行图像平滑改进全局阈值降噪，可改善传统降噪幅值突变的问题，通过时-频分割，减小信号整体采用统一阈值降噪导致的高频部分微弱扰动成分损失问题。

1. 暂态振荡信号的阈值处理

以暂态振荡为例，采用图像平滑改进全局阈值降噪方法，如图 4-6 所示。首先，对暂态振荡信号添加 20dB 高斯白噪声；其次，将含噪声信号进行 ST 获得 STMM；然后，分别在高、低频域进行滤波降噪；最后，通过 IST 还原扰动信号。由图可知，本方法在有效降噪的同时保留了高频部分信息。

由于基频幅值远大于高频扰动幅值，若采用整体阈值统一降噪，会因为阈值选择过大损失高频成分。在此采用频域分割方法，如图 4-6 b、c 所示，①、②分别表示低频与高频部分，采用不同系数模板确定降噪的阈值，可避免单一阈值下损失高频段扰动成分过多问题，进一步提高降噪效果。

2. 暂降、暂升及中断信号的阈值处理

采用 Otsu's 优化全局阈值滤波降噪方法后的波形易出现不同程度的失真，本章采用时-频域分割的全局阈值降噪的方法，不仅可实现噪声的高效滤除，并且失真现象也可得到改善，对比情况如图 4-7～图 4-9 所示。其中，图 4-7a～图 4-9a 为含噪原始信号曲线，图 4-7b～图 4-9b 为实施 Otsu's 优化全局阈值去噪后曲线，图 4-7c～图 4-9c 为实施图像平滑改进全局阈值去噪措施后曲线。

图 4-7 为暂降信号采用两种不同方法的效果对比，结合图 4-7a 中的扰动畸变特点可知，图 4-7b 中含噪信号经滤波降噪处理后在畸变起、止点②、④处发生明显的信号失真；图 4-7c 中的②、④标注处未出现明显失真。

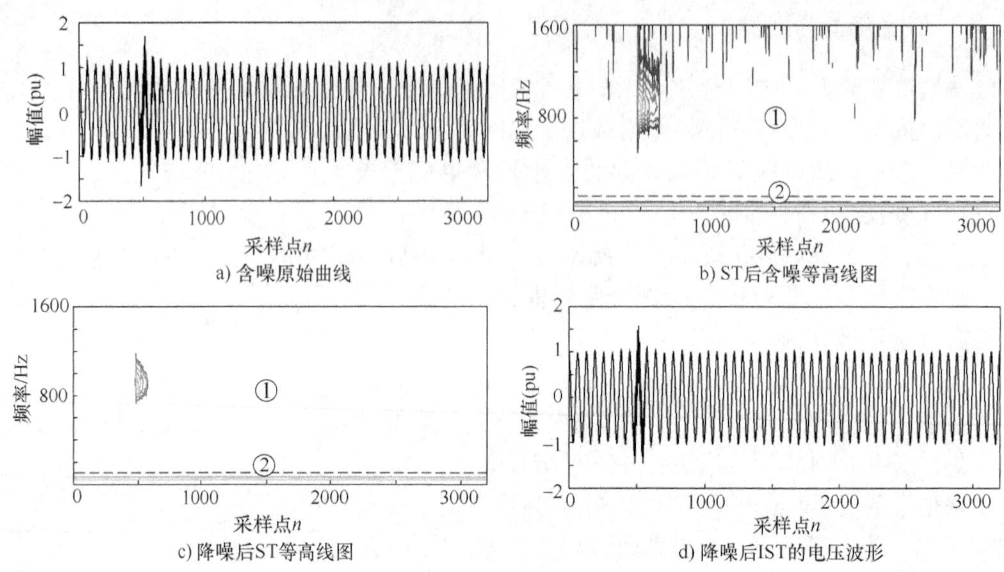

a) 含噪原始曲线
b) ST后含噪等高线图
c) 降噪后ST等高线图
d) 降噪后IST的电压波形

图 4-6　暂态振荡降噪效果

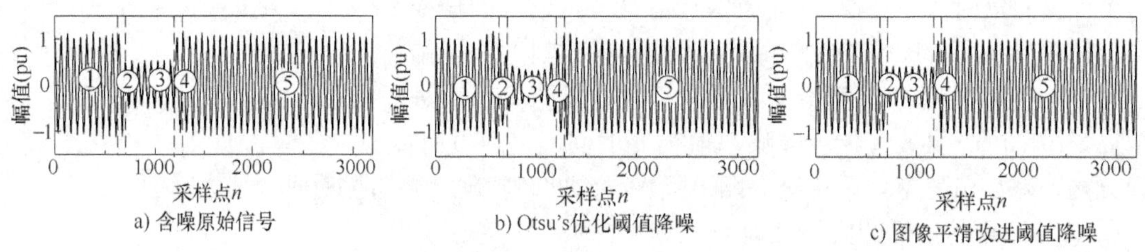

a) 含噪原始信号
b) Otsu's优化阈值降噪
c) 图像平滑改进阈值降噪

图 4-7　暂降信号采用两种方法的效果对比

图 4-8 为暂升信号采用两种不同方法的效果对比，结合图 4-8a 中的扰动畸变特点可知，图 4-8b 中滤波降噪后在扰动起始点②处发生激增，终止点④处发生衰减；图 4-8c 中的②、④标注处未出现明显失真。

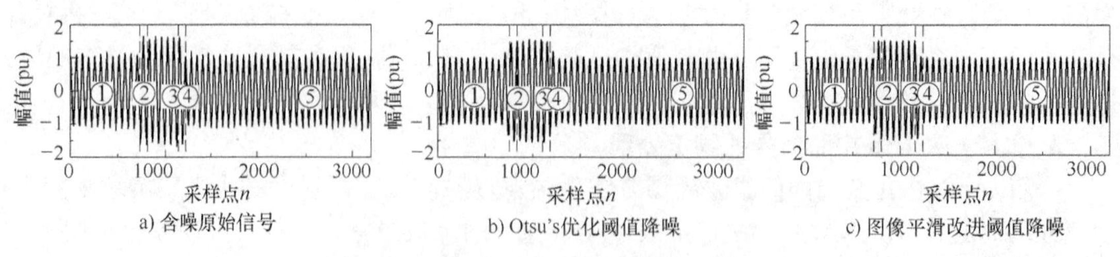

a) 含噪原始信号
b) Otsu's优化阈值降噪
c) 图像平滑改进阈值降噪

图 4-8　暂升信号采用两种方法的效果对比

图 4-9 为中断信号采用两种不同方法的效果对比，结合图 4-9a 中的扰动畸变特点可知，图 4-9b 中滤波降噪后在扰动起始点②处发生衰减，终止点④处发生激增；图 4-9c 中的②、④标注处未出现明显失真。

综上，图 4-7~图 4-9 的 c 均具有更好的降噪效果。因此，基于时-频域分割的图像平滑

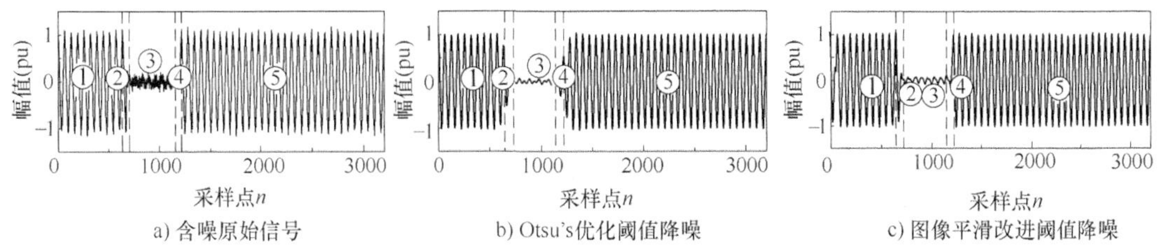

a) 含噪原始信号　b) Otsu's优化阈值降噪　c) 图像平滑改进阈值降噪

图 4-9　中断信号采用两种方法的效果对比

改进全局阈值降噪方法不仅能够实现噪声的有效滤除，而且克服了阈值降噪带来的幅值误差影响。该方法具有保留高频扰动信息，改善时域特征的良好特性，在实际应用中，可解决含噪声的各类扰动信号识别问题。

4.2.4　实验结果分析

现针对暂降、暂升、中断和暂态振荡 4 种信噪比为 20dB 的扰动信号，分别采用 Otsu's 优化全局阈值降噪方法与图像平滑改进全局阈值降噪方法进行处理。每类扰动信号 100 组，对信号进行降噪后计算信号的信噪比与均方差，结果见表 4-2 和表 4-3。

表 4-2　两种方法信噪比对比

	R_{SNR} /dB			
	暂降	暂升	中断	振荡
Otsu's 优化	34.76	37.61	36.31	36.35
图像平滑优化	38.94	39.57	40.98	40.92

表 4-3　两种方法均方差对比

	R_{MSE}（%）			
	暂降	暂升	中断	振荡
Otsu's 优化	17.50	12.20	15.90	16.40
图像平滑优化	8.80	10.80	9.10	9.70

对比两种方法处理电能质量扰动信号，其信噪比越高，表示该方法降噪效果越好，均方差越低，表明该方法能更好还原信号细节。由表 4-2、表 4-3 可知本章采用方法具有良好的降噪性能，符合实际工程应用中对噪声滤除较高的要求，具有良好的应用价值。

以暂态振荡为例，由图 4-10 可知，不同信噪比环境下的电能质量扰动信号，经 FST 需要的运算时间和存储空间各不相同。在不同信噪比情况下，FST 处理所需时间越少，越有利于实际现场中故障的及时诊断及排除，FST 所需存储空间越小，对硬件设备的限制就越小。所以，采用的时频分割图像平滑改进全局阈值降噪的方法处理扰动信号方法在实际工程应用领域具有较高的应用价值。

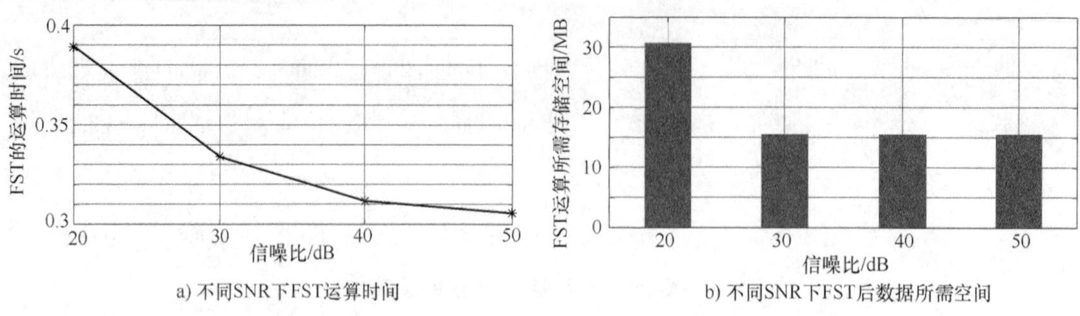

a) 不同SNR下FST运算时间　b) 不同SNR下FST后数据所需空间

图 4-10　不同 SNR 下 FST 时间-空间复杂度

4.3　基于快速 S 变换时域压缩特征提取

4.3.1　快速 S 变换对扰动信号分析

暂降、暂升、中断、尖峰、闪变、谐波、暂态振荡、切痕、谐波含暂降、谐波含暂升、谐波含闪变以及谐波含振荡 14 种电能质量扰动信号都可以进行特征提取。为了体现各扰动信号畸变分布不同的特点，选取暂降、暂升、中断、闪变、谐波及暂态振荡 6 种单一扰动信号进行 FST 的时频分析。图 4-11 为原始曲线，其直观、形象的呈现不同畸变分布的特点；图 4-12 为 FFT 后的曲线，涉及主要频率点的选择；图 4-13 为基频幅值曲线，可以有效地区分暂降、暂升、中断和闪变 4 种电能质量扰动信号。

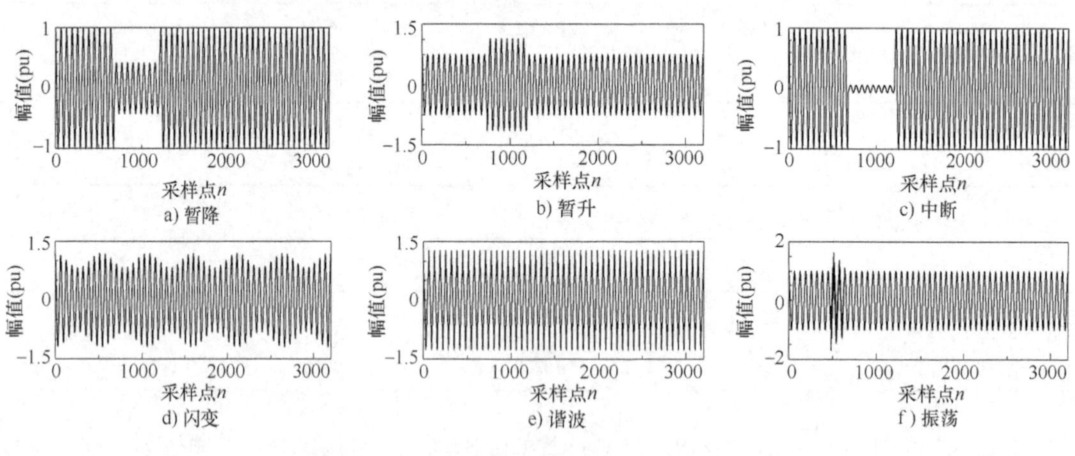

a) 暂降　b) 暂升　c) 中断　d) 闪变　e) 谐波　f) 振荡

图 4-11　原始曲线

对于以上 14 种扰动信号分别选取 100 组数据，在 20dB 的信噪比下利用 MATLAB 进行特征提取。通过特征统计方法选取 4 种特征，降低特征矩阵的维度，提高运算速度，提升电能质量扰动识别的实时性。4 种特征如下：

特征 1：1/4 周期能量跌落幅度

$$F_1 = \frac{\min[R(m)]}{R_0} \tag{4-18}$$

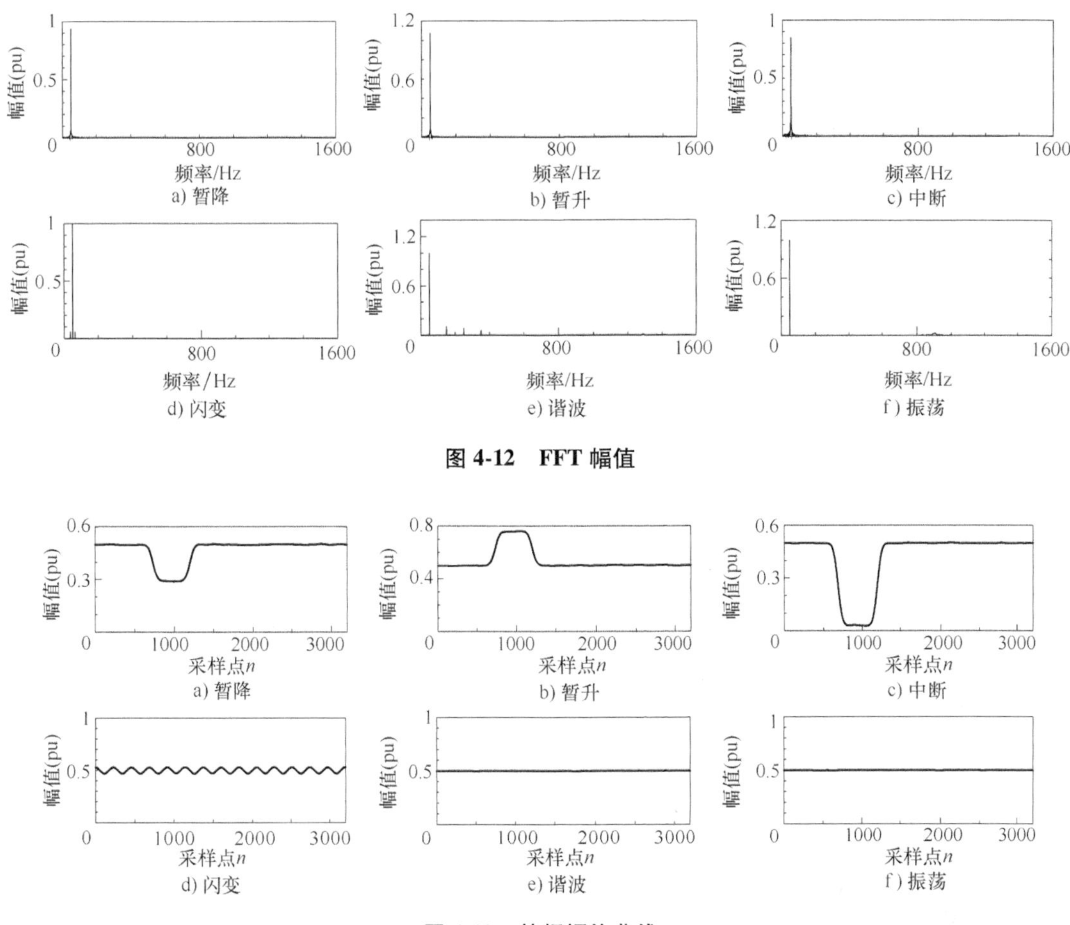

图 4-12　FFT 幅值

图 4-13　基频幅值曲线

式中，$R(m)$ 表示原始信号 1/4 周期的方均根值（Root Mean Square，RMS）；R_0 表示 1/4 周期无噪声标准电能质量信号 RMS。

$$R(m)=\sqrt{\frac{1}{16}\sum_{t=16m-15}^{t=16m}h^2(t)} \tag{4-19}$$

特征 2：基频幅值标准差

$$F_2=\sqrt{\frac{1}{n}\sum_{t=1}^{n}\left(S(t,f_0)-\frac{1}{n}\sum_{t=1}^{n}S(t,f_0)\right)^2} \tag{4-20}$$

式中，f_0 为基频频率。

特征 3：700Hz 以上高频频段能量

$$F_3=\sum_{t=701}^{1000}\sum_{j=1}^{3200}[S(t,j)]^2 \tag{4-21}$$

特征 4：100Hz 以上各频率对应最大幅值的最大值

$$F_4=\max\{\max[S(t,f)]\}\quad f\geqslant 101\text{Hz} \tag{4-22}$$

经过仿真实验获得 1400×4 的特征矩阵，进而实现不同扰动信号的区分，并绘制散点图，如图 4-14 所示。由特征 3 与特征 4 散点图可知，从 14 种扰动信号中识别 C_3、C_5、C_7、

C_9、C_{10}、C_{11}、C_{13}信号情况如图 4-14a 所示，图 4-14b 为图 4-14a 的部分放大，清晰可见 C_7、C_9、C_{11}识别效果良好。特征 1 与特征 2 可用于识别余下的 7 种扰动信号，分类效果如图 4-14c 所示。

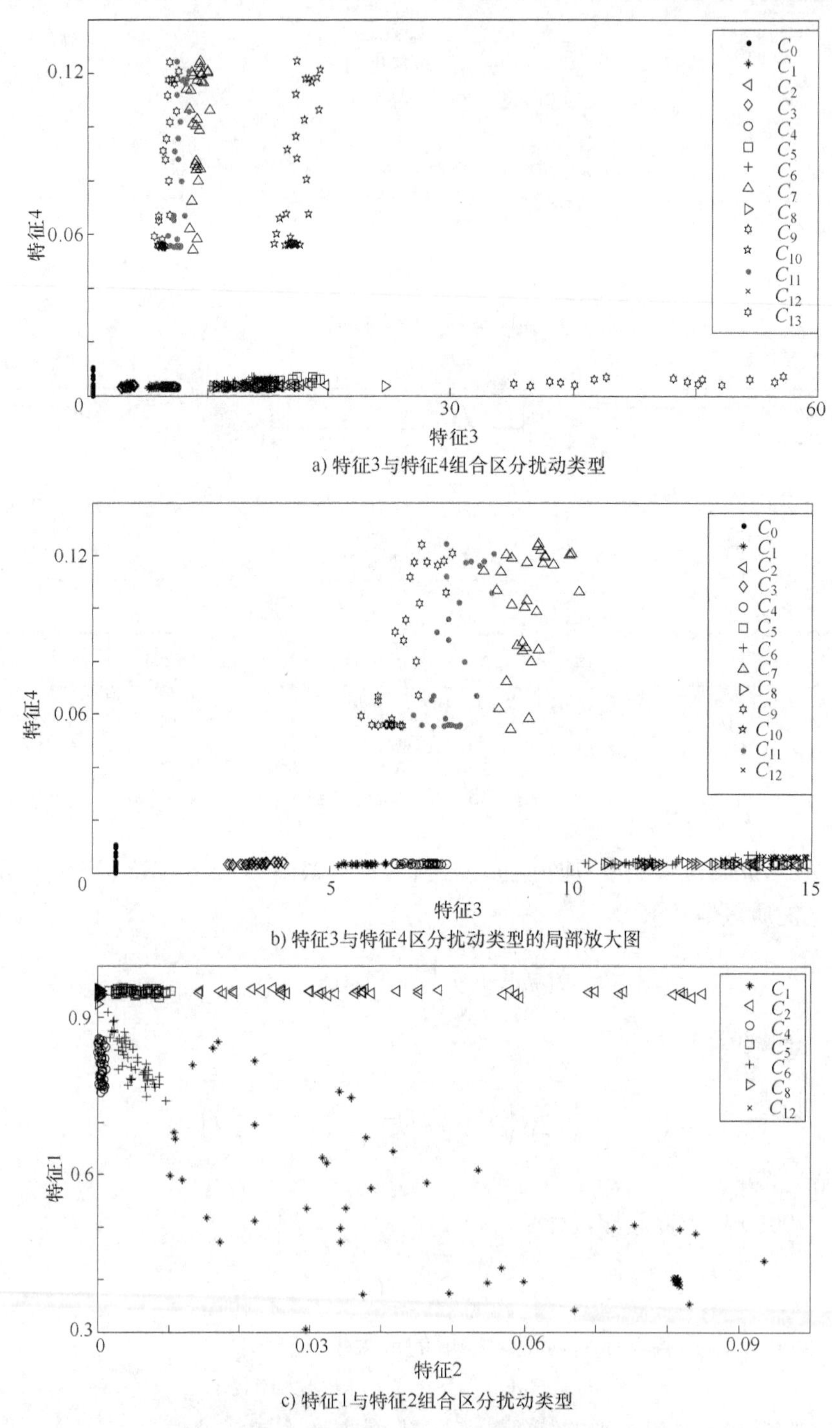

a) 特征3与特征4组合区分扰动类型

b) 特征3与特征4区分扰动类型的局部放大图

c) 特征1与特征2组合区分扰动类型

图 4-14　根据 4 种特征对 14 种扰动的分析（见插页）

4.3.2　时域压缩快速 S 变换

1. TCFST 基本原理

时域压缩快速 S 变换（Time Domain Compressed Fast S-Transform，TCFST）是在 FST 的基础上建立的时域压缩方法，适用于处理特征提取过程中存在复杂冗余问题。该方法选取维度小、具有代表性的特征矩阵取代复杂的电能质量时-频矩阵，降低了特征维度。在 ST 对电能质量信号处理过程中，对每行进行不同特征的选取，每行选取特征的个数即中间矩阵的列数，中间矩阵相比模时频矩阵的维度大幅降低，减小了存储空间，提升了运算速度，同时被压缩的时域特征也可满足电能质量扰动识别的实时性需求。

在电能质量扰动信号处理过程中，逐行进行时频处理，可获得各频率对应的数据，对该行的数据进行数学运算得到时域特征。本章时域压缩包括两种形式：其一，部分特征是在 FST 过程中的某一行或某几行的数学运算之后获得，这些特征可以快速、准确地获得；其二，部分特征需要经过两次运算获得，第一次运算即 FST 过程中逐行提取特征，经过时频处理之后获得中间矩阵，中间矩阵的行对应电能质量信号的频率，列对应不同的数学运算；第二次运算是获得的中间矩阵的有效行（列）的运算过程。第一次运算无须进行复杂的模时频矩阵整体运算，提高了运算速度和减少了存储空间；后面虽然进行了两次运算，但压缩后的中间矩阵时域维数减小，存储空间减小，处理速度提升，更加符合电能质量实时监测的需求。

FST 实现频域上的压缩，降低了运算复杂度，但是在低信噪比的情况下，模时频矩阵过大，空间复杂度高，对硬件要求高，限制了实际应用。可以通过数据统计方法根据数据分布规律降低 FST 模时频矩阵的列数，实现时域上的压缩。

TCFST 的运算流程如下：

（1）设原始信号为 $h(t)$，高斯窗函数为 $w(t, f)$。

（2）对原始信号进行 FFT，即 $H(m) = \text{FFT}[h(t)]$，由 $H(m)$ 确定主要频率点 n_x。

（3）根据式（4-2）确定主要频率点 n_x 对应的高斯窗函数 $W(m, n_x)$。

（4）将 $H(m)$ 移位到 $H(m+n_x)$，对 $H(m+n_x)$ 进行加窗处理。

（5）对加窗的 $H(m+n_x)$ 进行 IFFT，即 $S(j, n_x) = \text{IFFT}[H(m+n_x) \cdot W(m, n_x)]$，对该行数据提取特征并存储，形成的矩阵即为中间矩阵，原理如图 4-15 所示。

时域压缩可以改善传统特征提取方法，传统方法对模时频矩阵进行数学运算处理，而时域压缩则是对中间矩阵进行处理。STMM 为二维矩阵，其中列表示某时刻幅频特性，行表示特定频率下时间范围内的分布；中间矩阵的行对应特定频率的时域分布，列对应不同数学运算。中间矩阵可以统计加窗 FFT 后每行时域数据的分布规律，对比模时频矩阵的维度大幅降低，减小了存储空间，提高了运算速度，各频段时域压缩特征提取流程如图 4-16 所示。

2. TCFST 在特征提取中的应用

电能质量扰动信号中暂降、暂升、中断、闪变、尖峰与切痕主要分布在基频附近，可以通过基频幅值变化情况进行区别；谐波信号分布在中频范围，可通过中频频谱分析；暂态振荡发生在高频区间，可通过高频能量进行分析。复合扰动信号的识别主要根据高、中、低频信号的不同特性进行特征选择以便开展后续工作。

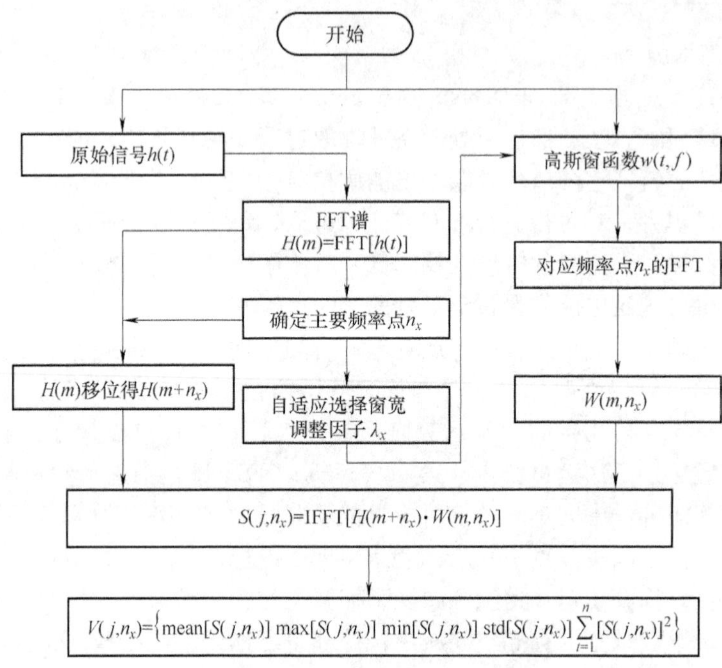

图 4-15　时域压缩特征提取原理图

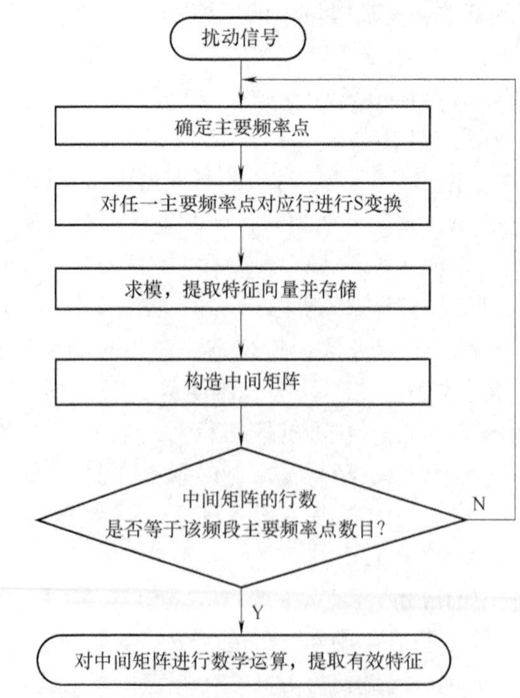

图 4-16　各频段时域压缩特征提取流程图

电能质量信号在处理过程中，逐行进行时频处理，获得各个频率对应的数据，对该行的数据进行相应的数学运算得到时域特征。本章时域压缩包括两种形式：

（1）特征由加窗 IFFT 过程中的某一行或几行通过数学运算获得，如基频幅值标准差，这些特征可以快速、准确的获得。

（2）特征需要经过两次运算获得，第一次运算为加窗 IFFT 逐行提取特征，获得的矩阵为中间矩阵；第二次运算是对获得的中间矩阵的有效行（列）的运算。

中间矩阵中的各个元素根据式（4-23）~式（4-27）求得，$S(t, f_r)$ 为针对特定频率对应行进行 IFFT 后的时-频结果，具体公式如下：

$$\bar{x}=\frac{1}{n}\sum_{t=1}^{n}S(t, f_r) \tag{4-23}$$

$$x_{\max}=\max\{S(t, f_r)\} \tag{4-24}$$

$$x_{\min}=\min\{S(t, f_r)\} \tag{4-25}$$

$$\sigma_{\text{std}}=\sqrt{\frac{1}{n}\sum_{t=1}^{n}\{S(t, f_r)-\frac{1}{n}\sum_{t=1}^{n}S(t, f_r)\}^2} \tag{4-26}$$

$$E_r=\sum_{t=1}^{n}\{S(t, f_r)\}^2 \tag{4-27}$$

式中，n 为扰动信号采样点数目；f_r 为任意频率。

已知 $m_1=[m_{11}, m_{12}, \cdots, m_{1d}]^T$ 为特定频率各采样点对应幅值中的平均值，$m_2=[m_{21}, m_{22}, \cdots, m_{2d}]^T$ 为特定频率各采样点对应幅值中的最大值，$m_3=[m_{31}, m_{32}, \cdots, m_{3d}]^T$ 为特定频率各采样点对应幅值中的最小值，$m_4=[m_{41}, m_{42}, \cdots, m_{4d}]^T$ 为特定频率各采样点对应幅值中的标准差，$m_5=[m_{51}, m_{52}, \cdots, m_{5d}]^T$ 为特定频率对应的能量。

低频频段的中间矩阵结构如下所示：

$$V_l=\begin{bmatrix} m_{11} & m_{21} & m_{31} & m_{41} \\ \vdots & \vdots & \vdots & \vdots \\ m_{1L_1} & m_{2L_1} & m_{3L_1} & m_{4L_1} \end{bmatrix}_{L_1\times 4} \tag{4-28}$$

式中，V_l 为低频频段的中间矩阵；L_1 为低频频段 FST 的主要频率点个数。

中频频段的中间矩阵结构如下所示：

$$V_m=\begin{bmatrix} m_{11} & m_{21} & m_{31} & m_{41} \\ \vdots & \vdots & \vdots & \vdots \\ m_{1L_2} & m_{2L_2} & m_{3L_2} & m_{4L_2} \end{bmatrix}_{L_2\times 4} \tag{4-29}$$

式中，V_m 为中频频段的中间矩阵；L_2 为中频频段 FST 的主要频率点个数。

高频频段的中间矩阵结构如下所示：

$$V_h=\begin{bmatrix} m_{11} & m_{21} & m_{31} & m_{41} & m_{51} \\ \vdots & \vdots & \vdots & \vdots & \vdots \\ m_{1L_3} & m_{2L_3} & m_{3L_3} & m_{4L_3} & m_{5L_3} \end{bmatrix}_{L_3\times 5} \tag{4-30}$$

式中，V_h 为高频频段的中间矩阵；L_3 为高频频段 FST 的主要频率点个数。

综合前文散点图可知 F_1、F_2、F_3 及 F_4 可以有效区分各类扰动信号。因此，采用时域压缩特征方法提取 4 种特征用于 ELM 的分类，不仅可以满足扰动信号实时性要求，同时也可降低分类器的复杂度。

以暂降、暂升、中断、闪变、谐波及振荡为例，分析无噪环境下采用时域压缩特征提取方法与采用传统的无时域压缩特征提取方法所需存储空间的对比情况如图 4-17 所示。由图可知，未进行时域压缩情况下，闪变、谐波及暂态振荡所需空间大于暂降、暂升及中断情况。原因在于暂降、暂升及中断的畸变发生主要集中在低频范围，谐波与暂态振荡集中在高频范围，闪变集中在低频范围内，波动幅度大导致 FST 检测到主要频率点较多，中间矩阵与模时频矩阵的行数增加，因而对存储空间的要求有所提高。

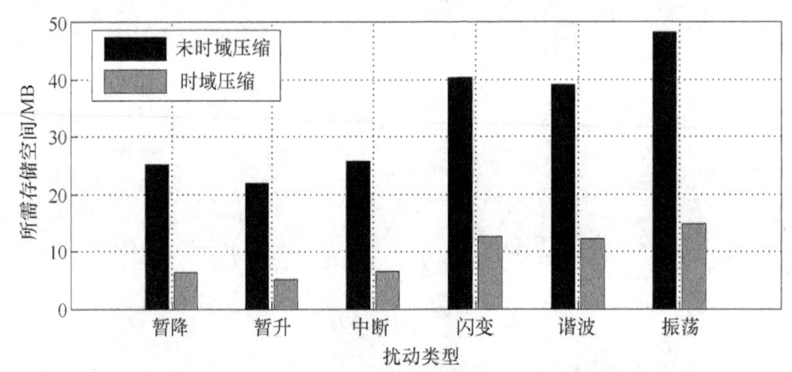

图 4-17　不同特征提取方法下所需存储空间对比分析

此外，根据上述中间矩阵的结构可知，中间矩阵可以较好表达数据的分布规律，对比传统时频处理方法的模时频矩阵，基于时域压缩方法的中间矩阵大大减小数据存储所需空间。时域压缩特征提取的方法使存储空间大幅降低，为电能质量扰动识别实时性提供良好支持。

高采样率是满足高精度电能质量扰动信号分析的必要条件，但是，高采样率数据存储必然面临存储空间的限制，时域压缩特征提取方法可以有效解决高采样率前提下存储空间受限问题。图 4-18 为采样率分别为 3200Hz、6400Hz、9600Hz 和 12800Hz 时，对暂降信号添加 20dB 高斯白噪声后进行时域压缩方法与未采用时域压缩法的对比效果。观察可知，未采用时域压缩方法时，采样率与所需存储空间成正相关，而采用时域压缩方法后，随着采样率的增大，所需存储空间仅发生小幅度增加，且此增幅中包含原始扰动信号所占内存及噪声干扰。

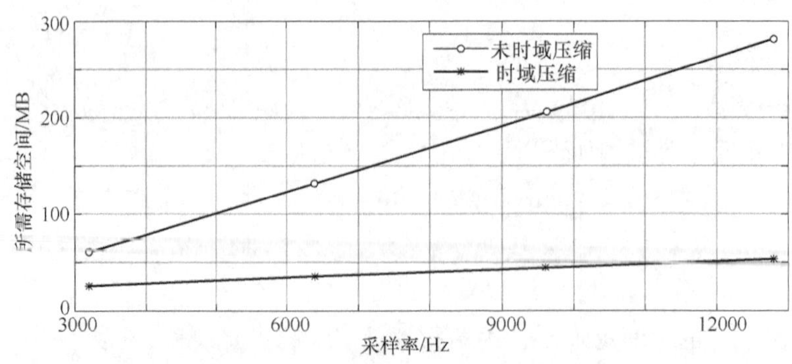

图 4-18　不同采样率对存储空间的影响

4.4　基于粒子群优化极限学习机的扰动识别

4.4.1　分类器的设计

1. 极限学习机

ELM 是具有运算速率高、泛化能力强等优势的优化单隐藏层前馈神经网络（Single-hidden Layer Feedforward Neural network，SLFN），SLFN 的原理结构图如图 4-19 所示。其输入层和隐含层的连接权重以及隐藏层偏置具有随机选取的特点，通过 Moore-Penrose 广义逆获得到输出权值矩阵，主要工作过程是将输入权重与隐含层偏置任意定义数值经过运算后获得输出权值矩阵，然后转化为最小二乘的求解。该解具有唯一性，参数不需要迭代调整，克服了传统前馈神经网络运算时间长的弊端，具有快速分类与全局搜索能力，提高了分类器的运算效率。

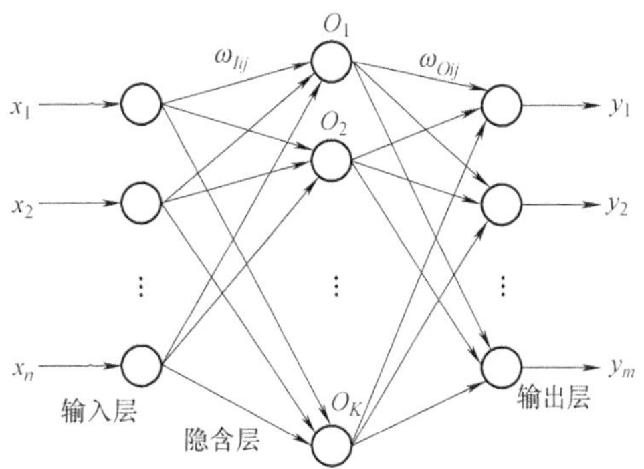

图 4-19　单隐藏层神经网络结构图

极限学习机的基本原理如下：

（1）对于神经网络的输入权值以及隐藏层偏置以随机方式赋值。

（2）根据 Moore-Penrose 广义逆定理计算输出矩阵。

（3）利用输出矩阵求解输出权值，进行模型训练。

设激活函数为 $g(x)$，且满足无穷阶可微。其中，$\boldsymbol{x}=[x_1,\ x_2,\ \cdots,\ x_N]$，$\boldsymbol{y}=[y_1,\ y_2,\ \cdots,\ y_N]$，$\boldsymbol{w}_{Ii}=[w_{Ii1},\ w_{Ii2},\ \cdots,\ w_{Iin}]^{\mathrm{T}}$，$\boldsymbol{w}_{Oi}=[w_{Oi1},\ w_{Oi2},\ \cdots,\ w_{Oim}]^{\mathrm{T}}$，ELM 网络模型可以表示如下：

$$y_j=\sum_{i=1}^{k} w_{Iij}g_i(w_{Oij}\cdot x_j+b_i)\quad j=(1,2,\cdots,N) \tag{4-31}$$

式中，N 为训练样本数量；$\boldsymbol{x}$ 为输入向量；$\boldsymbol{y}$ 为输出向量；b_i 为隐含层偏置；w_{Ii} 为输入层神经元与第 i 个隐含层神经元间的连接权值；w_{Oi} 为第 i 隐含层神经元与输出层神经元的连接权值；k 为隐含层神经元数目。

当隐含层神经元数目与训练样本数目一致时，在激活函数无限可微且输入层权值与隐含层偏置任意给定的情况下，ELM 能以零误差逼近样本。即

$$\sum_{j=1}^{N}\| t_j-y_j \|=0 \tag{4-32}$$

ELM 网络模型的矩阵形式可以表示为

$$H\boldsymbol{w}_{Oi}=T \tag{4-33}$$

式中，H 为网络输出矩阵；T 为期望输出向量。

$$H=\begin{bmatrix} g_i(w_i\cdot x_1+b_1) & \cdots & g_i(w_i\cdot x_1+b_k) \\ \vdots & \cdots & \vdots \\ g_i(w_i\cdot x_N+b_1) & \cdots & g_i(w_k\cdot x_N+b_k) \end{bmatrix}_{N\times k} \tag{4-34}$$

其中，$\boldsymbol{w}_{Oi}=\begin{bmatrix} w_{O1}^{\mathrm{T}} \\ \vdots \\ w_{Oi}^{\mathrm{T}} \end{bmatrix}_{k\times m}$；$T=\begin{bmatrix} t_1^{\mathrm{T}} \\ \vdots \\ t_N^{\mathrm{T}} \end{bmatrix}_{N\times m}$

参与训练的样本数量直接关系到运算效率，为了降低运算量，通常隐含层神经元数目小于训练样本数目。若输入权值和隐含层偏置可以随机选取，即可利用 Moore-Penrose 广义逆定理计算输出权值，ELM 能够以任意的误差 $\varepsilon>0$ 接近训练样本。

$$\sum_{j=1}^{N} \| t_j-y_j \| <\varepsilon \tag{4-35}$$

根据 Moore-Penrose 广义逆定理计算输出矩阵 H，由于矩阵 H 的计算结果唯一，可以根据式（4-36）转化为输出权值最小范数二乘解问题，根据式（4-37）计算连接权值 w_{Oi}。因为输入权重 w_{Ii} 与隐藏层偏置 b_i 都是随机值，可以对 ELM 模型进行训练。

$$\| H\hat{w}_{Oi}-Y \| =\min_{w_{oi}} \| Hw_{Oi}-Y \| \tag{4-36}$$

$$w_{Oi}=H^{-1}T \tag{4-37}$$

式中，H^{-1} 为 H 的 Moore-Penrose 广义逆。

ELM 具有能够任意定义输入权值以及隐藏层偏置的特点，因而比传统基于梯度的参数调整方式运算速度快，但同时也存在一系列非最优或者不必要的取值，使得 ELM 需要更多的隐藏层节点，这会增加 ELM 算法对测试数据的反应时间以及网络结构的复杂度。在神经系统中，隐藏层节点数目往往影响整个结构的性能和运算速度，并且容易产生“过拟合”，进一步影响整体泛化效果，可针对此问题进一步优化。

2. 粒子群算法

针对 ELM 输入权值和隐藏层偏置参数的随机取值问题，可通过优化算法对 ELM 参数进行优化，常用的智能优化方法包括遗传算法和粒子群算法等，可获取网络中较优的参数，用来设置 ELM 的输入权值和隐藏层偏置，实现减少隐藏层节点数目，改进网络模型的初始值，提高运算效率。为了具备更好的全局搜索能力，减少网络调整参数次数，粒子群优化极限学习机算法（PSO-ELM）[5]被提出，该算法使用粒子群算法优化 ELM 参数，且算法实现简单，使用 PSO-ELM 开展电能质量的扰动识别时，具有更高准确率以及更高的效率。

粒子群优化算法的出发点是仿照鸟类觅食的现象，每一个被改进对象的解被视为一个粒子[6]。粒子的速度决定其方向和位置，每一个粒子的速度和方向通过单一的与整体的粒子的最优解进行调整，解空间中的最优解搜索通过迭代实现。粒子群被随机初始化为 D 维解空间，即 $X=(X_1, X_2, \cdots, X_n)$，$D$ 的取值等于被优化目标的数量。粒子的个数设定为 n，$X_i=(X_{i1}, X_{i2}, \cdots, X_{iD})^{\mathrm{T}}$ 代表第 i 个粒子在 D 维空间中粒子所处的坐标。适应度表示粒子和可行解的距离关系，可以通过适应度函数和坐标计算获得。粒子群算法的步骤如下：

（1）群体随机初始化。$X=(X_1, X_2, \cdots, X_n)$ 被定义为群体，$X_i=(X_{i1}, X_{i2}, \cdots, X_{iD})^{\mathrm{T}}$ 代表粒子所处的坐标，是处于 D 维区域内的可行性方案。

（2）对于每一个粒子，通过决定最优位置 p_1 与全局最优位置 p_2 目标函数的运算求得适应度。

（3）粒子自身的速率与坐标的更新分别如下所示：

$$v_{ij,n+1}=v_{ij,n}+c_1r_1(p_{1ij,n}-x_{ij,n})+c_2r_2(p_{2j,n}-x_{ij,n}) \tag{4-38}$$

$$x_{ij,n+1}=x_{ij,n}+v_{ij,n+1} \tag{4-39}$$

式中，$i=1$，2，…，N_s；$j=1$，2，…，D；c_1 和 c_2 是学习因子，c_1 可将粒子调整到最优区域，c_2 可将粒子调整到全局最优区域；r_1 和 r_2 是（0，1）范围的随机值。

（4）判断是否符合循环结束条件，如果符合，终止循环并且输出最优解；如果不符合，返回步骤（2）。

3. 粒子群优化极限学习机

要提高 ELM 分类性能，需要增加隐含层结点数目，运算复杂度也会随之增加。ELM 中引入 PSO 算法可通过优化其输入权重和隐藏层结点偏置获得最优模型，提高运算效率。

PSO-ELM 的具体步骤如下所示：

（1）在最初的极限学习机网络中，隐含层结点数目为 k，输入层神经元数目为 n，产生随机群体，群体的数目设定为 20[7]，群体中每一个粒子通过输入权重与隐藏层偏置形成，各个粒子的维数为 $D=k(n+1)$。

（2）针对以上粒子，将群体中个体的方均根误差（RMSE）作为粒子群算法的适应度，其值可以通过 ELM 求解，流程如图 4-20 所示。

（3）经以上述步骤即可获得与最佳适应度相匹配的粒子（即优化后的输入权重与隐藏层偏置的值），实现了 ELM 优化。

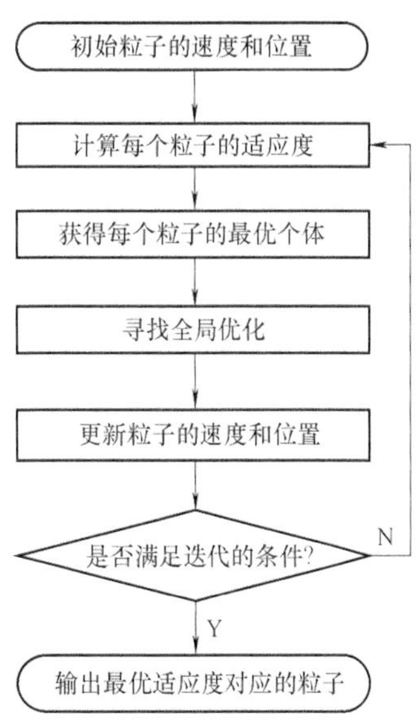

图 4-20　PSO-ELM 寻优流程图

4.4.2　扰动识别准确率分析

分别采用信噪比为 20～50dB 的含噪声电能质量扰动信号，每类信号 100 组，输入向量维度为 4，进行仿真实验。PSO-ELM 和 ELM 方法的识别精度对比分析如图 4-21 所示。由图可见，随着隐藏层结点数量逐渐增加，其准确率逐渐提高，PSO-ELM 具有更高的识别准确率。当隐含层结点数目达到一定程度时，PSO-ELM 与 ELM 准确率基本相同，但是过多的隐含层节点数会增加 ELM 的训练时间，并影响网络的泛化能力。因此，尽可能地控制隐含层结点的数目。经过一系列实验表明，采用 PSO-ELM 优化隐含层结点偏置和输入权值可提高电能质量扰动信号识别的效率和准确率。

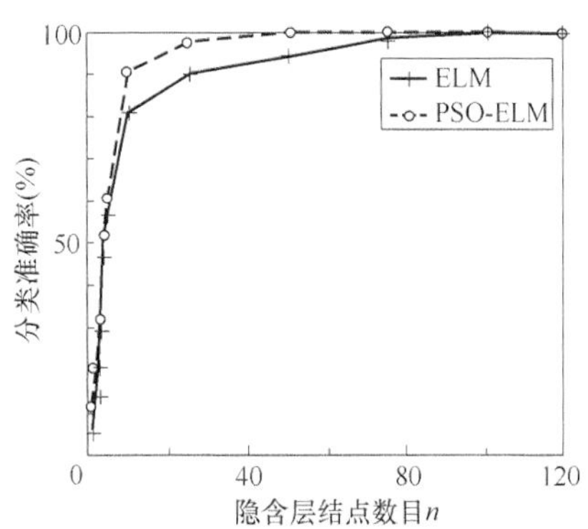

图 4-21　PSO-ELM 和 ELM 的分类准确率对比结果

为验证方法有效性，采用 14 种电能质量扰动信号各 100 组数据，首先将数据进行 FST，并从中提取 4 种特征作为输入，分别采用 SVM、ELM、PSO-ELM 作为分类器进行分类实验，结果见表 4-4。实验结果表明，在相同数据条件下，PSO-ELM 的分类效果均优于 SVM 与 ELM。PSO-ELM 在高噪声情况下也可实现较好的扰动识别，具有良好的抗噪性和鲁棒性。

表 4-4　不同信噪比下各分类器分类结果

扰动类型	准确率（%）											
	20dB			30dB			40dB			50dB		
	FST+SVM	FST+ELM	FST+PSO-ELM	FST+SVM	FST+ELM	FST+PSO-ELM	FST+SVM	FST+ELM	PSO-ELM	FST+SVM	FST+ELM	FST+PSO-ELM
C_0	92.6	94.2	97.8	95.6	96.8	98.8	97.2	97.6	99.4	98.4	99.0	100
C_1	91.8	93.8	97.6	96.0	96.6	98.6	96.8	98.0	99.6	98.6	98.2	100
C_2	91.6	93.8	97.8	95.8	96.2	99.0	97.4	97.8	99.4	98.4	98.6	100
C_3	92.0	93.6	97.2	96.2	96.6	98.6	97.2	98.2	99.0	98.2	98.2	100
C_4	92.4	93.4	97.6	95.8	96.2	98.4	97.8	98.0	99.2	97.8	98.4	100
C_5	92.6	93.6	97.4	96.4	96.0	98.2	97.0	97.8	99.4	98.6	98.0	100
C_6	92.4	93.8	97.2	96.2	96.2	98.4	97.4	97.6	99.2	98.0	98.2	100
C_7	92.6	94.0	97.6	96.6	96.4	98.4	96.8	98.2	99.2	98.0	98.4	100
C_8	92.8	94.4	97.8	96.4	96.8	98.8	97.8	98.4	99.8	98.2	99.0	100
C_9	91.4	93.2	97.0	95.6	96.0	97.8	96.6	97.4	99.2	97.8	97.8	100
C_{10}	91.2	93.6	96.8	95.2	95.8	98.0	96.8	97.6	98.6	97.4	98.2	100
C_{11}	90.0	93.2	97.2	95.6	95.6	98.6	96.2	97.2	99.0	97.2	98.0	100
C_{12}	92.2	93.6	97.0	96.4	95.8	98.6	95.6	96.8	98.6	97.4	98.0	99.8
C_{13}	92.6	95.8	97.6	95.2	97.0	98.8	97.4	98.4	99.0	98.0	99.2	100
总准确率（%）	92.01	93.86	97.40	95.93	96.29	98.44	97.01	97.79	99.18	98.0	98.09	99.99

为了验证 TCFST 与不同分类器相结合时的识别准确率，在 TCFST 进行信号处理的前提下，再分别采用 PSO-ELM 和 ELM 方法进行扰动识别实验。选取不同噪声环境下的 14 种电能质量扰动信号各 100 组，分别添加 20～50dB 的高斯白噪声模拟实际工程应用噪声环境，实验结果见表 4-5。

表 4-5　不同扰动分类方法的准确率的对比

扰动类型	准确率（%）							
	20dB		30dB		40dB		50dB	
	TCFST+PSO-ELM	TCFST+ELM	TCFST+PSO-ELM	TCFST+ELM	TCFST+PSO-ELM	TCFST+ELM	TCFST+PSO-ELM	TCFST+ELM
C_0	99.2	100	94.0	100	99.2	97.6	98.4	98.0
C_1	95.2	100	100	95.2	96.4	97.2	99.2	94.8
C_2	99.6	96.0	95.6	95.2	99.6	100	100	99.6
C_3	99.6	95.6	100	94.4	100	92.0	100	92.0
C_4	100	98.0	98.0	96.4	99.2	99.6	100	100
C_5	96.0	95.6	100	94.4	100	100	99.6	100
C_6	99.6	98.4	100	98.8	98.4	100	97.6	100

（续）

扰动类型	准确率（%）							
	20dB		30dB		40dB		50dB	
	TCFST+PSO-ELM	TCFST+ELM	TCFST+PSO-ELM	TCFST+ELM	TCFST+PSO-ELM	TCFST+ELM	TCFST+PSO-ELM	TCFST+ELM
C_7	100	92.8	95.2	100	100	100	100	98.8
C_8	97.6	91.6	100	99.6	96.4	100	100	99.6
C_9	92.0	98.4	98.0	97.6	100	100	100	100
C_{10}	96.4	97.6	100	96.0	100	100	100	100
C_{11}	100	97.2	99.2	96.8	100	100	100	99.6
C_{12}	100	99.2	100	98.4	100	100	100	100
C_{13}	93.6	93.6	100	97.6	94.4	88.0	96.8	100
总准确率（%）	97.91	96.46	98.46	96.89	98.74	98.03	99.35	98.64

由表 4-5 可知，PSO-ELM 较 ELM 具有更高的分类准确率，而且可在时域压缩提取特征方法的基础上实现实时、准确的扰动识别。综合表 4-4 和表 4-5 可知，采用 TCFST 提取的特征比 FST 提取的特征更适用于扰动识别，并且 TCFST 具有更低的时间与空间复杂度，更具有实际应用价值。

4.5　本章小结

本章提出一种针对含噪电能质量扰动信号的高效、准确识别方法。针对原始电能质量信号进行滤波降噪、时域压缩特征提取、优化分类器进行分类分别开展实验并进行对比分析，旨在全面提高暂态扰动信号的识别效率与准确率。本章完成的工作主要包括以下部分：

（1）针对含噪电能质量信号开展滤波降噪，采用时-频分割图像平滑改进全局阈值降噪方法实现降噪，在实现噪声高效滤除的基础上，克服了传统降噪方法带来的电能质量信号扰动发生处的失真现象。

（2）针对电能质量扰动识别过程中特征提取这一关键环节，开展了基于 FST 时域压缩特征提取方法，经散点图验证，通过该方法提取的特征不仅有利于扰动类型识别，而且提升了扰动识别的速度、降低了对存储空间的需求和硬件设备的限制。

（3）针对电能质量扰动识别分类器的设计，本章采用 PSO-ELM 的方法开展扰动识别。实验结果表明，在相同隐含层结点数目的情况下，粒子群优化极限学习机较极限学习机具有更高的识别准确率。

参考文献

[1] STOCKWELL R G, MANSINHA L, LOWE R P. Localization of the complex spectrum: the S transform [J]. IEEE Transactions on Signal Processing, 1996, 44 (4): 998-1001.

[2] 全惠敏，瑜兴. 基于 S 变换模矩阵的电能质量扰动信号检测与定位 [J]. 电工技术学报，2007，22

（8）：119-125.

[3] 黄南天，袁翀，张卫辉，等. 采用最优多分辨率快速 S 变换的电能质量分析［J］. 仪器仪表学报，2015，36（10）：2174-2183.

[4] 平丽. 图像平滑处理方法的比较研究［J］. 信息技术，2010（1）：65-67.

[5] MUKHOPADHYAY S，BANERJEE S，Global optimization of an optical chaotic system by Chaotic Multi Swarm Particle Swarm Optimization［J］. Expert Systems with Applications，2012，39（1）：917-924.

[6] LIAO R J，WANG K，YANG L J，et al. Binary particle swarm optimization selected time-frequency features for partial discharge signal classification［J］. International Review of Electrical Engineering，2012，7（5）：5905-5917.

[7] LEUNG S Y S，YANG TANG，WONG W K. A hybrid particle swarm optimization and its application in neural networks［J］. Expert Systems With Application，2012，39：395-405.

第5章　基于频域分割与局部特征选择的电能质量分析技术研究

为提高特征提取的表现能力，本章采用最优多分辨率快速S变换进行信号处理，通过频域分割方法分频域提取部分特征；此外，针对电能质量复合扰动识别中缺少特征选择与最优决策树自动构建方法的不足，提出采用分类回归树的电能质量特征选择与最优决策树构建方法。首先，采用MATLAB仿真生成含6种复合扰动在内的12类扰动信号；然后，对扰动信号进行最优多分辨率快速S变换处理，在时-频特性分析和频域分割的基础上提取67种扰动特征，构成原始特征集合；之后，采用基于Gini指数的嵌入式特征选择方法，在决策树训练过程中，获取特征Gini重要度及排序，确定最优特征子集，以降低特征向量的维度，简化分类器的结构；最后，应用1-标准误差规则子树评估法，确定复杂性参数值进行基于代价复杂度的后剪枝，获得最优分类树分类器。实验证明，本方法能够通过最优多分辨率快速S变换有效降低S变换的计算复杂度，并在时-频特性分析和频域分割基础上提取有效的特征；能够根据训练集自动构建最优决策树，在训练过程中实现最优特征子集选择，提高了分类效率；最优分类树可准确识别不同噪声环境下，含6种复合扰动在内的12类电能质量信号，分类准确率高于概率神经网络、极限学习机和支持向量机方法，具有良好的鲁棒性与抗噪性。

5.1　基于OMFST的扰动信号处理

5.1.1　S变换及其时-频特性分析

1. S变换及STMM

信号处理是电能质量扰动信号特征提取的前提和关键，将直接影响后期的分类效果。ST是一种可逆的局部时-频分析方法，采用高斯窗函数，具有可变的时-频分辨率，变换后频域精度高，便于提取扰动特征，适用于不同频域范围内扰动类型分析，S变换详情参见4.1.2节。信号经ST处理后，可获得二维时-频复矩阵，称为S矩阵（ST-Matrix，STM）。对STM矩阵开展求模数学运算后，可获得S模矩阵（ST-Modular Matrix，STMM）。在STMM中，列对应各个采样点，行对应分辨率为1Hz的各信号频率，即其行向量对应某一特定频率下的时域分布特性，列向量对应电能质量扰动信号某一特定时刻下的幅频特性。STMM能够反映各类信号本质的特征，便于下一步对电能质量扰动信号的辨识。

2. 电能质量扰动信号 S 变换时-频特性分析

为直观分析信号的时-频特征，将 STMM 中各列的最大值（C_{max}）、最小值（C_{min}）、均值（C_{mean}）、标准差（C_{std}）、方均根（C_{rms}），各行的最大值（R_{max}）、最小值（R_{min}）、均值（R_{mean}）、标准差（R_{std}）、方均根（R_{rms}）10 种特征，以曲线形式绘图分析。在此仅列出电压暂降、谐波、暂态振荡和暂降+振荡 4 类典型的电能质量扰动的相关曲线，如图 5-1～图 5-4 所示。

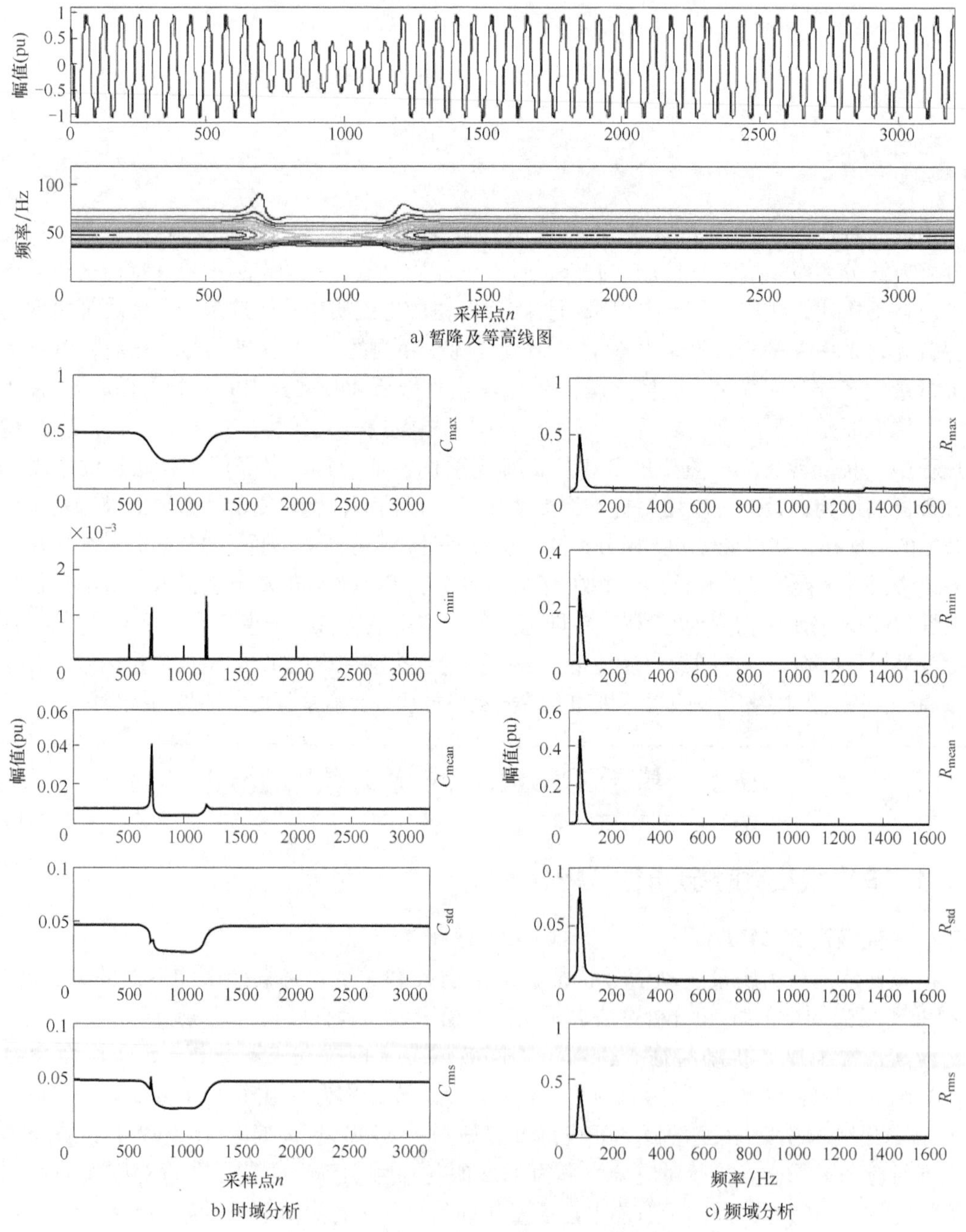

图 5-1　电压暂降及其 ST 时-频特性分析

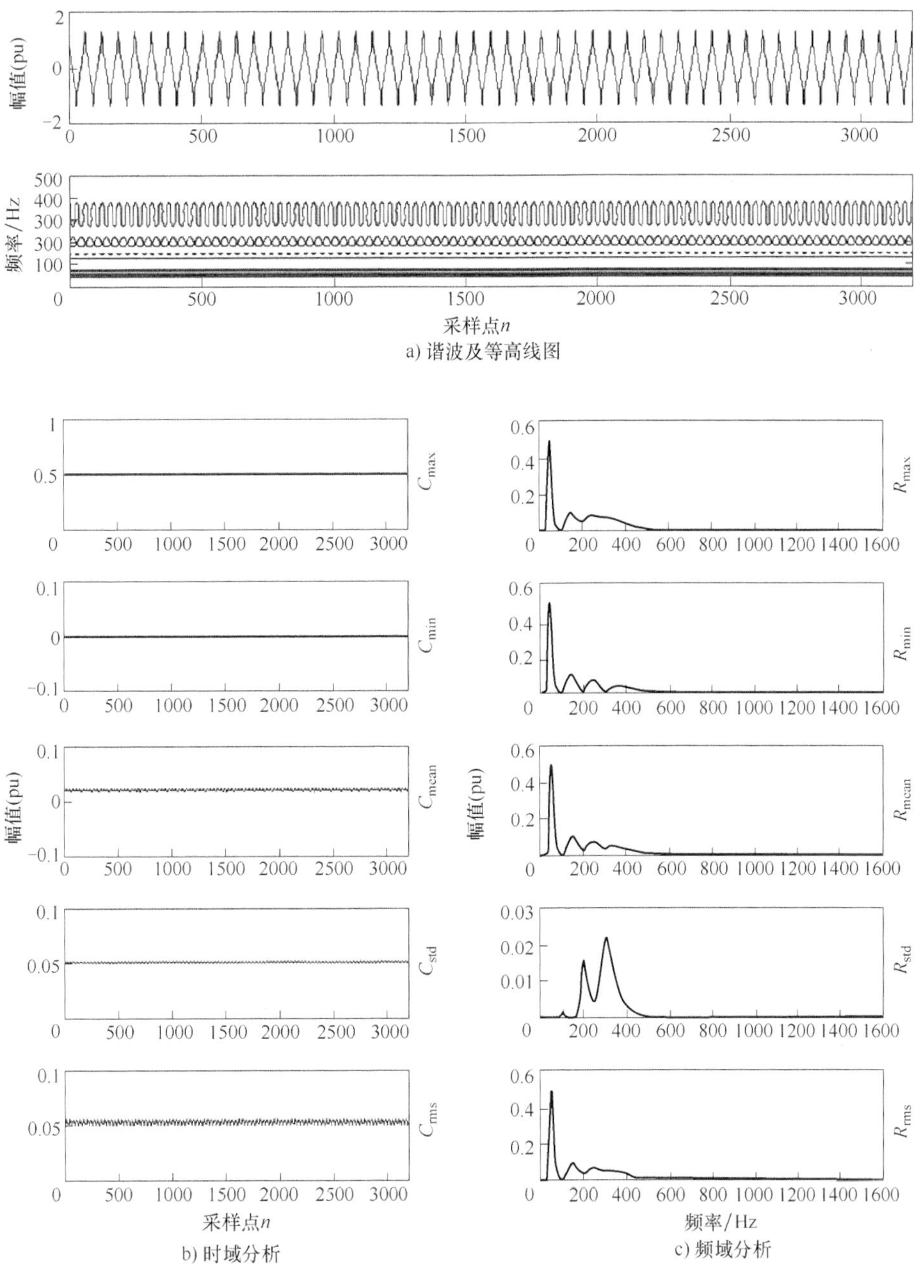

图 5-2　谐波及其 ST 时-频特性分析

由图 5-1～图 5-4 可知，不同类型的电能质量扰动信号，其能量分布、畸变程度和时-频特性均不相同。扰动信号的等高线图、频域分析图是对所有的频率点进行运算获得，这样增加了运算复杂度，需要较大的存储空间，虽然 ST 能够全面反映扰动发生情况，但在进行电能质量扰动实时高效识别时会产生困难，有待于进一步优化。

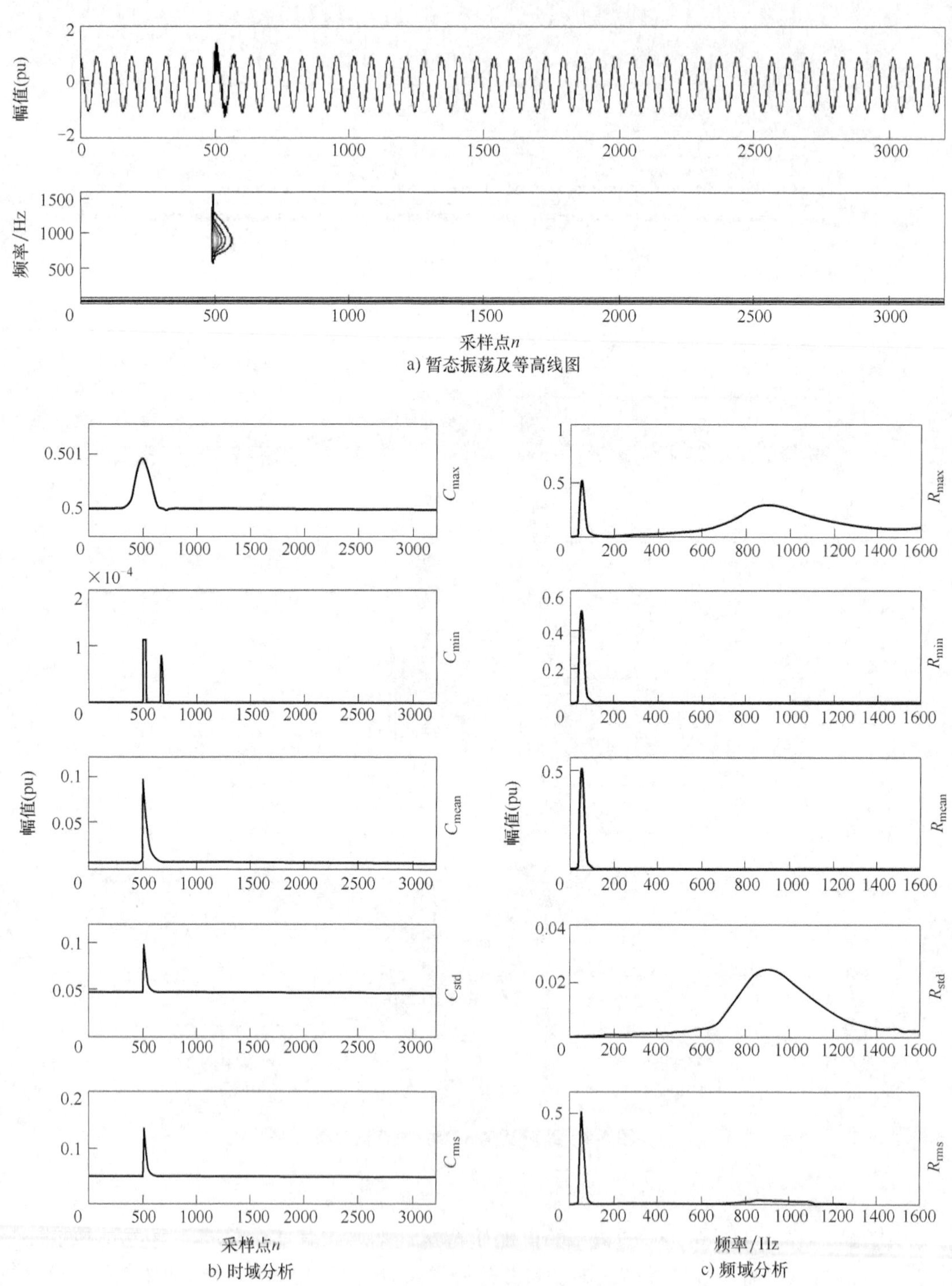

图 5-3 暂态振荡及其 ST 时-频特性分析

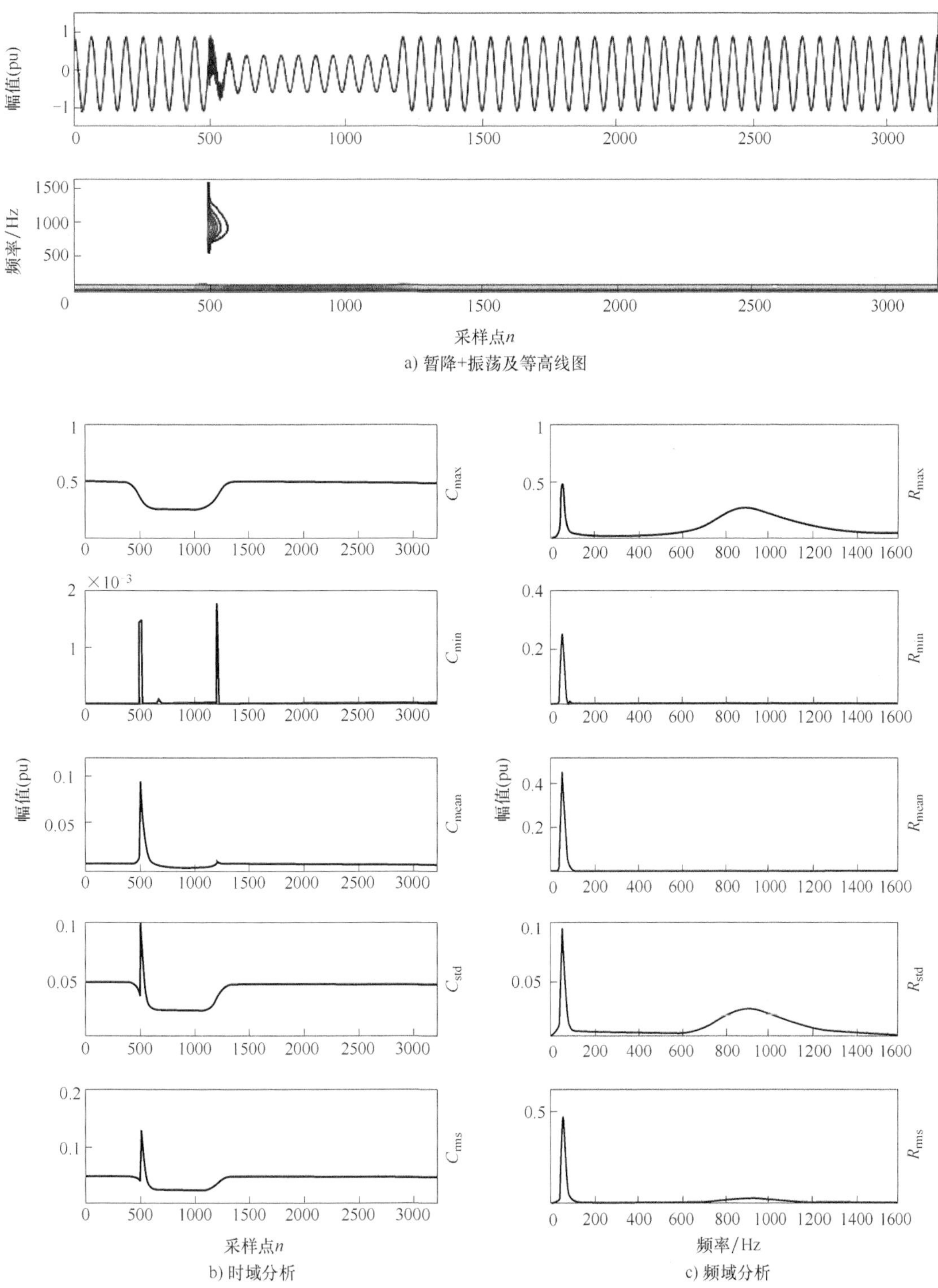

图 5-4　暂降+振荡及其 ST 时-频特性分析

5.1.2 OMFST 及其时-频特性分析

1. OMFST

提高 S 变换特征表现能力的主要方法为调整其窗宽调整因子 λ，根据海森堡测不准原理，提高频率分辨率的同时，会降低时间分辨率。当窗宽较宽时，频率分辨率较高，提取的频域特征更加精确，且旁瓣效应影响较小；窗宽较窄时，提取幅值特征更加精确。因此，λ 的调整应该根据具体特征需求确定。

电压暂降、电压暂升、电压中断、电压闪变等扰动信号类型，其扰动特征主要表现在基频变化上；谐波的扰动则主要表现在谐波成分所在频次的频谱特征，可从 FFT 频谱特征中直接判别；暂态振荡的基频附近无扰动，其扰动成分主要表现在高频范围，且扰动能量的持续时间短，频域分布范围广。综合考虑现有研究扰动特征的分布情况，采用一种最优多分辨率快速 S 变换（Optimal Multiresolution Fast S-transform，OMFST）方法[1]。

该方法将 FFT 后的主要频率点或扰动频率点进行加窗 IFFT 取代了 ST 中对所有频率进行加窗 IFFT 的过程，即：首先，对仿真扰动信号进行 FFT；然后，在频域范围内通过 Otsu's 阈值滤波确定主要频率点；最后，针对保留的主要频率点对应部分开展 IFFT。

在广义 S 变换的时-频包络曲线中，扰动成分所在的时-频区域与其周围时-频区域的幅值变化越明显，则扰动识别效果越好。峭度是描述变量所有取值分布形态陡缓程度的统计量，表示变量分布曲线顶峰的尖平程度。获得最大的峭度不一定能够满足电能质量扰动信号参数估计的需要，因此需要对低频、中频和高频信号分别进行峭度-误差分析。首先通过分别分析 λ 值与时间-幅值曲线或频率-幅值曲线峭度，λ 值与频率、幅值、扰动起止时间等扰动参数估计误差之间的关系，确定不同 λ 值下所对应的峭度值和各扰动参数误差值。然后，采用离差最大化方法[2]确定峭度和各误差指标的最优加权向量，并计算不同 λ 值的多指标综合评价值从而确定最优 λ 值。此外，考虑不同频次谐波（2~14 次）所在频率范围不同，因此需要分别确定不同频次谐波所需的最优 λ 值。同时，考虑间谐波分析的需要，则采用三次样条插值法，以确定不同频率谐波与最优 λ 值之间的拟合函数 $S_i(n_x)$ [1]。

OMFST 的主要过程步骤如下所示：

（1）通过 Otsu's 阈值滤波，保留原始信号 FFT 变换后部分低频、中频、高频频域变换结果进行快速傅里叶逆变换（Inverse Fast Fourier Transform，IFFT），以降低 ST 算法的复杂度。

（2）基于峭度-误差分析，在不同的频域范围内定义不同的 λ 值，提高特征表现能力，进而获得较好的识别效果。

OMFST 的离散表达式如下（$f \to n/NT$，$\tau \to jT$）

$$S\left(jT,\frac{n_x}{NT}\right)=\sum_{m=0}^{N-1}H\left(\frac{m+n_x}{NT}\right)\mathrm{e}^{-2\pi^2m^2/\lambda_x^2n_x^2}\mathrm{e}^{i2\pi mj/N} \tag{5-1}$$

式中，n_x 为 FFT 谱低频、中频、高频部分经 Otsu's 阈值滤波后保留的主要频率点；λ_x 为 OMFST 的窗宽调整因子。

其中，λ_x 与 n_x 之间的对应关系如下所示：

$$\lambda_x=\begin{cases}3.3 & n_x\leqslant 90\text{Hz}\\ S_i(n_x) & 91\text{Hz}\leqslant n_x\leqslant 660\text{Hz}\\ 2 & n_x\geqslant 661\text{Hz}\end{cases} \tag{5-2}$$

式（5-2）中，中频考虑谐波频率范围为 2~14 次谐波（100~700Hz），所以取中频范围为 91~660Hz。$S_i(n_x)$ 为通过采用 3 次样条插值法确定的处理含谐波成分窗宽因子 λ_M 的拟合函数。低频（$n_x \leqslant 90$Hz）和高频（$n_x \geqslant 661$Hz）部分则基于峭度-误差分析确定相应的 λ 值[1]。电能质量扰动信号由 OMFST 可获得信号的时-频复矩阵，称为 OMFST 矩阵（OMFST-Matrix，OMFSTM），再对 OMFSTM 求模，便可获得 OMFST 模矩阵（OMFST-Modular Matrix，OMFSTMM）。同 STMM 代表含义相同，每列对应信号的采样点，每行对应信号的频率，即行向量对应某一特定频率下的时域分布特性，列向量对应电能质量扰动信号某一特定时刻下的幅频特性。

电能质量扰动信号主要分为畸变发生在基频附近的电压暂降、电压暂升、电压中断、电压闪变，发生在中频段范围内各频次的谐波，以及发生在高频段范围内的暂态振荡。因此，提取的特征主要集中在基频、中频以及高频部分。OMFST 信号处理方法降低了 ST 的运算复杂度，提高特征表现力。

2. 电能质量扰动信号 OMFST 时-频特性分析

参考现有研究[1]，并根据 IEEE 制定的相关电能质量标准，深入分析含 6 种复合扰动在内的 12 种电能质量扰动信号。考虑不同的电网环境中，其噪声水平不同，通过 MATLAB 仿真分别生成具有随机参数且信噪比为 20~50dB 的电能质量扰动信号，每类 500 组用于训练最优决策树（Decision Tree，DT），并采用 50dB、40dB、30dB、20dB（特定噪声）和 20~50dB（随机噪声）的扰动信号，每类 100 组用于验证最优 DT 的分类效果与抗噪性。具体扰动信号的类型和相关的类别标签见表 5-1。

表 5-1　电能质量扰动信号的类型和相关的类别标签

扰动信号类型	分类标签	扰动信号类型	分类标签
电压暂降	C_1	谐波+暂升	C_7
电压暂升	C_2	谐波+闪变	C_8
电压中断	C_3	暂态振荡	C_9
电压闪变	C_4	暂降+振荡	C_{10}
谐波	C_5	暂升+振荡	C_{11}
谐波+暂降	C_6	闪变+振荡	C_{12}

采用 OMFST 进行时-频特性分析，通过计算 OMFSTMM 中每列的最大值、最小值、均值、标准差和方均根获取时域特性分析曲线，即（1）列最大值（$C_{\max}$）、（2）列最小值（$C_{\min}$）、（3）列均值（C_{mean}）、（4）列标准差（C_{std}）、（5）列方均根（C_{rms}）。同时，计算 OMFSTMM 中每行的上述指标获取频域特性分析曲线，即（6）行最大值（$R_{\max}$）、（7）行最小值（$R_{\min}$）、（8）行均值（R_{mean}）、（9）行标准差（R_{std}）、（10）行方均根（R_{rms}）。

本章仅列出电压暂降、暂降+振荡和谐波+暂降 3 类电能质量扰动信号的相关曲线（见图 5-5~图 5-7）。在直观描述信号频域分布时，对 OMFSTMM 中，未进行 IFFT 的频率点其时-频矩阵对应的幅值以 0 表示。

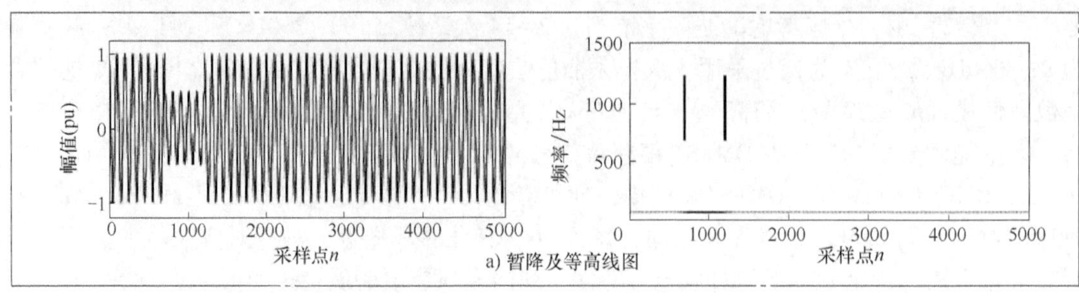

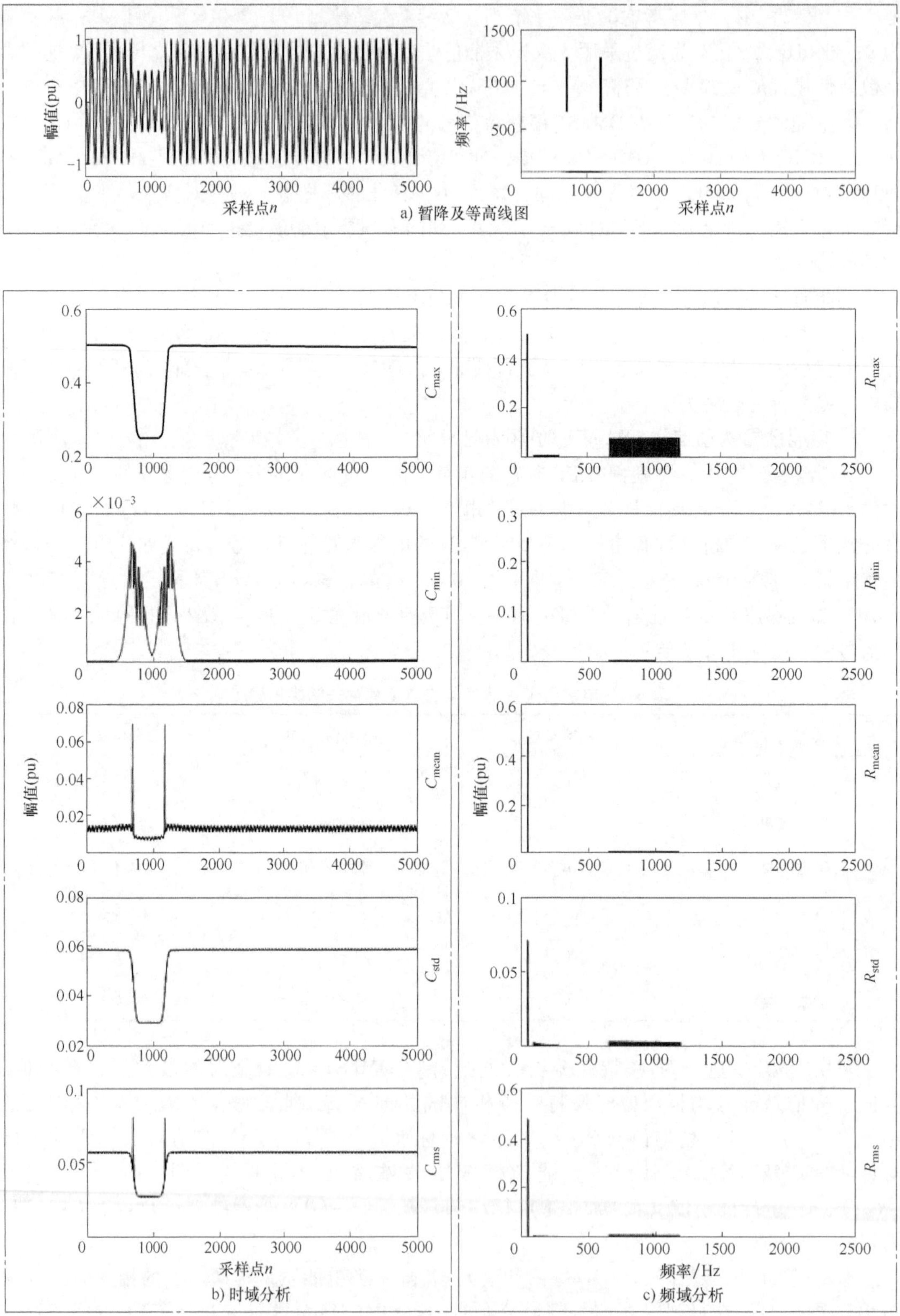

a) 暂降及等高线图

b) 时域分析

c) 频域分析

图 5-5　电压暂降及其 OMFST 时-频特性分析

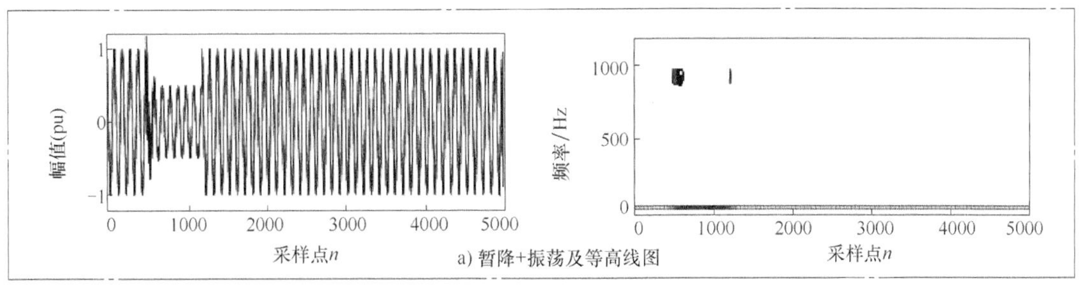

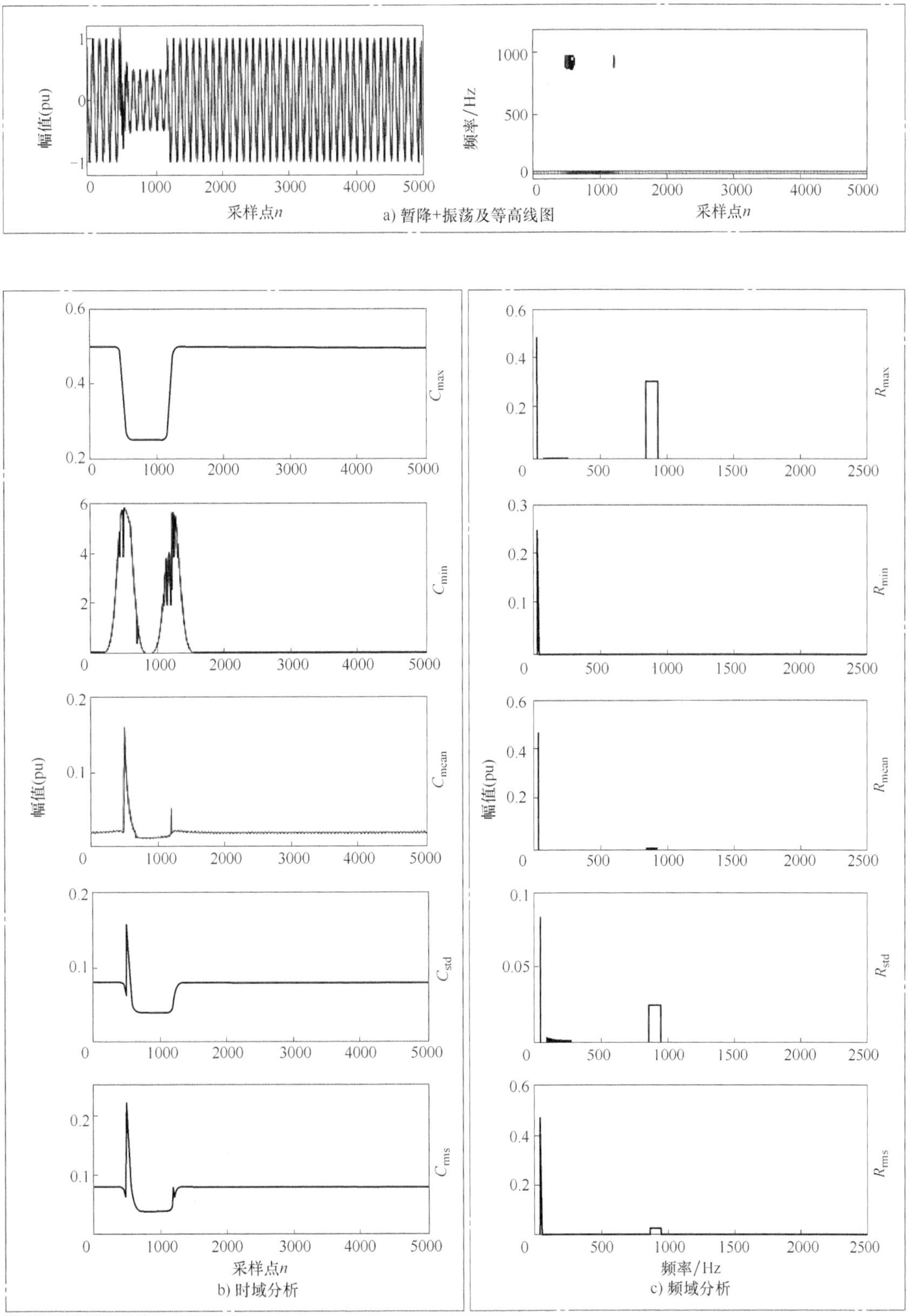

a) 暂降+振荡及等高线图

b) 时域分析

c) 频域分析

图 5-6　暂降+振荡及其 OMFST 时-频特性分析

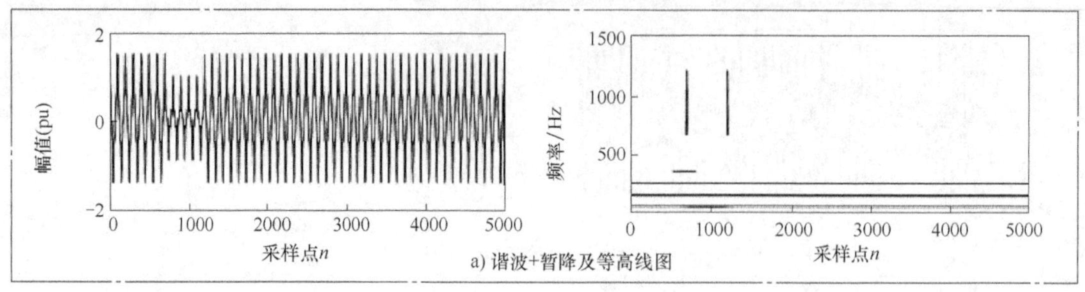

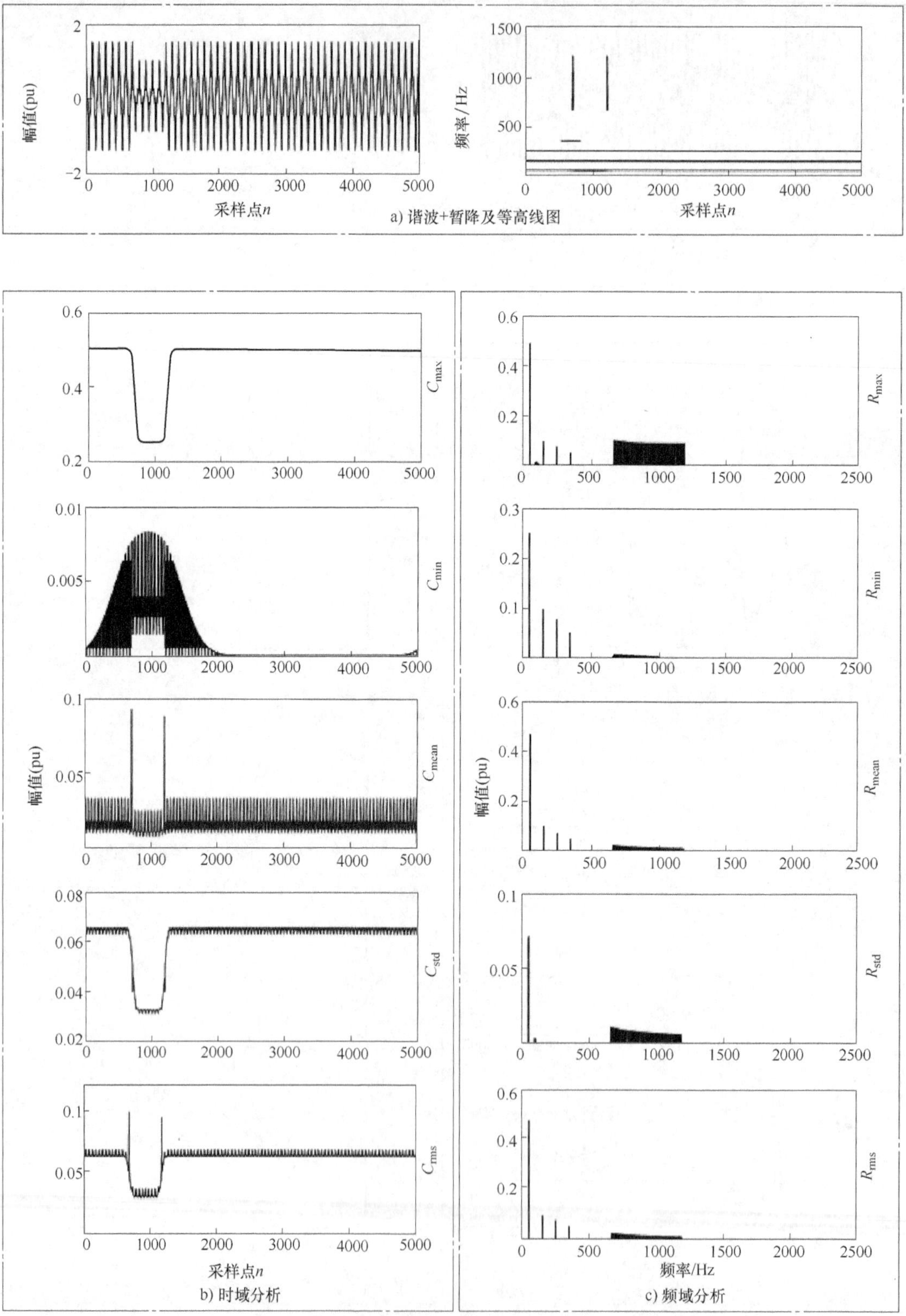

a) 谐波+暂降及等高线图

b) 时域分析

c) 频域分析

图 5-7 谐波+暂降及其 OMFST 时-频特性分析

由图 5-5~图 5-7 可知，不同类型的电能质量扰动信号，其时域与频域部分具有不同的特性曲线，其能量分布、畸变程度、时-频特性等均有不同，难以直接确定分类特征并进行特征选择。因此，需要对扰动信号特征进行全面刻画，并综合分析各特征的分类能力，以确定电能质量扰动分类器的最优特征子集。此外，通过扰动信号的等高线图、频域分析图可知，在不同的频域范围内使用不同的 λ 值，使信号处理更具有针对性；仅对 Otsu's 阈值滤波选取的非 0 频率点进行 IFFT 运算，在保留主要扰动成分的同时，实现了 ST 算法的快速计算，满足实际工程具体应用中更高的实时性要求。

5.2　基于 OMFST 频域分割的特征提取

5.2.1　电能质量扰动信号频域分割

由 OMFST 时-频特性分析可知，虽然不同类型的电能质量扰动信号的扰动成分分布在不同的频域区域内，但其扰动特征分布具有一定的规律性。根据信号频域分布的特点，电压暂降、电压暂升、电压中断和电压闪变等主要扰动特征都集中于基频附近，我国基频为 50Hz；由于主要考虑 2~14 次谐波的影响，故其扰动频率范围集中于 100~700Hz；暂态振荡扰动特征成分则集中于 700Hz 以上高频部分。而且，在频域范围内，低频和高频频域之间的幅值差距比较大，扰动信号基频附近为主要的能量分布区域，因此 OMFSTMM 中基频附近的频域幅值明显高于高频部分；而在高频域内，除了含有暂态振荡信号的振荡成分，还包含电压暂降信号在畸变起止点的能量分布。

为使特征提取更有针对性，本章采用频域分割方法构建特征集合，用于电能质量扰动的分析识别。以暂降+振荡和谐波+暂降复合扰动信号为例，进行频域分割，结果如图 5-8 所示（两条虚线对应的频率为 100Hz 和 700Hz）。由图 5-8a 可知，暂降成分和振荡成分通过 100Hz 进行频域分割能够直接分隔开，可以直接分割频域提取相关分类特征；由图 5-8b 可知，因暂降成分在高频部分也可能会有能量分布，暂降成分和谐波成分则通过 100Hz 和 700Hz 分别进行分割，便可以将这两种扰动成分隔开，从而在各自频域内提取相关特征。通过频域分割实验证明，频域分割能够将不同的扰动成分置于不同的频域段中，分频域提取特征不仅能够保证特征提取的有效性，而且能够显著提高复合扰动的识别能力。

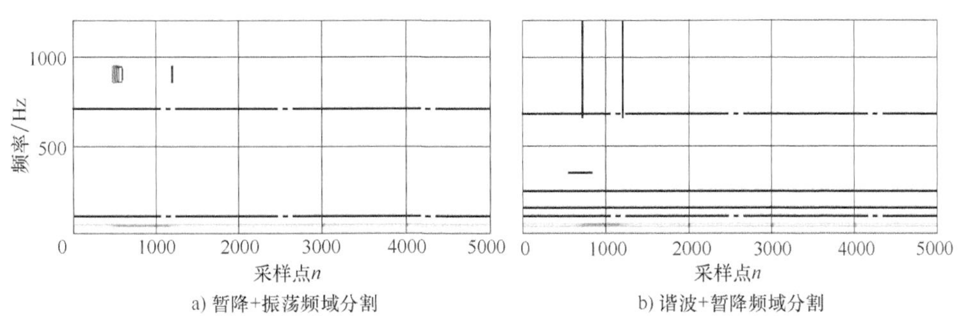

a) 暂降+振荡频域分割　　b) 谐波+暂降频域分割

图 5-8　电能质量扰动信号频域分割

5.2.2 OMFST 特征提取

为保证不同噪声水平下分类器效果，仿真生成 12 种电能质量扰动信号。经过 OMFST 处理后，在频域分割的基础上，从 OMFSTMM 中提取 67 个原始特征（$F_1 \sim F_{67}$）构成原始特征集合。

其中，从电能质量扰动信号的 C_{max}、C_{min}、C_{mean}、C_{std}、C_{rms}、R_{max}、R_{min}、R_{mean}、R_{std}、R_{rms}曲线中，分别计算信号谐波的总含量（Total Harmonic Distoration，THD）、各曲线的最大值、最小值、均值、标准差、方均根等用于计算特征 1（F_1）至特征 56（F_{56}），原始特征详细描述具体见表 5-2。

表 5-2 电能质量扰动信号特征（$F_1 \sim F_{56}$）

相关参数	THD	Max+Min	Max-Min	Mean	SD	RMS
OMFSTMM	—	F_1	F_2	F_3	F_4	F_5
C_{max}	—	F_6	F_7	F_8	F_9	F_{10}
C_{min}	—	F_{11}	F_{12}	F_{13}	F_{14}	F_{15}
C_{mean}	—	F_{16}	F_{17}	—	F_{18}	F_{19}
C_{std}	—	F_{20}	F_{21}	F_{22}	F_{23}	F_{24}
C_{rms}	—	F_{25}	F_{26}	F_{27}	F_{28}	—
R_{max}	F_{29}	F_{30}	F_{31}	F_{32}	F_{33}	F_{34}
R_{min}	F_{35}	F_{36}	F_{37}	F_{38}	F_{39}	F_{40}
R_{mean}	F_{41}	F_{42}	F_{43}	—	F_{44}	F_{45}
R_{std}	F_{46}	F_{47}	F_{48}	F_{49}	F_{50}	F_{51}
R_{rms}	F_{52}	F_{53}	F_{54}	F_{55}	F_{56}	—

此外，由于相关的定义接近，在现有研究的结果中，电压暂降与电压中断识别效果较差；由于谐波、暂态振荡及其复合扰动等电能质量扰动信号频域存在交叉，比较难以识别。为解决以上存在的问题，进一步引入归一化幅值因数、中高频的偏度（Skewness）与峭度（Kurtosis）、高频部分的局部矩阵能量以及平均局部矩阵能量（Energy）等相关特征，构成特征 57（F_{57}）至特征 67（F_{67}），进一步深入刻画电能质量扰动信号的时-频特性，具体特征详细描述见表 5-3。

表 5-3 电能质量扰动信号特征（$F_{57} \sim F_{67}$）

特　征	详细的特征描述
F_{57}	OMFSTMM 各列最大幅值的归一化幅值因数
F_{58}	100Hz 以上各频率对应最大幅值的最大值与最小值之差
F_{59}	100Hz 以上各频率对应最大幅值的偏度

（续）

特　征	详细的特征描述
F_{60}	100Hz 以上各频率对应最大幅值的峭度
F_{61}	原始信号的 1/4 周期能量跌落幅度
F_{62}	原始信号 1/4 周期能量上升幅度
F_{63}	中频部分最大值
F_{64}	频率对应的平均局部矩阵能量 1
F_{65}	局部矩阵能量 1
F_{66}	频率对应的平均局部矩阵能量 2
F_{67}	局部矩阵能量 2[1]

相关特征计算方法，参考现有参考文献［3］设计，具体见表 5-4 所示，设 $S(k)$ 为电能质量扰动信号中某采样点的电压幅值，其中，$0 \leqslant k \leqslant N-1$；$N$ 为样本的采样点数。

表 5-4　特征的计算表达式

特征指标	基本特征计算式	特征指标	基本特征计算式
Mean	$\bar{x} = \frac{1}{N}\sum_{k=0}^{N-1} S(k)$	Skewness	$\sigma_{\text{Skewness}} = \frac{1}{(N-1)\sigma_{\text{SD}}^3}\sum_{k=0}^{N-1}[S(k)-\bar{x}]^3$
SD	$\sigma_{\text{SD}} = \sqrt{\frac{1}{N}\sum_{k=0}^{N-1}[S(k)-\bar{x}]^2}$	Kurtosis	$\sigma_{\text{Kurtosis}} = \frac{1}{(N-1)\sigma_{\text{SD}}^4}\sum_{k=0}^{N-1}[S(k)-\bar{x}]^4$
RMS	$\sigma_{\text{RMS}} = \sqrt{\frac{1}{N}\sum_{k=0}^{N-1} S^2(k)}$	Energy	$\sigma_{\text{Energy}} = \sum_{k=0}^{N-1} S^2(k)$

部分特征的计算方法如下：

特征 57（F_{57}）：OMFSTMM 各列最大幅值的归一化幅值因数

$$F_{57} = \frac{A_{\max} + A_{\min} - 1}{2} \tag{5-3}$$

式中，$A_{\max}$ 为归一化后 $C_{\max}$ 曲线的最大幅值；$A_{\min}$ 为归一化后 $C_{\max}$ 曲线的最小幅值。

特征 61（F_{61}）：原始信号的 1/4 周期能量跌落幅度

$$F_{61} = \frac{\min[R(m)]}{R_0} \tag{5-4}$$

特征 62（F_{62}）：原始信号 1/4 周期能量上升幅度

$$F_{62} = \frac{\max[R(m)]}{R_0} \tag{5-5}$$

式中，$R(m)$ 为原始扰动信号每个 1/4 周期的方均根值；R_0 为无噪声标准电能质量扰动信号 1/4 周期的方均根值。

能量特征主要用于判断电能质量扰动信号高频域中是否含有振荡成分。本章扰动类型中的电压暂降与暂降+振荡、电压暂升与暂升+振荡以及电压闪变与闪变+振荡可以使用该特征进行逐一识别。采用 OMFST 后，不同噪声环境与参数下，OMFST 保留的频率点不同，导致用于计算能量特征采用的频率点难以确定，能量特征较难选择。此外，由于采用局部能量，其识别效果与定位局部矩阵有强相关性。因此，本章考虑采用 4 种能量特征，以获得更高的分类准确率。计算该 4 类特征，需要通过 OMFSTMM 振荡频域各行幅值之和最大值与全部时域各列幅值之和最大值，定位振荡时-频中心点（t_1，f_1）。其中，h 为局部矩阵中保留频率点所对应的行数。具体的 4 种能量特征计算公式见表 5-5。

表 5-5　4 种能量特征的计算表达式

能量特征类型	具体的计算公式	能量特征类型	具体的计算公式
F_{64}	$AE_1 = \sum_{f=100}^{2500} \sum_{t=t_1+5}^{t_1+30} S^2(t,f)/h$	F_{66}	$AE_2 = \sum_{f=f_1-150}^{f_1+150} \sum_{t=t_1+20}^{t_1+40} S^2(t,f)/h$
F_{65}	$E_1 = \sum_{f=100}^{2500} \sum_{t=t_1+5}^{t_1+30} S^2(t,f)$	F_{67}	$E_2 = \sum_{f=f_1-150}^{f_1+150} \sum_{t=t_1+20}^{t_1+40} S^2(t,f)$

5.3　基于 CART 算法的特征选择与最优决策树构建

5.3.1　基于 Gini 指数的嵌入式特征选择

1. 计算 Gini 重要度的原理

CART 算法使用 Gini 指数作为二元分区准则，选择划分属性[4,5]。在决策树训练、生长的过程中，建立分类评价函数，以二叉分支后子节点不纯度（Gini 指数）评估不同特征分割节点时的分类效果，并通过计算特征的 Gini 重要度排序特征分类能力，开展特征选择。由此可知，采用 CART 算法获得最优 DT 的生成过程即为特征选择过程[6]。

设节点 t 内 D 为 s 个数据样本的集合，总共含有 n 个类别 $C_k(k=1,2,\cdots,n)$，s_k 为采用某个特征分类后，相应子集中分类正确的样本数。由于最优的分类方法应满足分类后子集的不纯度最低、错误识别最少，则设计不纯函数为

$$i(D)=i[p(s_1/D),\ p(s_2/D),\cdots,p(s_n/D)] \tag{5-6}$$

式中，$p(s_k/D)$ 为正确识别的 C_k 类样本在数据样本集 D 内的概率。

当扰动特征 F_b 将数据样本集 D 划分为 n 个子集 D_1，D_2，…，D_n 时，则分支优劣度（即不纯度削减量）函数为

$$\Delta i(D,F_b)=i(D)-\sum_{k=1}^{n} p(D_k)i(D_k) \tag{5-7}$$

根据式（5-6），以 Gini 指数为节点不纯度的度量标准。则数据样本集 D 的原始 Gini 指数为

$$\mathrm{Gini}(D)=\sum_{k=1}^{n}\sum_{k'\neq k} p_k p_{k'}=1-\sum_{k=1}^{n} p_k^2 \tag{5-8}$$

式中，$p_k=p(s_k/D)=s_k/s$。

当数据样本集 D 中只包含一类样本时，其 Gini 指数为 0；当数据样本集 D 所有样本类别均匀分布时，Gini 指数则取最大值。

如扰动特征 F_c 将数据样本集 D 二元分裂为两个数据样本子集 D_1 和 D_2，则该特征的 Gini 指数为

$$\mathrm{Gini}_{\mathrm{split}}(D,F_c)=\frac{s_1}{s}\mathrm{Gini}(D_1)+\frac{s_2}{s}\mathrm{Gini}(D_2) \tag{5-9}$$

根据式（5-7），此次分裂的 Gini 不纯度削减量（即 Gini 重要度）为

$$\Delta\mathrm{Gini}(D,F_c)=\mathrm{Gini}(D)-\mathrm{Gini}_{\mathrm{split}}(D,F_c) \tag{5-10}$$

由上式计算各类特征 Gini 重要度值，如果特征的 Gini 重要度值越高，则代表其在分类过程中所起到的作用就越大，选择该类特征作为分裂特征；而如果特征的 Gini 重要度值为 0，则代表其在分类过程中未起到作用，可以将该类特征从原始的特征集合中移除。按照上述嵌入式特征选择方法消去冗余的特征元素，最后由此保留的特征即构成最优特征子集。

2. 基于 Gini 重要度的电能质量扰动特征选择

由 OMFSTMM 提取的大量电能质量扰动时-频特征，一方面为深入刻画信号时-频特性，准确识别电能质量扰动信号提供了基础，但另一方面也造成提取特征的计算量过大，分类器的结构复杂、分类效率低等负面影响。因此，需要对原始特征集合全面开展特征选择以构建最优分类子集，在保证分类准确率的同时，以降低特征向量的维数。

采用 MATLAB 仿真生成信噪比为 20~50dB 之间随机值并且具有随机扰动参数的 12 类电能质量扰动信号，信号采样率为 5kHz，每种类型 500 组，用于训练 CART 分类器。在不考虑替代分裂和竞争分裂时，只涉及主变量，计算所有扰动特征的 Gini 重要度，结果见表 5-6。

表 5-6　电能质量扰动特征的 Gini 重要度排序

特征	Gini 重要度	排序
F_{35}	1500.00	1
F_{64}	1331.16	2
F_6	1000.00	3
F_1	500.00	4
F_{41}	500.00	5
F_{61}	489.58	6
其余特征	0	7

从表 5-6 可知，排在前 6 位的特征 Gini 重要度非 0；而划分样本集合的其余所有特征 Gini 重要度为 0。故原始特征集合的最优电能质量特征子集为 $\{F_{35}, F_{64}, F_6, F_1, F_{41}, F_{61}\}$。其中，$F_1$、$F_{61}$ 和 F_{64} 为时-频特征，F_6 为时域特征，F_{35} 和 F_{41} 为频域特征。由此可知，通过应用特征选择技术，可有效降低特征向量的维数。

为验证特征选择在提高电能质量信号识别效率方面的有效性，分别统计训练集和测试集特征选择前后的特征提取时间，实验所用计算机内存为 24GB，配置为英特尔 core i7 处理

器。实验过程中以训练集特征选择前67维特征提取总时间最大值为基准值，对各部分时间结果进行归一化处理，训练集和测试集特征选择前后特征提取效率对比实验结果如图5-9所示。

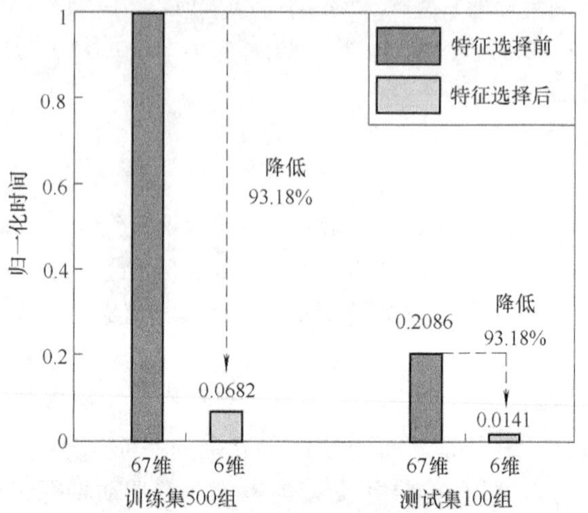

图5-9 训练集和测试集特征选择前后特征提取效率对比

由图5-9可知，特征维数相同时，500组训练集特征提取的时间约为100组测试集特征提取时间的5倍；此外，无论训练集还是测试集，特征选择前后特征向量的维数从67维减少至6维，特征提取总时间减少了93.18%。因此，通过特征选择去除原始特征集合中的冗余特征，不仅有效降低了特征提取时间，而且显著提高了整体电能质量扰动信号的识别效率，证明了特征选择环节对于提高电能质量扰动分类效率的有效性。

5.3.2 基于剪枝方法的最优决策树构建

基于CART算法的最优分类树的生成过程为：首先，采用自上而下、分而治之的停止阈值方法，其本质属于贪心算法；之后，采用基于代价复杂度的后剪枝方法，使获得的交叉验证相对误差与DT节点数均保持尽量小，从而确定剪枝的复杂性参数（Complexity parameter，CP)；最后，以该CP值作为阈值，对DT进行剪枝。由此，在简化分类器结构、降低复杂度的同时，可有效保持其分类准确率。

通过上述得知，为生成最优DT，需要进行“剪枝”，以降低DT复杂度。因此，剪枝为CART算法构建最优DT的重要环节[4,7]。

1. 计算树序列中各树的CP阈值

为获得树序列中各树对应的CP阈值，需要对DT复杂度进行评估，其代价复杂度函数定义为

$$R_{\beta}(T)=R(T)+\beta|N_T| \tag{5-11}$$

式中，$R_{\beta}(T)$ 值为树 T 的代价复杂度；$R(T)$ 为树 T 的误分类损失；β 为表示CP值的变量；$|N_T|$ 为DT的叶节点数。

函数 R 的自变量可以是一棵树，也可以是一个节点。以节点为函数 R 的自变量，于是则有

$$R_{\beta}(t)=R(t)+\beta \tag{5-12}$$

令 β 从0开始逐渐地增大，直至出现使表达式 $R_{\beta}(T)=R_{\beta}(t)$ 成立的节点，即 β 阈值最小所对应的节点，则剪枝得子树 T_2[$T_1=T(0)$，表示未剪枝树，即最大树 $T_{\max}$]，继续增大 β，并重复该过程，经过一系列的剪枝，直到只剩有一个根节点；从而得到子树序列 $T_h(h=1, 2, \cdots, l)$，h 为子树编号。当函数式（5-11）与函数式（5-12）相等，可得各次剪枝阈值，则树序列中各树剪枝阈值表达式为

$$\beta_h = \frac{R(t) - R(T_t)}{|N_{T_t}| - 1} \tag{5-13}$$

式中，$R(t)$ 为子树 T_t 被剪枝后节点 t 的误分类损失；$R(T_t)$ 为未剪枝时子树 T_t 的误分类损失。

2. 基于子树评估方法确定剪枝 CP

获得树序列以及树序列中各树对应的剪枝阈值 β_h 后，可通过子树评估方法，确定剪枝用的 CP 阈值，构建分类误差尽量小、节点数尽量少的最优 DT。

在子树评估过程中，采用交叉验证评估函数来评估 DT 的分类误差，交叉验证评估函数定义为

$$R_{cv}[T(\beta)] = \frac{1}{N} \sum_{i,j} c(i|j) N_{ij} \tag{5-14}$$

式中，$R_{cv}[T(\beta)]$ 为树 $T(\beta)$ 交叉验证的误分类损失（交叉验证相对误差）；$c(i \mid j)$ 为将第 j 类误分为第 i 类的代价；N 为训练的样本数；N_{ij} 为误分类的样本数。

对于交叉验证方法，首先将训练集 D 共划分为 V 个子集 $D_m(m=1, 2, \cdots, V)$，然后从 $D-D_m$ 中生成 V 个子树 T_m。令 $\beta'_h = \sqrt{\beta_h \beta_{h+1}}$，$T(\beta_h)$ 的真实误差以 $T_m(\beta'_h)$ 的平均值来衡量

$$R_{cv}[T(\beta_h)] = \frac{1}{V} \sum_{v=1}^{V} R_{cv}[T_m(\beta'_h)] \tag{5-15}$$

经循环交叉验证，可确定代价复杂度最小的子树 $T_w(\beta)$，其最小交叉验证相对误差结果为

$$R_{cv}[T_w(\beta)] = \min_h R_{cv}[T(\beta_h)] \tag{5-16}$$

在此基础上，通过构建 1-SE 规则函数求得相对于最小误差，可以接受的误差增加阈值为

$$\mathrm{SE}\{R_{cv}[T(\beta)]\} = \sqrt{\frac{R_{cv}[T(\beta)]\{1 - R_{cv}[T(\beta)]\}}{N_0}} \tag{5-17}$$

式中，N_0 为验证训练样本数。

由函数式（5-16）与函数式（5-17），确定的最优子树 $T_g(\beta)$ 误差应满足的约束关系表达式如下：

$$R_{cv}[T_w(\beta)] \leqslant R_{cv}[T_g(\beta)] \leqslant R_{cv}[T_w(\beta)] + \mathrm{SE}\{R_{cv}[T_w(\beta)]\} \tag{5-18}$$

采用上述理论，最终确定该规则的 CP(β) 值，在确定 CP 值的基础上，剪枝构建最优 DT。具体构建过程如下：

（1）保证 DT 节点数量和交叉验证相对误差达到平衡，即满足交叉验证相对误差在约束表达式（5-18）的范围内。

（2）满足上述约束条件后，在该范围内的子树序列中选择节点数量最少的树，以确定这些树所对应的 CP 值。

（3）由这些树对应的 CP 值作为剪枝阈值，对 DT 按顺序依次进行剪枝，从而获得用于电能质量扰动识别的最优 DT 分类器。

5.3.3 基于 CART 算法的电能质量扰动最优决策树构建

采用 CART 方法对含 6 种复合扰动在内的 12 类电能质量扰动训练得到的子树序列开展

分析，用交叉验证方法来检验剪枝过程中的分类能力，综合选择泛化分类能力好，节点数量少的树所对应的 CP 阈值，则基于交叉验证评估的 1-SE 规则子树评估方法确定 CP 的过程如图 5-10 所示。

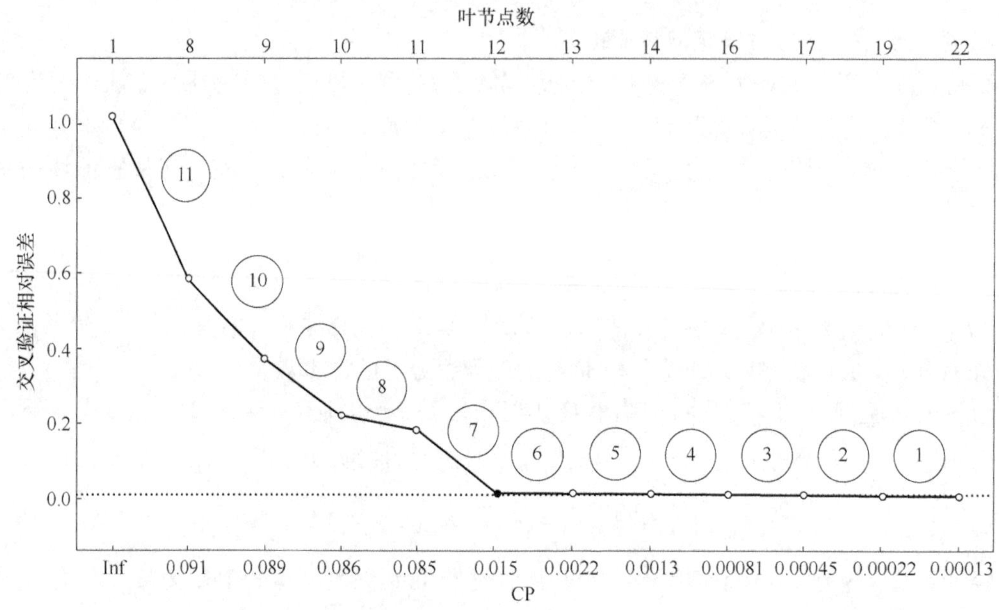

图 5-10　交叉验证结果

从图 5-10 可知，随着 CP 值的减小，树的复杂度增加，交叉验证相对误差将逐渐降低。图中，Inf 为无穷大，树的规模大小可用叶子节点数目来衡量，剪枝过程从 1~11 依次开展分析，总共 11 次修剪；叶节点数由初始 22 个减为 1 个。其中，虚线与折线的交点即为满足上述约束条件的平衡点，该交点所对应的交叉验证相对误差为 0. 018364，CP 为 0. 015，最终的叶节点数为 12 个。通过代价复杂度后剪枝方法剪枝以后，DT 分类器的叶节点数减少，结构复杂度明显降低。

剪枝前后用于电能质量扰动识别分析的 DT 结构如图 5-11 所示。根据以上分析，剪枝前 CP 值取 0. 00013，DT 结构如图 5-11a 所示。图 5-11a 采用模糊规则表现分类树的分类过程，即将 DT 描述为采用 IF-THEN 形式的分类器。分类开始时，将电能质量扰动信号的所有类别都默认为 C_1；在 DT 的训练过程中，根据不同的模糊规则：如 IF $F_1<0.53$ THEN C_1；IF $F_1\geqslant 0.53$ THEN C_{11}等，逐步识别各电能质量扰动的种类；之后，根据图 5-10 中 1~6 过程确定的 CP 值，即分别为 0. 00022、0. 00045、0. 00081、0. 0013、0. 0022 和 0. 015，依次进行 DT 剪枝，最终获得的最优 DT 结构如图 5-11b 所示，其中 1~6 不同灰度区域为与该剪枝过程相对应的需要剪枝区域。

从图 5-11 可知，按次序对 DT 的剪枝过程中，叶节点数由开始的 22 个依次减少为 19 个、17 个、16 个、14 个、13 个和 12 个，与图 5-10 中剪枝过程叶节点数的变化相一致。此外，剪枝前 DT 的深度为 11，剪枝后最终最优 DT 的深度为 6。由此可知，将 DT 中冗余的部分剪枝后，分类树的规模显著降低，在简化 DT 分类器结构的同时，提高了电能质量扰动分类的效率。

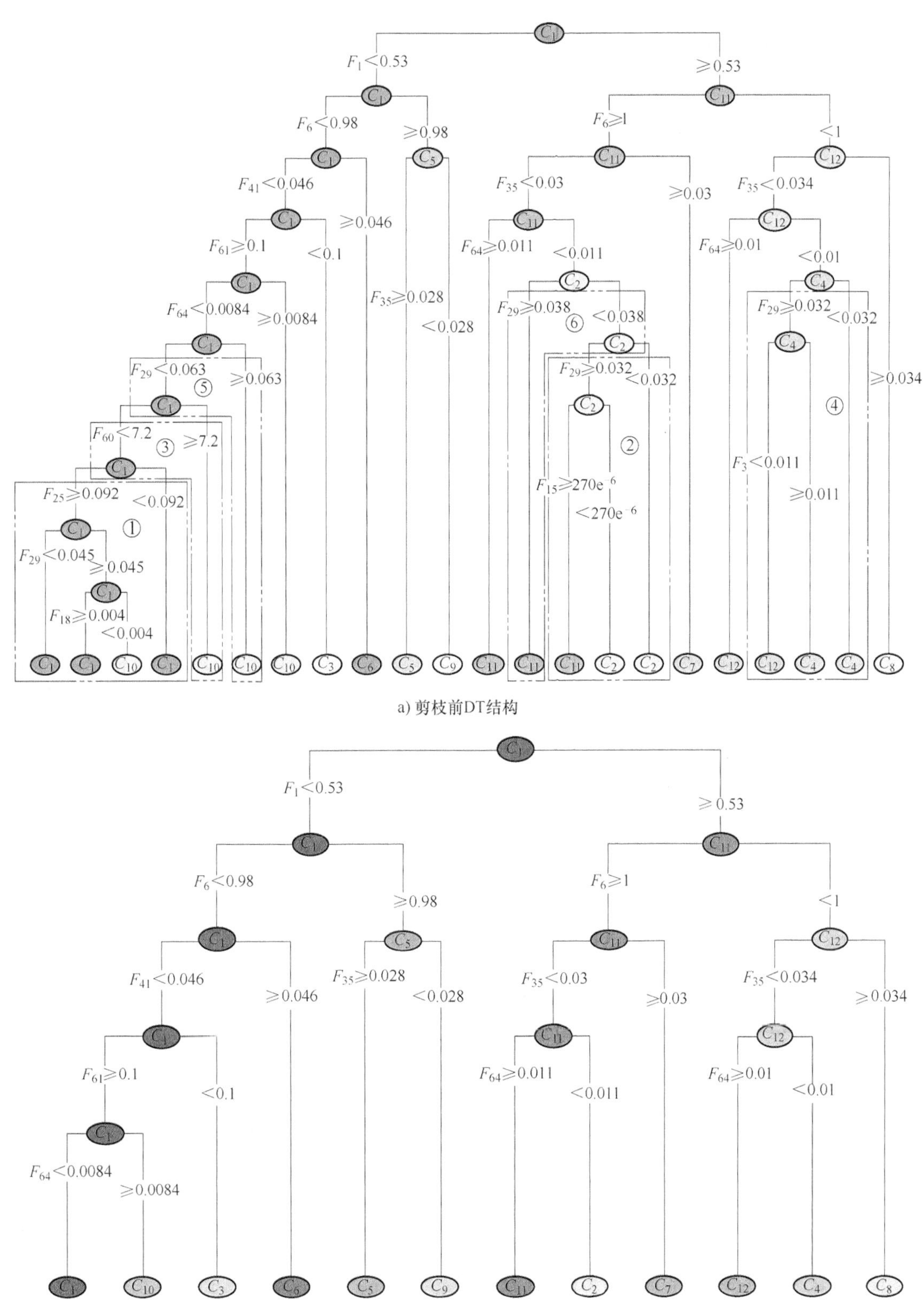

图 5-11　剪枝前后电能质量扰动信号的 DT 分类器结构

5.3.4 电能质量扰动识别实验流程

本章中，电能质量扰动信号的识别实验过程如图 5-12 所示，具体包括：

（1）仿真生成电能质量扰动信号，针对扰动信号的基频与扰动所在的中、高频频域范围开展 OMFST 处理，在时-频特性分析和频域分割的基础上提取 67 种电能质量扰动特征，构成原始特征集合。

（2）输入电能质量扰动特征，计算每个特征的 Gini 重要度，选择 Gini 重要度最高的特征作为根节点的分类特征，并对随后的各子节点递归重复该过程，直至 DT 停止生长。

（3）通过代价复杂度后剪枝方法，以回溯方式剪枝去掉冗余特征，输出最优特征子集和最优 DT 分类器，用于识别电能质量扰动信号。

（4）输入电能质量扰动测试集合，采用最优 DT 分类器分别对仿真信号数据和实测信号数据进行识别，以输出最终分类结果。

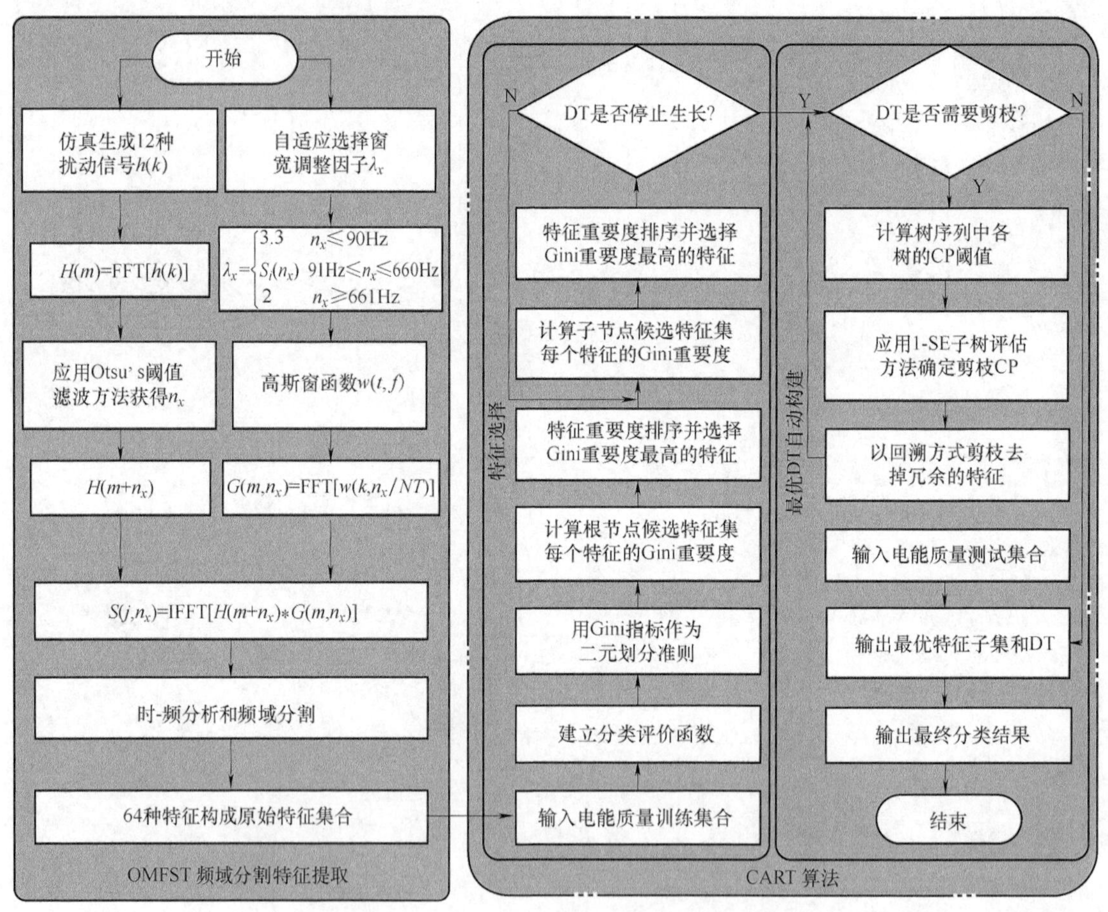

图 5-12 电能质量信号扰动识别实验流程图

5.3.5 仿真实验分析

1. 分类效果分析

采用图 5-11b 最优 DT 结构的模糊规则（分支条件），作为散点图与特征分类性能分析的理论依据。图 5-13 展示了在 SNR 为 50dB 下最优特征子集 $\{F_{35}, F_{64}, F_6, F_1, F_{41}, F_{61}\}$ 的分类能力。

结合图 5-11b 与图 5-13a 可知，除 C_{10}与 C_1存在极少的样本交叉外，其他类型都能够清晰地分开。如模糊规则：IF $F_{41}<0.046$ THEN C_1，IF $F_{41}>0.046$ THEN C_6，能够将 C_1与 C_6明确划分。结合图 5-11b 与图 5-13b 可知，C_1、C_5、C_9 和 C_{11}都能被 F_1、F_6和 F_{35}完全分开，不存在样本交叉，分类效果较好。结合图 5-11b 与图 5-13c 可知，C_{11}和 C_2、C_{12}和 C_4中个别样本存在交叉，其他类型也都能够清晰地分开。综上特征分类能力散点图分析可知，最优特征子集 $\{F_{35}, F_{64}, F_6, F_1, F_{41}, F_{61}\}$ 的分类能力较强，能够准确识别各种电能质量扰动类型。

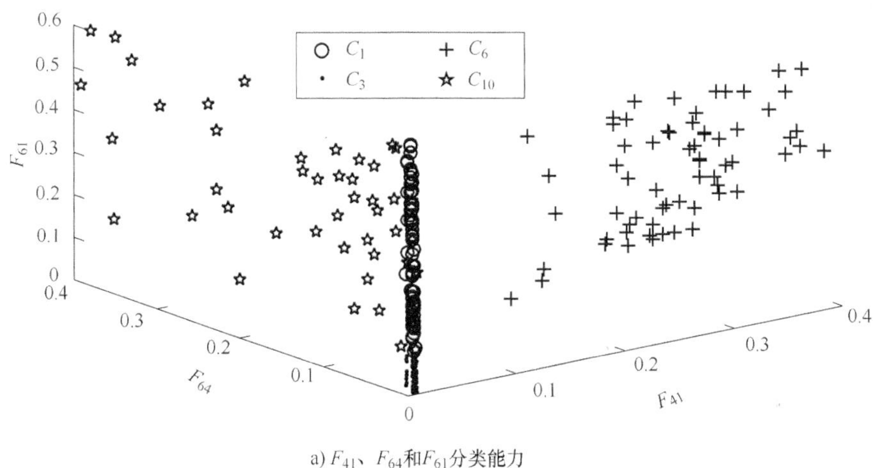

a) F_{41}、F_{64}和F_{61}分类能力

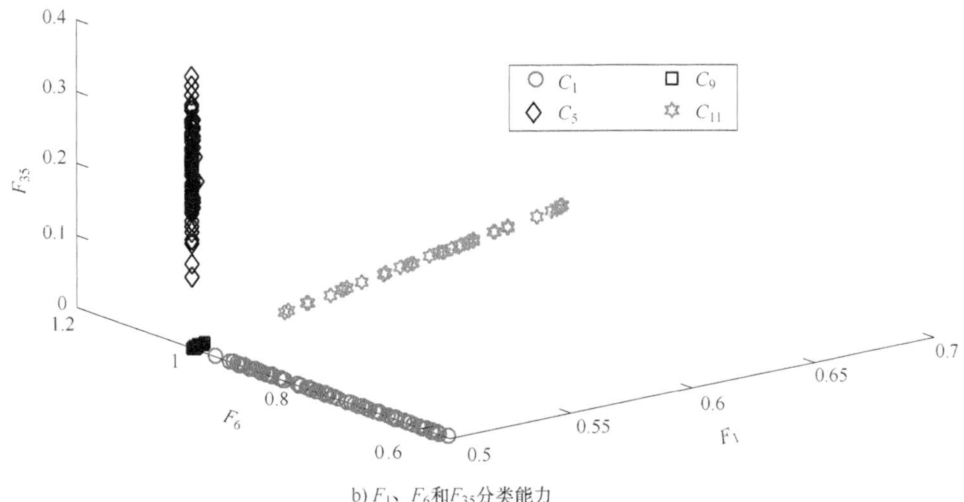

b) F_1、F_6和F_{35}分类能力

图 5-13　最优电能质量特征子集分类能力散点图（见插页）

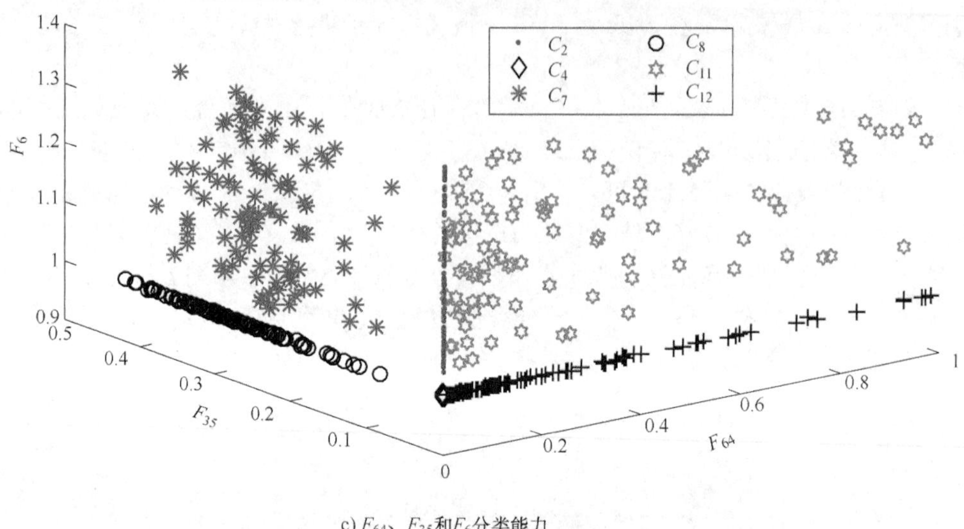

c) F_{64}、F_{35}和F_6分类能力

图 5-13　最优电能质量特征子集分类能力散点图（续）(见插页)

2. 信号处理方法对准确率和效率的影响

采用 MATLAB 仿真分别生成具有随机参数且信噪比分别为 50dB、40dB、30dB、20dB（特定噪声）和 20~50dB（随机噪声）的电能质量扰动信号，信号采样率为 5kHz，每类 100 组，用于验证如图 5-11b 所示最优 DT 的分类准确率。不同噪声环境下 OMFST 与 FST[8] 实验的比较结果见表 5-7。此外，表 5-9 进一步给出了高噪声环境下信噪比为 20dB 时，采用方法对各个电能质量扰动信号具体的分类结果。

表 5-7　不同噪声环境下 OMFST 与 FST 分类准确率比较

扰动类型	分类准确率（%）									
	特定噪声								随机噪声	
	50dB		40dB		30dB		20dB		20~50dB	
信号处理方法	OMFST	FST	OMFST	FST	OMFST	FST	OMFST	FST	OMFST	FST
C_1	99	98	100	98	98	95	72	69	99	97
C_2	100	99	100	99	100	98	78	77	100	98
C_3	100	100	100	99	99	98	79	77	99	99
C_4	100	99	100	98	100	97	77	75	100	100
C_5	100	100	100	100	100	100	100	96	100	100
C_6	100	100	100	100	100	100	100	98	100	100
C_7	100	100	100	100	100	100	100	95	100	100
C_8	100	100	100	100	100	100	100	94	100	100
C_9	100	98	100	98	100	98	100	93	100	99

（续）

扰动类型	分类准确率（%）									
	特定噪声								随机噪声	
	50dB		40dB		30dB		20dB		20～50dB	
信号处理方法	OMFST	FST	OMFST	FST	OMFST	FST	OMFST	FST	OMFST	FST
C_{10}	91	89	91	88	91	87	95	85	92	89
C_{11}	98	95	96	92	98	90	99	86	97	94
C_{12}	99	96	99	95	97	93	98	89	97	95
平均准确率（%）	98.92	97.83	98.83	97.25	98.58	96.33	91.50	86.17	98.67	97.58

由表 5-7 可知，本方法在不同噪声环境下均保持了较高的识别准确率，分类准确率优于 FST，能够满足不同噪声环境下的分类需求。结合表 5-8 可知，由于训练采用随机噪声和扰动参数的电能质量扰动信号，以随机噪声下综合分类准确率最高为 DT 构建原则，因此，在高噪声环境时，其噪声导致个别信号特征超过限值而被容易误识别为包含该信号的复合扰动信号是正常的。如 C_1～C_4 在 20dB 时分类准确率稍有降低，其中，C_1 错误识别为 C_{10}、C_2 错误识别为 C_{11}、C_3 错误识别为 C_{10}、C_4 错误识别为 C_{12}。此外，与本方法理论分析一致，OMFST 在低频、中频和高频分别使用不同的窗宽因子 λ 值，复合扰动识别准确率更高。

表 5-8　高噪声信噪比 20dB 时 OMFST 分类结果

类别	C_1	C_2	C_3	C_4	C_5	C_6	C_7	C_8	C_9	C_{10}	C_{11}	C_{12}	准确率（%）
C_1	72	0	0	0	0	0	0	0	0	28	0	0	72
C_2	0	78	0	0	0	0	0	0	0	0	22	0	78
C_3	9	0	79	0	0	0	0	0	0	12	0	0	79
C_4	0	0	0	77	0	0	0	0	0	0	0	23	77
C_5	0	0	0	0	100	0	0	0	0	0	0	0	100
C_6	0	0	0	0	0	100	0	0	0	0	0	0	100
C_7	0	0	0	0	0	0	100	0	0	0	0	0	100
C_8	0	0	0	0	0	0	0	100	0	0	0	0	100
C_9	0	0	0	0	0	0	0	0	100	0	0	0	100
C_{10}	5	0	0	0	0	0	0	0	0	95	0	0	95
C_{11}	0	1	0	0	0	0	0	0	0	0	99	0	99
C_{12}	0	0	0	2	0	0	0	0	0	0	0	98	98
平均准确率（%）：91.50													

以高噪声环境下（信噪比为 20dB）为例开展不同信号处理方法的运算效率分析，采用 OMFST 与 ST 数学变换方法分别处理 100 组采样率为 5kHz 的电压暂降（C_1）、谐波（C_5）、谐波+暂降（C_6）、暂态振荡（C_9）和暂降+振荡（C_{10}）电能质量扰动信号，其运算时间的对比结果如图 5-14 所示。

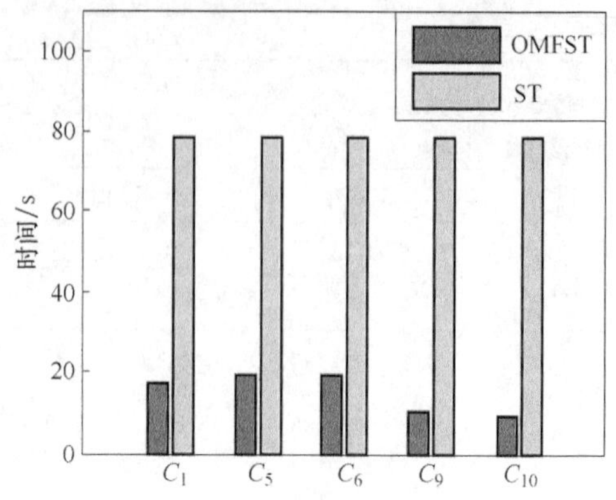

图 5-14 不同信号处理方法 OMFST 和 ST 的运算效率对比

从图 5-14 可知，电压暂降（C_1）、谐波（C_5）、谐波+暂降（C_6）、暂态振荡（C_9）和暂降+振荡（C_{10}）电能质量扰动信号的 OMFST 运算时间均低于 ST。此外，暂态振荡及其复合扰动的运算时间差更大，下降的更显著。出现这种现象是由于振荡成分在高频 700Hz 以上部分，而在 20dB 高噪声环境下，高频部分受噪声干扰比较严重，经过 OMFST 的 Otsu's 阈值滤波处理后，部分噪声成分会被消除，矩阵中为 0 的频率点不需要对其进行 IFFT 运算，高频中仅对保留的振荡成分所对应的主要频率点进行 IFFT 运算。综上分析可知，OMFST 的运算效率明显高于 ST，可更好满足电能质量监测系统实时性要求较高的场合。

3. 不同分类器分类准确率的比较

为了进一步验证本方法的有效性和抗噪性，以及探究特征选择对分类性能的影响。表 5-9 比较本方法与基于 PNN、ELM、SVM 的分类器在不同的噪声环境下，采用本章特征选择方法进行特征选择前后的分类准确率。信号采样率为 5kHz，特征选择前，分类器的维度为 67；特征选择后，特征维度为 6。特征选择使各分类器的特征输入维度显著降低，从而降低了特征计算量与 DT 构建的复杂度。各对比方法输入特征向量与最优 DT 分类器方法相同。PNN 分类器中，平滑参数设置方法参考文献［9］设置；ELM 分类器中，隐含层神经元数和激活函数设置方法参考文献［10］设置；SVM 分类器中，RBF 核函数和正则化参数设置方法参考文献［11］设置，而分类器的具体参数则根据本章的训练集进行设置。

表 5-9 不同分类器分类准确率比较

分类器	是否进行特征选择	分类准确率（%）				
		特定噪声				随机噪声
		50dB	40dB	30dB	20dB	20~50dB
最优 DT	是	98.92	98.83	98.58	91.50	98.67
PNN	是	95.37	95.19	95.06	89.65	95.21
	否	94.58	94.34	94.20	84.19	94.33
ELM	是	96.34	95.97	95.09	89.68	96.22
	否	95.79	95.41	94.73	85.92	95.58
SVM	是	96.56	96.35	95.12	89.76	96.46
	否	95.83	95.58	95.04	86.50	95.52

由表 5-9 可知，本方法在不同噪声环境下分类准确率均高于 PNN、ELM 和 SVM 分类器识别方法，在高噪声（SNR 为 20dB）时，最优 DT 分类器识别准确率比 PNN 分类器高 1.85%，比其他两个分类器分别高 1.82% 和 1.74%，在随机噪声（SNR 为 20～50dB）时，最优 DT 分类器识别准确率比 PNN 分类器高 3.46%，比其他两个分类器分别高 2.45% 和 2.21%，验证了本方法分类的有效性与抗噪性。此外，特征选择后各种分类器的准确率均有所上升，显示本章特征选择方法不仅降低了电能质量特征计算量与分类器结构复杂度，同时，还能够有效提高对扰动信号的分类准确率。

5.3.6　实测实验分析

为了验证本方法对实测信号的识别能力，采用国外某电网 2006 年 11 月间 952 组实测单相电能质量信号开展识别[12]。信号采样率为 50kHz，并对电能质量扰动信号电压幅值进行归一化处理。以相同采样频率及样本长度的随机参数仿真信号训练，并生成最优 DT 开展识别，验证本方法的实际分类效果。原始识别类型和本方法识别类型的实测数据实验识别结果见表 5-10。

表 5-10　实测数据的识别结果

原识别类型[12]	本方法识别类型
电压暂降 25 组	电压闪变 1 组，谐波 10 组，电压暂降 10 组，暂降+振荡 1 组，谐波+暂降 1 组，谐波+暂升 2 组
电压中断 5 组	电压中断 5 组
暂态振荡 910 组	暂态振荡 910 组
未知类型 12 组	暂态振荡 2 组，电压暂降 6 组，暂降+振荡 4 组

由表 5-10 可知，本方法能够有效识别国外电网的实测信号。其中，原识别类型为暂态振荡和电压中断的信号，本方法的识别结果与原电能质量扰动分类系统相同。电压暂降信号中，由于部分样本电压暂降幅度未达到 IEEE 标准定义的 0.1pu，因此，识别为电压闪变和谐波；同时分析出了 1 组信号中的振荡成分和 1 组信号中的谐波成分；此外，还识别出 2 组暂降成分未达到 0.1pu，但存在 0.1pu 以上暂升成分的谐波+暂升信号。在未知类型样本中，本方法能够有效识别出各个扰动信号的类型。综上可知，本方法符合相关标准，对微弱畸变扰动识别更加细致，相较参考文献［12］方法，具有更强的复合扰动信号分析能力。此外，本方法可以满足不同环境下扰动分析需要，在不同采样率下都能够构建最优 DT，而且具有良好的分类效果，证明了本方法的可应用性。

5.4　本 章 小 结

电能质量扰动识别技术，能够为供电企业有效改善和治理电能质量问题提供一定的决策参考和技术支持，带来巨大且可观的经济效益。本章提出一种基于频域分割与局部特征选择的电能质量分析技术研究方法，开展有效特征提取工作，确定最优特征集合，自动构建最优 DT 分类器，以降低识别的复杂度。本方法不仅能够有效提高复合扰动的识别能力，解决现有扰动识别方法难以在实际工程中得到应用的问题，而且能够进一步促进暂态识别技术在电能质量监测与诊断、继电保护等领域的应用，对于完成全球能源互联网的构建，增强我国智能电网安全稳定运行能力、保障电力安全传输具有重要的现实意义。本章完成的主要工作和创新点包括以下部分：

（1）针对工程上实测电能质量信号采样率较大，ST 难以实时处理的问题，提出采用 OMFST 信号处理方法。OMFST 兼具多分辨率广义 S 变换和快速 S 变换的优点，扰动识别的准确率及效率较高。根据峭度-误差分析在不同频域范围内使用不同的窗宽因子，提高了扰动特征的表现能力，满足复合扰动中不同扰动成分的分析需求。此外，通过 Otsu's 阈值滤波，仅保留原始信号 FFT 后部分频域变换结果进行 IFFT，在很大程度上降低了 ST 算法的复杂度和矩阵的存储内存，从而降低了对硬件设备的限制，并缩短了信号处理的时间。

（2）针对电能质量扰动识别过程中特征提取这一关键环节，开展了基于时-频特性分析和频域分割的特征提取方法，在分割的不同频域范围内提取相应的特征构成原始特征集合，降低特征提取计算量，进一步提高复合扰动的识别能力。

（3）设计了基于 Gini 重要度分析的扰动特征选择方法。在构建 DT 的过程中，计算 DT 各节点分类特征的 Gini 指数，并对上述结果进行降序排序，选出最优特征子集，并自动完成特征选择工作。在降低特征计算量、简化分类器复杂度的同时，有效提高了分类的效率和准确率。特征选择技术不仅有利于扰动类型的识别，而且有利于提升扰动识别的速率，从而实现对电能质量的实时监控、治理。

（4）建立了基于 CART 算法的最优 DT 自动构建方法。不同识别目标下，人工构建 DT 分类器的难度很大，且缺少最优 DT 自动构建方法，在一定程度上限制了 DT 分类器在扰动识别领域的应用。首先，计算树序列中各树的 CP 阈值；然后，采用基于交叉验证评估的 1-SE 规则子树评估方法确定剪枝 CP，通过基于代价复杂度的后剪枝方法，优化 DT 结构，以自动构建最优 DT，在降低 DT 结构复杂度的同时，保证了分类的准确率。在不同噪声水平的实际应用场景下均具有良好的电能质量扰动识别能力。

通过仿真和实测实验证明了本方法的有效性与实用性，能够有效提高供电质量，保障用电安全，有助于解决电能质量问题给工业企业和居民用户带来的经济损失。

参考文献

[1] 黄南天，袁翀，张卫辉，等. 采用最优多分辨率快速 S 变换的电能质量分析 [J]. 仪器仪表学报，2015，36（10）：2174-2183.

[2] HASHEMINEJAD S，ESMAEILI S，JAZEBI S. Power Quality Disturbance Classification Using S-transform and Hidden Markov Model [J]. Electric Machines & Power Systems，2012，40（10）：1160-1182.

[3] ERISTI H，YILDINM O，ERISTI B，et al. Optimal feature selection for classification of the power quality events using wavelet transform and least squares support vector machines [J]. International Journal of Electrical Power & Energy Systems，2013，49（49）：95-103.

[4] BREIMAN L I，FRIEDMAN J H，OLSHEN R A，et al. Classification and Regression Trees（CART） [J]. Biometrics，1984，40，17-23.

[5] LERMAN R I，YITZHAKI S. A note on the calculation and interpretation of the Gini index [J]. Economics Letters，1984，15（3）：363-368.

[6] 尚文倩，黄厚宽，刘玉玲，等. 文本分类中基于基尼指数的特征选择算法研究 [J]. 计算机研究与发

展，2006，43（10）：1688-1694.

[7] BERNABEU E E，THORP J S，CENTENO V. Methodology for a Security/Dependability Adaptive Protection Scheme Based on Data Mining [J]. IEEE Transactions on Power Delivery，2012，27（1）：104-111.

[8] BISWAL M，DASH P K. Detection and characterization of multiple power quality disturbances with a fast S-transform and decision tree based classifier [J]. Digital Signal Processing，2013，23（4）：1071-1083.

[9] HUANG N，XU D，LIU X，et al. Power quality disturbances classification based on S-transform and probabilistic neural network [J]. Neurocomputing，2012，98（18）：12-23.

[10] ERISTI H，DEMIR Y. Automatic classification of power quality events and disturbances using wavelet transform and support vector machines [J]. Iet Generation Transmission & Distribution，2012，6（10）：968-976.

[11] ERISTI H，YILDINM O，ERISTI B，et al. Automatic recognition system of underlying causes of power quality disturbances based on S-Transform and Extreme Learning Machine [J]. International Journal of Electrical Power & Energy Systems，2014，61：553-562.

[12] RADIL T，RAMOS P M，JANEIRO F M，et al. PQ monitoring system for real-time detection and classification of disturbances in a single-phase power system [J]. IEEE Transactions on Instrumentation and Measurement，2008，57（8）：1725-1733.

第 6 章　采用特征增强技术与随机森林的电能质量分析技术研究

针对现有电能质量扰动信号识别中存在的信号处理效率低、信息存储空间大等问题，本章采用了一种处理信号效率高、占用数据存储空间小的电能质量扰动识别方法。为了提高单类电能质量扰动的信号处理效率，以 9 种单类扰动信号为分析对象，提出一种基于图像特征增强技术的单类电能质量扰动特征提取方法。首先，将电能质量信号转换为灰度图像；其次，使用伽马校正、边缘检测与峰谷检测 3 种特征增强方法对灰度图像特征进行增强，得到二值图像；最后，对二值图像提取扰动特征，构建原始特征集合。获得原始特征集合之后，为了去除冗余特征，采用基于特征基尼重要度分析与序列前向搜索（Sequential Forward Selection，SFS）的特征选择方法。首先，计算原始特征集合中所有特征的基尼重要度，得到重要度排序；其次，以特征重要度降序排序为依据，使用 SFS 计算每个子特征集合下的分类准确率；最后，综合考虑特征维数和准确率，确定最优特征子集。使用最优特征子集训练随机森林分类器，对扰动信号进行识别。在随机森林分类器构建过程中，以泛化误差最小为目标，使用贝叶斯优化算法对分类器参数进行寻优。最后以最优分类器进行电能质量扰动识别，输出识别结果。采用葡萄牙某配电网实测电能质量信号证明了本章本方法在实际工业应用中的有效性[1]。

6.1　基于特征增强技术的单类电能质量扰动特征提取

6.1.1　电能质量扰动信号灰度变换原理

根据各类电能质量扰动信号的数学模型，本章以包括标准电压信号在内的 9 种常见单类电能质量扰动信号为分析对象，提出一种基于图像特征增强技术的电能质量扰动特征提取方法。研究中，使用 MATLAB 仿真生成电能质量扰动信号。其中，信号采样率为 6.4kHz，基频为 50Hz。同时，为了保证仿真信号的可靠性与真实性，各扰动信号起始时间、幅值、振荡频率等均在标准范围内随机生成，同时添加信噪比在 20～50dB 之间的高斯白噪声。本章所分析的电能质量扰动类型及对应标号见表 6-1。

表 6-1　本章分析的单类电能质量扰动类型及对应标号

扰动信号类型	分类标签	扰动信号类型	分类标签
电压暂降	C_1	暂态振荡	C_5
电压暂升	C_2	谐波	C_6
电压中断	C_3	电压切痕	C_7
电压闪变	C_4	电压尖峰	C_8

8 种单一电能质量扰动信号原始波形如图 6-1 所示。

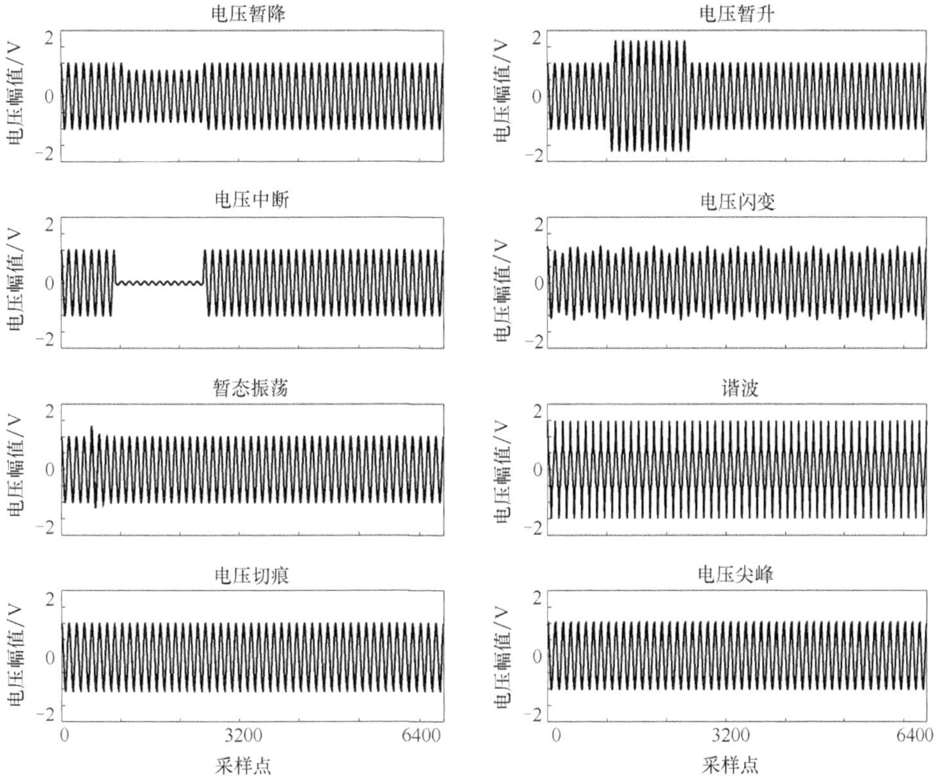

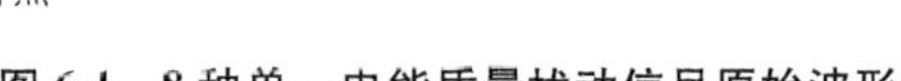

图 6-1　8 种单一电能质量扰动信号原始波形

灰度图像的实质是一组取值在一定强度范围内的数据，每个像素的值代表其强度。在灰度图像中，像素值的取值范围为 0~255，其中强度 0 代表黑色，强度 255 代表白色。将原始电能质量扰动信号按照以下规则转换为二维图像[2]

$$f:\ \Re^1 \longrightarrow [0,255]^1 \tag{6-1}$$

将原始电能质量扰动信号的波形进行采样，采样后的每个采样点对应于灰度图像的一个像素，通过归一化处理，采样点取值为 0~255。图 6-2 为标准电能质量信号原始波形及其灰度图像。

由图 6-2 可知，标准电能质量信号转化为灰度图像后，其灰度变换均匀，无突变。如果

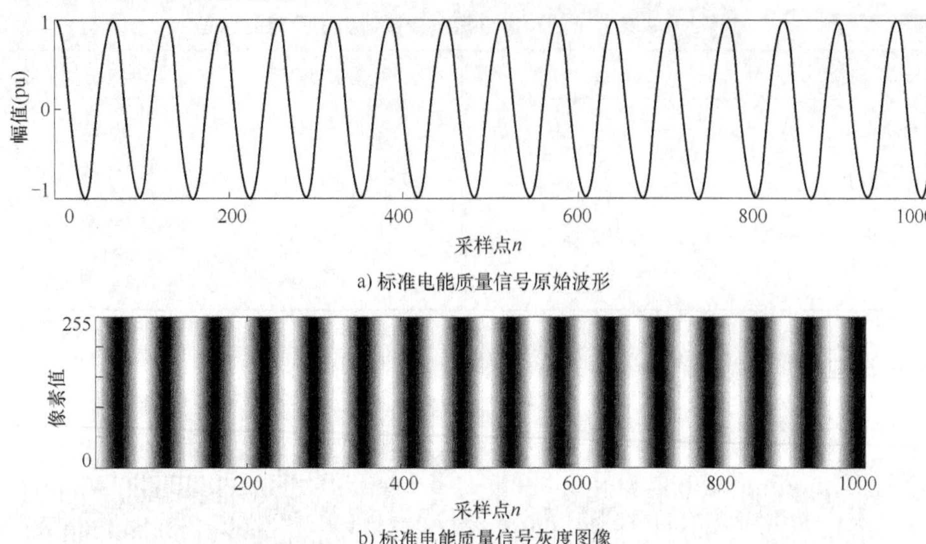

a) 标准电能质量信号原始波形

b) 标准电能质量信号灰度图像

图 6-2 标准电能质量信号原始波形及灰度图像

在正常电压信号中出现扰动成分，则在其灰度图像中可以发现明显的灰度变化。这也是采用图像处理方法对电能质量扰动信号进行识别的基础。为了进一步突出扰动特征，采用图像增强技术，进一步突出信号的扰动成分。常用的特征增强技术有伽马校正、边缘检测和峰谷检测等。

6.1.2 图像特征增强技术

1. 伽马校正

伽马校正[3]又称为指数变换，是一种线性灰度变换。伽马校正的实质是对各像素值进行非线性调整。其表达式为

$$S = (c\gamma)^{\gamma} \tag{6-2}$$

式（6-2）中，c 和 γ 均为正常数。γ 是图像灰度校正中非常重要的一个参数，称为伽马参数。γ 的取值不同，则伽马校正对低灰度区域与和高灰度区域的对比度增强效果就不同，即 γ 的取值决定了是对低灰度区域进行增强还是高灰度区域进行增强。$\gamma > 1$ 的值所生成的曲线与 $\gamma < 1$ 的值所生成的曲线的效果完全相反。其中：$\gamma > 1$ 时，增强图像的高灰度区域对比度；$\gamma < 1$ 时，增强图像的低灰度区域对比度；$\gamma = 1$ 时，原图像的对比度不发生变化。

采用伽马校正所得图像仍为灰度图。采用最大类间方差法选取最优阈值，将灰度图像转换为二值图像，进一步突出扰动信号畸变特征。二值图像表示一个逻辑数组，其取值只有 0 和 1 两种情况。0 显示为黑，1 显示为白。设灰度图像灰度级是 L，则灰度范围为 $[0,\ L-1]$，利用最大类间方差算法计算图像的最佳阈值公式如下：

$$t = \max\{w_0(t) * [u_0(t) - u]^2 + w_1(t) * [u_1(t) - u]^2]\} \tag{6-3}$$

式（6-3）中，当分割的阈值为 t 时，w_0 为背景比例，u_0 为背景均值，w_1 为前景比例，u_1 为前景均值，u 为整幅图像的均值。使以上表达式值最大的 t 即为分割图像的最佳阈值。

图 6-3 与图 6-4 分别表示标准电能质量信号在 γ 取不同值时，对信号进行伽马校正后得到的灰度图，以及使用最大类间方差法得到最优阈值后的二值图。

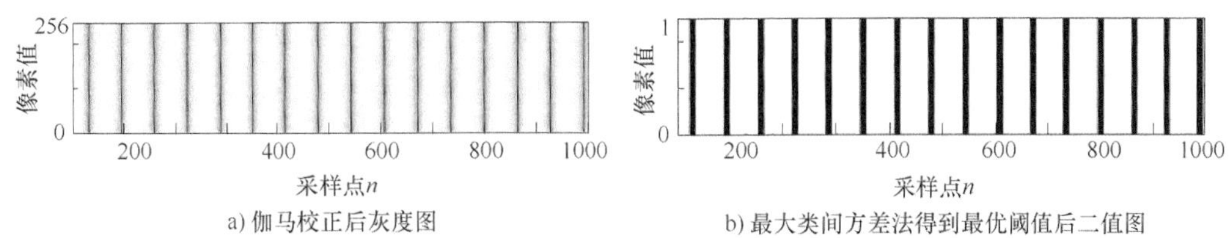

a) 伽马校正后灰度图　　b) 最大类间方差法得到最优阈值后二值图

图 6-3　标准电能质量信号在 $\gamma=0.125$ 时经伽马校正后所得灰度图像及二值图像

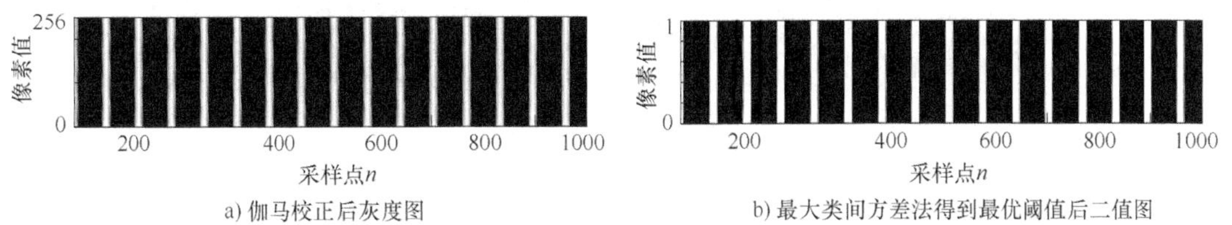

a) 伽马校正后灰度图　　b) 最大类间方差法得到最优阈值后二值图

图 6-4　标准电能质量信号在 $\gamma=8$ 时经伽马校正后所得灰度图像及二值图像

2. 边缘检测

图像中局部强度变化最显著的区域称为图像边缘。边缘检测的目的是去除原始图像中的冗余信息，保留相对重要的图像特征用于识别图像边缘，以减少数据量。边缘检测算法的实质就是采用某种算法来提取出图像中对象与背景间的交界线。本章采用为 Canny 边缘算子[4]，其误判率较低、定位精度较高、并且可以抑制虚假边缘。

Canny 边缘算子的实现步骤：

(1) 使用高斯滤波器对需要处理的图像进行平滑滤波，以去除噪声、平滑图像。该过程可表示为

$$J = I \otimes G \tag{6-4}$$

式中，G 为梯度强度；I 为待平滑的图像；J 为平滑后的图像。

(2) 计算平滑图像 J 中各个像素点的梯度方向和幅值。该过程可表示为

$$\nabla J = (J_x, J_y) = \left(\frac{\partial J}{\partial x}, \frac{\partial J}{\partial y}\right) \tag{6-5}$$

式中，J_x 和 J_y 分别表示平滑图像 J 在 x 、y 方向上的梯度。

梯度的方向和幅值分别由式 (6-6) 和式 (6-7) 所示：

$$|\nabla J| = \sqrt{J_x^2 + J_y^2} \tag{6-6}$$

$$\theta = \arctan\left(\frac{|J_y|}{|J_x|}\right) \tag{6-7}$$

(3) 通过保存梯度图像所有的极大值，同时删除其他的非极大值，实现非极大值抑制，从而将梯度图像中模糊的边缘转化为较清晰的边缘。

(4) 在经过非极大值抑制后，图像中的实际边缘可以被剩余的像素更加准确地表示出来，然而，由于噪声的影响，这些像素中仍然存在一些边缘像素。因此，Canny 边缘算子使用双阈值法确定实际边缘。当边缘像素的梯度值比高阈值还高时，则被标记为强边缘像素；当边缘像素的梯度值在高阈值与低阈值之间时，则被标记为弱边缘像素；当边缘像素的梯度值比低阈值还低时，就会受到抑制。

（5）通过抑制孤立低阈值点，从而确定经以上步骤所得到的弱边缘像素是否是从真实边缘中提取出来的。对弱边缘像素及其周围的 8 个像素进行观察，当这些像素中存在至少一个强边缘像素时，就可以认定这些弱边缘像素为真实的边缘。图 6-5 所示为标准电能质量信号经 Canny 边缘检测后所得二值图。

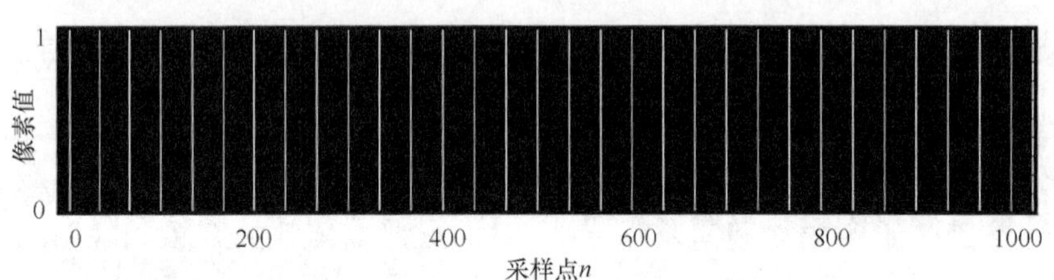

图 6-5　标准电能质量信号经 Canny 边缘检测后所得二值图

3. 峰谷检测

将扰动信号的灰度图像看作三维图像，即 x 轴和 y 轴分别表示像素的位置，z 轴表示像素强度。其中灰度值较高的位置和灰度值较低的位置相当于地形图中的山峰和低谷[5]。如图 6-6 所示，通过用灰度图中不同区域的强度，显示扰动信号中的局部极大极小值，从而反应电能质量扰动信号中幅值的变化情况。因此，峰谷检测对电压暂降、暂升以及中断等扰动成分具有较好的检测效果。

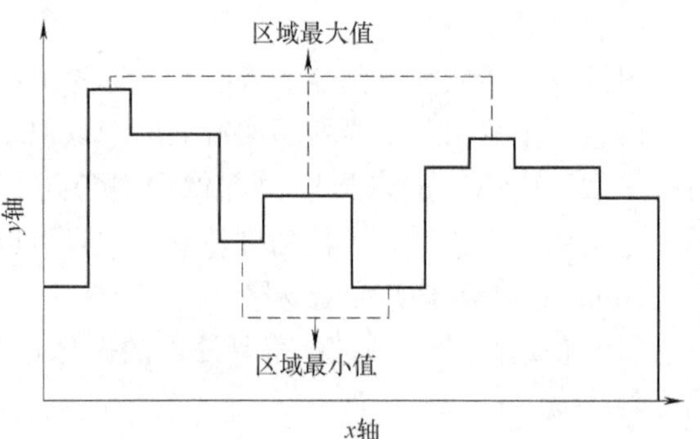

图 6-6　灰度图像中极大极小值示意图

标准电能质量信号经峰谷检测后所得二值图如图 6-7 所示。

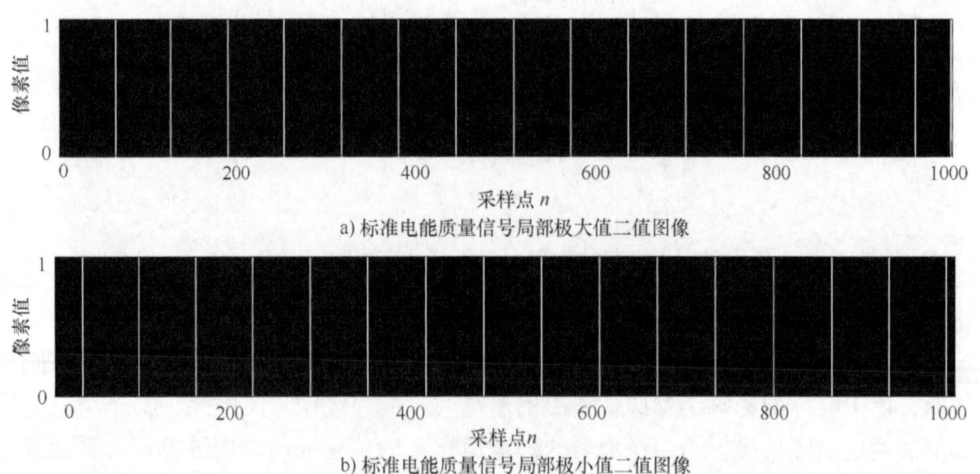

a) 标准电能质量信号局部极大值二值图像

b) 标准电能质量信号局部极小值二值图像

图 6-7　标准电能质量信号经峰谷检测后的二值图像

6.1.3 仿真实验分析

基于图像特征增强技术的电能质量扰动特征提取方法实现过程如图 6-8 所示。

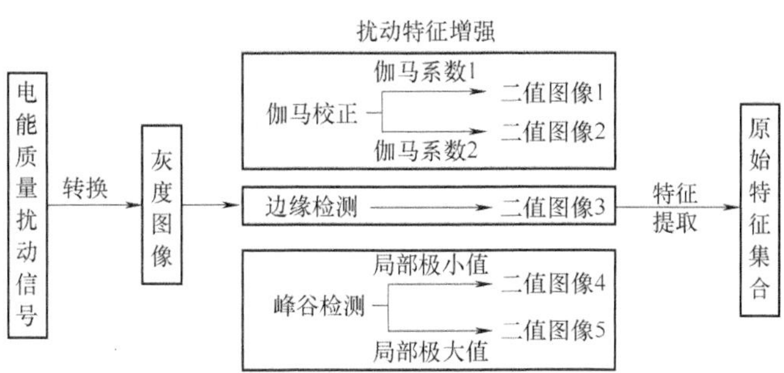

图 6-8　原始特征集合构建过程

1. 基于图像处理技术的电能质量扰动信号处理

为了从电能质量扰动信号中提取可反映各类扰动特点的有效特征，首先将各类扰动信号转换为二维灰度图像；之后，使用伽马校正、峰谷检测与边缘检测 3 类图强增强方法分别对灰度图像中的扰动特征进行增强，得到扰动信号的二值图像。8 类扰动信号原始波形及其灰度图像如图 6-9 所示，由图分析可知，灰度图像可反映不同扰动类型的信号特征。其中：暂降、中断信号扰动区域的灰度强度相对于正常区域较暗；暂升信号中扰动区域的灰度强度相对于正常区域较亮；闪变信号中扰动区域条纹亮度会发生周期性变化；暂态振荡信号扰动区域细条纹数量较多且条纹间距离较近；谐波信号中条纹相对于正常信号较细；切痕信号中在扰动发生时会出现明显细、暗条纹；尖峰信号在扰动发生时会出现明显的细、亮条纹。不同扰动类型的灰度图像中反应呈现的特点可作为扰动分类的依据。

在获得扰动信号灰度图像之后，为了进一步突出各类扰动信号的特点，采用伽马校正、边缘检测、峰谷检测 3 类图像增强技术对灰度图像进行增强，并转化为扰动信号的二值图像。扰动信号图像增强后的二值图像分别如图 6-10～图 6-12 所示。

如图 6-10 所示，伽马变换过程中，由于 γ 参数的取值范围不同，对原始灰度图像的增强部分也不相同。当 $\gamma > 1$ 时，增强图像高灰度区域的对比度；当 $\gamma < 1$ 时，增强图像低灰度区域的对比度。为了全面刻画扰动特征，分别选取参数值 $\gamma = 0.125$ 与 $\gamma = 8$ 对灰度图像进行增强。

观察由不同图像增强方法所得二值图像可知，由于各种图像增强方法的原理各异，因此对各类扰动信号的增强效果也不同。伽马校正方法适用于电压暂降、暂升、闪变等扰动信号；峰谷检测方法对电压中断、尖峰、切痕等扰动信号具有较好的特征增强效果；边缘检测方法对暂态振荡信号特征增强效果较好。考虑到在电能质量扰动识别的实际工程应用中各类扰动类型的未知性，为了全面分析未知扰动的特征，本方法在特征提取之前，使用以上三种图像增强方法同时对各类扰动信号进行处理。在此基础上，对所得二值图像提取扰动特征，构建信息丰富的原始特征集合。

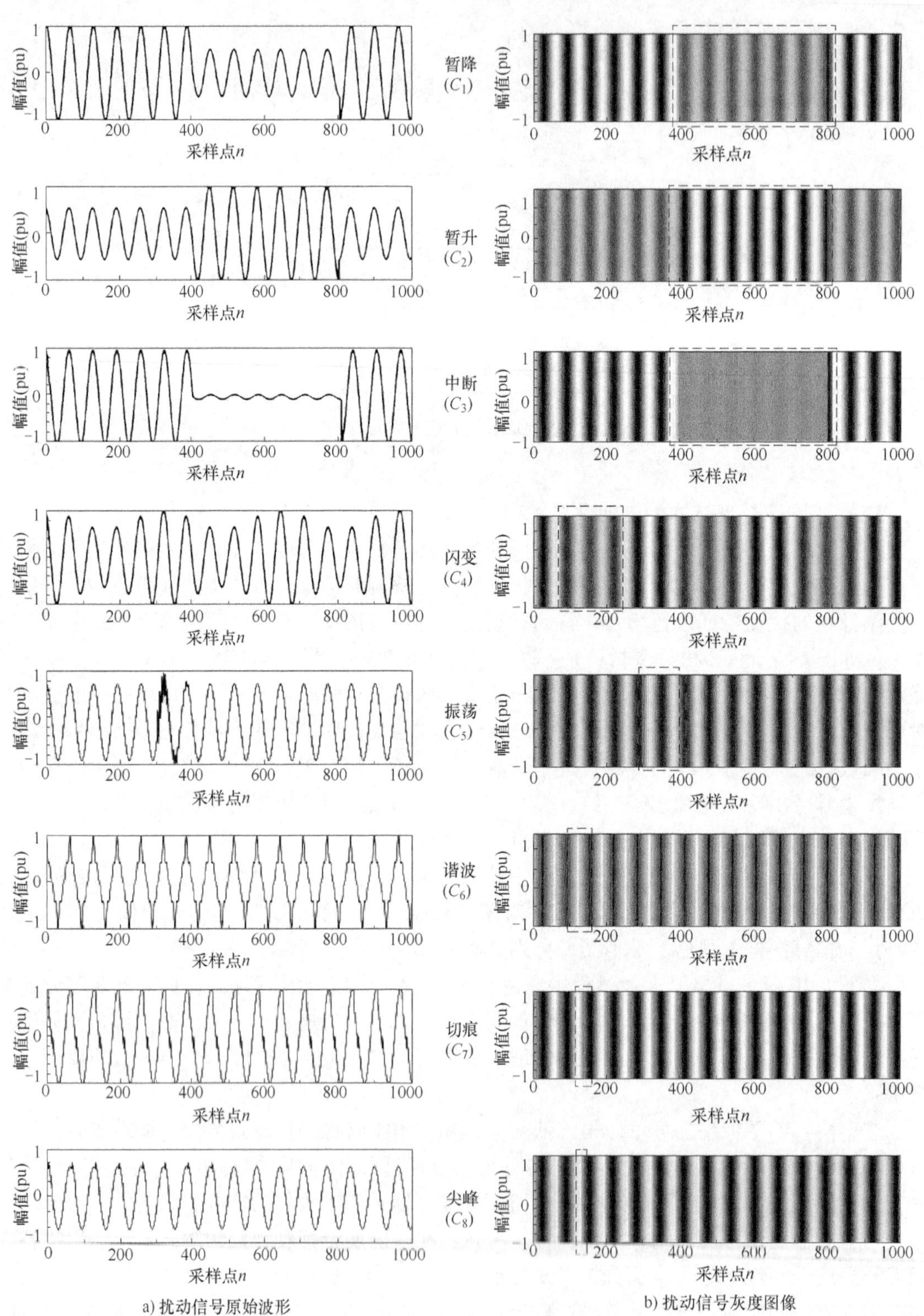

图 6-9　扰动信号原始波形及其灰度图像

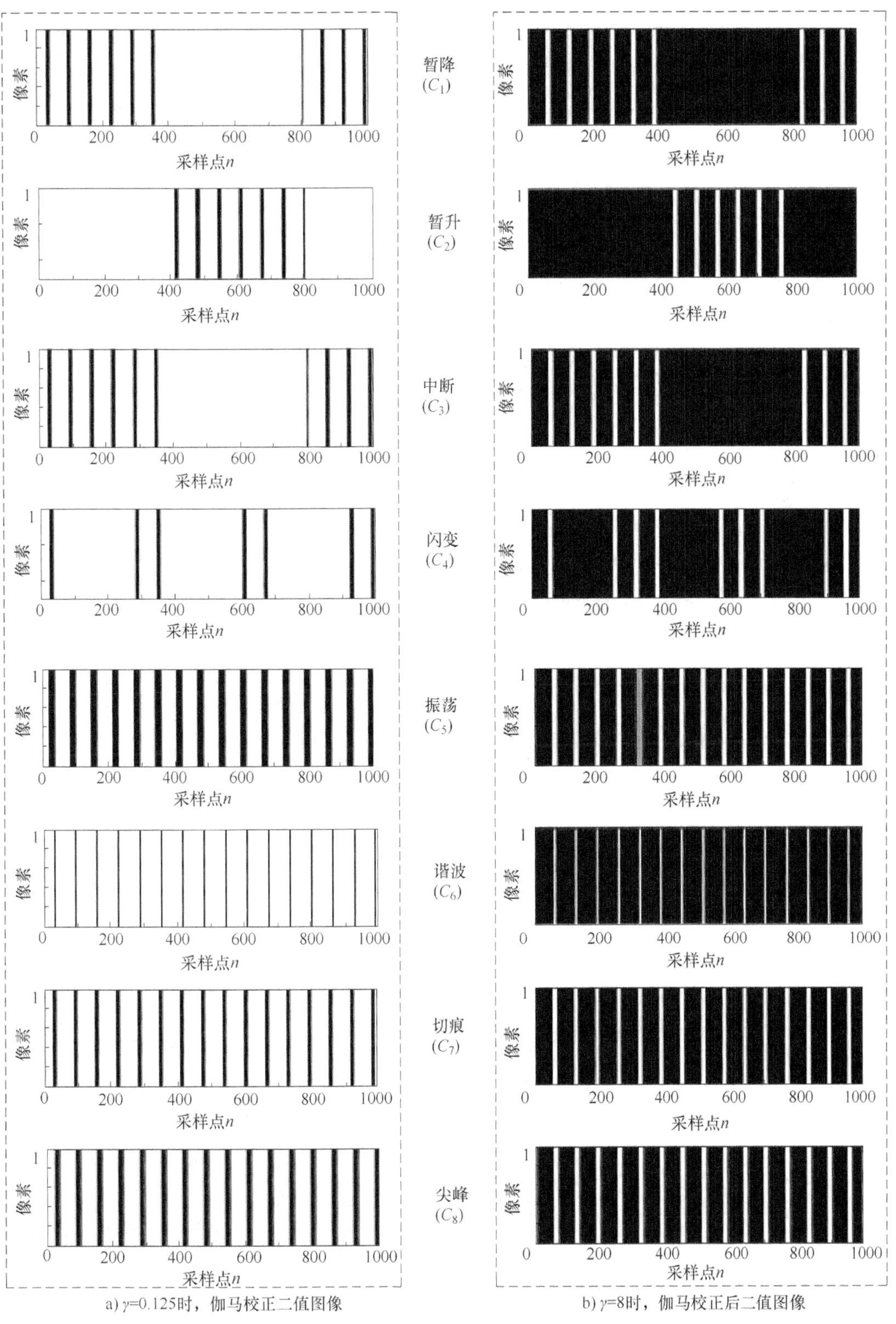

a) γ=0.125时，伽马校正二值图像　　b) γ=8时，伽马校正后二值图像

图 6-10　扰动信号经伽马校正由最大类间方差法确定最优阈值后所得二值图像

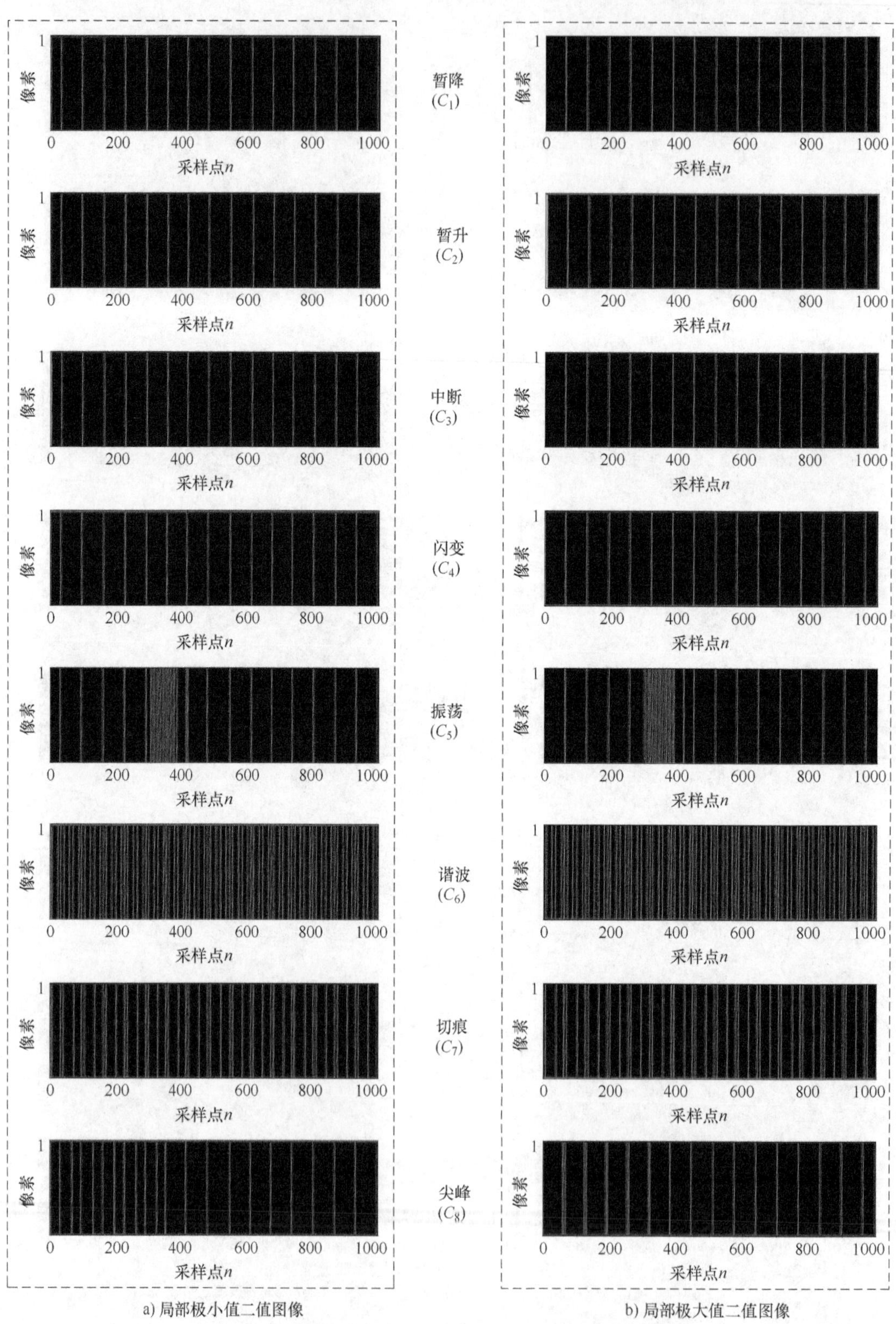

a) 局部极小值二值图像

b) 局部极大值二值图像

图 6-11　8 类扰动信号经峰谷检测处理后所得二值图像

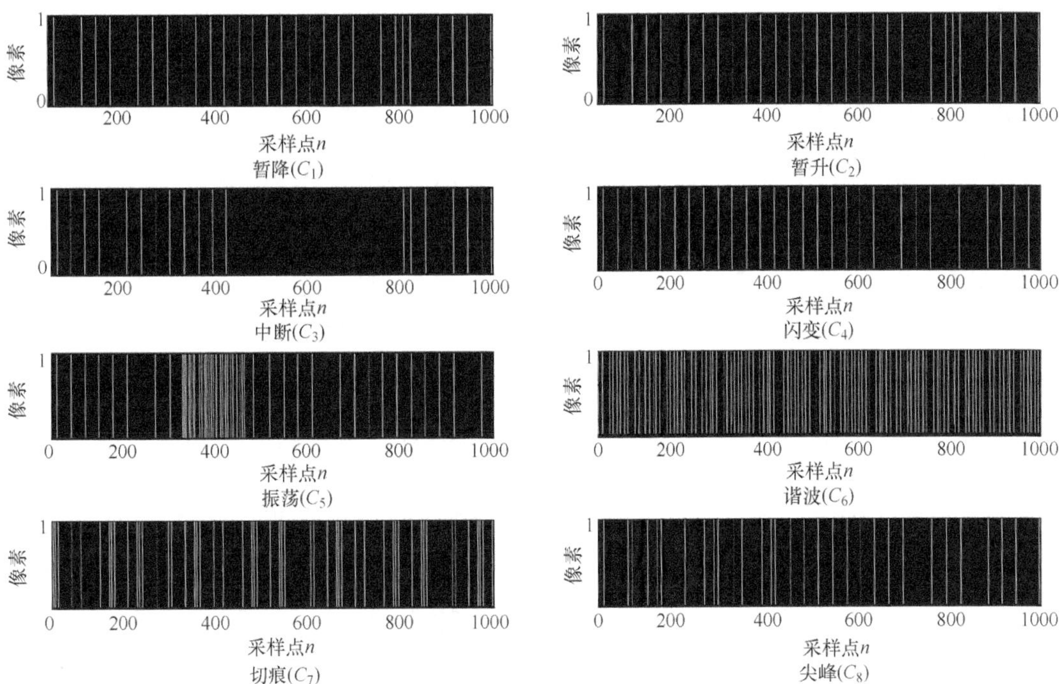

图 6-12　8 类扰动信号经边缘检测处理后所得二值图

2. 电能质量扰动信号特征提取

参考文献［6］，计算二值图像的面积与欧拉数构成特征向量。此外又引入角二阶矩、对比度、相关性、均值、方差、逆差矩、熵等特征，共同构建原始特征集合。各特征表达式如下，其中，L 为二值图像中灰度级数目，$P(m,n)$ 为第 m 行、第 n 列的灰度值。

角二阶矩

$$\beta = \sum_{m=0}^{L-1}\sum_{n=0}^{L-1}P(m,n)^2 \tag{6-8}$$

对比度

$$\alpha = \sum_{t=0}^{L-1}t^2\left\{\sum_{m=0}^{L-1}\sum_{n=0}^{L-1}P(m,n)\right\} \tag{6-9}$$

式中，t 为灰度级。

相关性

$$G = \sum_{m=0}^{L-1}\sum_{n=0}^{L-1}\frac{mnP(m,n) - \mu_1\mu_2}{\sigma_1^2\sigma_2^2} \tag{6-10}$$

式中，μ_1 与 μ_2 为均值；σ_1 与 σ_2为方差。

其表达式分别为 $\mu_1 = \sum_{m=0}^{L-1}m\sum_{n=0}^{L-1}P(m,n)$；$\mu_2 = \sum_{m=0}^{L-1}n\sum_{n=0}^{L-1}P(m,n)$；$\sigma_1 = \sum_{m=0}^{L-1}(m-\mu_1)^2\sum_{n=0}^{L-1}P(m,n)$；$\sigma_2 = \sum_{m=0}^{L-1}(m-\mu_2)^2\sum_{n=0}^{L-1}P(m,n)$。

均值

$$E = \sum_{m=0}^{L-1}\sum_{n=0}^{L-1} mP(m,n) \tag{6-11}$$

方差

$$\sigma = \sum_{m=0}^{L-1}\sum_{n=0}^{L-1} (m-\mu)^2 P(m,n) \tag{6-12}$$

式中，μ 为 $P(m,n)$ 的均值。

逆差矩

$$I = \sum_{m=0}^{L-1}\sum_{n=0}^{L-1} \frac{P(m,n)}{1+(m-n)^2} \tag{6-13}$$

熵

$$\text{Entropy} = \sum_{m=0}^{L-1}\sum_{n=0}^{L-1} P(m,n)\log[P(m,n)] \tag{6-14}$$

根据以上特征计算方法，对3种图像增强方法所确定的5类二值图像（伽马校正方法分别在 $\gamma=0.125$ 与 $\gamma=8$ 下所得2类二值图像、峰谷检测方法所得局部极小值、极大值等2类二值图像，边缘检测方法所得二值图像）均提取9种统计特征，由此构成45维的原始特征集合。各特征取见表6-2。

表6-2　原始特征集合取值原则

特征类别	伽马校正		边缘检测		峰谷检测
	二值图像1	二值图像2	二值图像3	二值图像4	二值图像5
面积	F_1	F_2	F_3	F_4	F_5
欧拉数	F_6	F_7	F_8	F_9	F_{10}
角二阶矩	F_{11}	F_{12}	F_{13}	F_{14}	F_{15}
对比度	F_{16}	F_{17}	F_{18}	F_{19}	F_{20}
相关性	F_{21}	F_{22}	F_{23}	F_{24}	F_{25}
均值	F_{26}	F_{27}	F_{28}	F_{29}	F_{30}
方差	F_{31}	F_{32}	F_{33}	F_{34}	F_{35}
逆差矩	F_{36}	F_{37}	F_{38}	F_{39}	F_{40}
熵	F_{41}	F_{42}	F_{43}	F_{44}	F_{45}

相较于ST、经验模态分解（Empirical Mode Decomposition，EMD）等信号处理方法，在此采用的伽马校正、边缘检测与峰谷检测图像处理方法具有更好的信号处理效率。图6-13为各方法在不同信号采样率时处理信号所需时间。其中，本文新方法的处理时间为灰度变换、伽马校正、边缘检测和峰谷检测时间的总和。实验所用计算机内存为16GB，配置英特尔 core i5 处理器。实验结果如图6-13所示。

由图6-13可知，在采样率为3200Hz与5000Hz时，本方法灰度变换时间与三种图像增强方法时间总和略高于EMD方法。但是，随着信号采样率的升高，本方法信号处理时间无明显增加。相比之下，EMD方法与ST方法的信号处理时间随着信号采样率的升高而明显增加。在高采样率下，本方法信号处理用时远低于EMD方法与ST方法。因此，本方法能适应

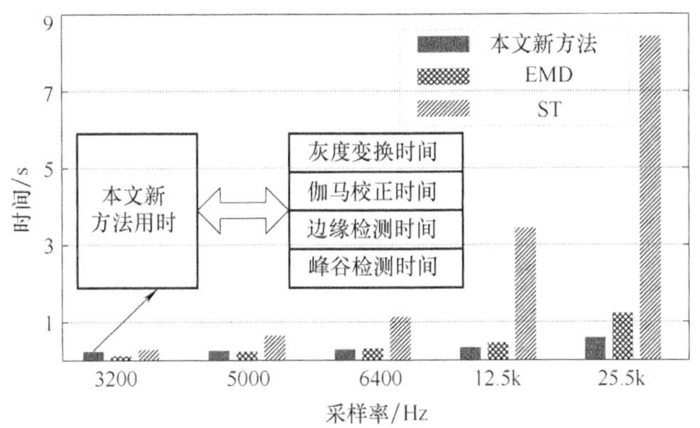

图 6-13　不同方法信号处理效率对比

高采样率信号的处理，相较于 EMD 与 ST 方法可更好满足现有电能质量扰动信号的实时分析需求。

6.2　基于随机森林的单类电能质量扰动特征选择与识别

6.2.1　基于贝叶斯优化的随机森林分类器构建

1. 随机森林分类理论

随机森林（Random Forest，RF）[7]将 DT 与集成学习结合，构成新型分类器集合：

$$\{h(x,\Theta_k),k=1,L\} \tag{6-15}$$

式中，$h(x,\ \Theta_k)$ 是由 CART 算法生成的分类决策树元分类器；x 是输入向量；k 为元分类器个数；Θ_k 是独立同分布的随机向量。

RF 在各 DT 不同节点产生随机特征子集，并选择分类效果最好的特征作为分类特征，再汇总不同 DT 的分类结论实现准确分类。

给定分类器集合 $H(x)=\{h_1(x),\ h_2(x),\ \cdots,\ h_k(x)\}$，每一个分类器的训练集都是从原始数据集（$X$，$Y$）中随机抽取所得。余量函数（Margin function）定义为

$$\mathrm{mg}(X,Y)=av_k I[h_k(X)=Y]-\max_{j\neq Y} av_k I[h_k(X)=j] \tag{6-16}$$

式中，$I(\cdot)$ 为示性函数；$av_k(\cdot)$ 表示取平均值；Y 为正确分类的向量；j 为不正确分类的向量。

式（6-16）中，$\mathrm{mg}(X,\ Y)$ 函数值越大，分类性能越优秀，置信度越高。由此，得到用于评估分类器分类能力的泛化误差 PE^*

$$\mathrm{PE}^*=P_{X,Y}[\mathrm{mg}(X,Y)<0] \tag{6-17}$$

式中，X，Y 表示定义空间。

RF 的分类流程如下：

（1）从原始特征集合 N 中有放回地随机抽取 n 个样本构成自助样本集，重复 k 次。

（2）训练过程中，从特征空间 M 中随机选择扰动特征作为非叶子节点分裂候选特征，用每个候选特征分割节点并选择分割效果最好的特征作为该节点分割特征。重复这一过程直至每棵树的非叶子节点都分类完成，结束训练过程。

（3）分类时，对每个元分类器分类结果采用多数投票法，确定最优分类结果。

2. 基于贝叶斯优化的随机森林

传统 RF 内部参数随机设置，影响了 RF 的分类稳定性。为提高 RF 分类准确率稳定性，使用贝叶斯优化算法（Bayesian Optimization Algorithm，BOA）[8] 寻找 RF 最优参数，构建 BOA-RF 分类器。

以最小叶子数（minLS）和各节点候选特征数（numPTS）为 BOA 寻优对象，寻优范围为 $1 \leqslant \min LS \leqslant L$，$1 \leqslant \mathrm{num}PTS \leqslant T$。其中，$L$ 的值设为 10，T 为特征子集维数。以泛化误差最小为目标，求得最优解（minLS^*，numPTS^*），并判定优化过程中种群内解的优劣。BOA 优化 RF 参数的步骤为

在参数 minLS 和 numPTS 取值范围内，采用均匀分布产生初始种群；以泛化误差最小为判别尺度，在初始种群中选取优秀的解构成候选解；

从候选解中提取信息，构造贝叶斯网络，根据联合分布概率产生新的子代；

以泛化误差最小为判别尺度，用子代的解代替部分父辈中适应度低的解，形成新的种群；

重复执行（2）和（3）步骤，直到种群适应度无明显提高，选择当前适应度最好的解作为最优解。

贝叶斯网络的联合概率分布表示为

$$P(X) = P(X_1, X_2, \cdots, X_n) = \prod_{i=1}^{n} P(X_i \mid \Pi_i) \tag{6-18}$$

式中，X 是由种群组成的向量；Π_i 是 X_i 父辈的集合；$P(X_i \mid \Pi_i)$ 是 X_i 在给定父辈 Π_i 下的条件概率。

经 BOA 优化后，可进一步提高 RF 分类准确率稳定性。

6.2.2 基于 Gini 重要度分析的电能质量扰动特征选择

1. 特征 Gini 重要度计算原理

Gini 指数[9]是一种节点不纯度的度量方式。假设 S 是含有 s 个样本的数据集，可分成 n 类，s_i 表示第 i 类包含的样本数（$i = 1, 2, \cdots, n$），则集合 S 的 Gini 指数为

$$\mathrm{Gini}(S) = 1 - \sum_{i=1}^{n} P_i^2 \tag{6-19}$$

式（6-19）中，$P_i = s_i/s$，表示任意样本属于第 i 类的概率。当 S 中只包含一类时，其 Gini 指数为 0；当 S 中所有类别均匀分布时，Gini 指数取最大值。将 S 分为 m 个子集（s_j，$j = 1, 2, \cdots, m$），则 S 的 Gini 指数为

$$\mathrm{Gini}_{\mathrm{split}}(S) = \sum_{j=1}^{m} \frac{s_i}{s} \mathrm{Gini}(S_j) \tag{6-20}$$

式中，s_i 为集合 S_j 中样本数。

由式（6-20）可知，具有最小 $\mathrm{Gini}_{\mathrm{split}}$ 值的特征划分效果最好。

计算特征的 Gini 重要度过程为：首先，计算候选特征子集中每一个特征分割该节点后的 $\mathrm{Gini}_{\mathrm{split}}$ 值，并用分割节点前节点的 Gini 指数减去该值，得到特征的“Gini Importance”，即 Gini 重要度；之后，选择 Gini 重要度最大的特征作为该节点的分割特征。在 RF 构建完成后，把同一特征所有 Gini 重要度线性叠加并降序排序，即可得所有特征的重要度排序。

2. SFS

计算获得特征 Gini 重要度后，可建立基于 Gini 重要度与 RF 的 SFS 方法。首先，按照特征重要度降序排序，将特征依次加入已选特征集合 Q 中；每加入一个特征，用更新后的 Q 重新训练 BOA-RF 分类器，并记录分类准确率，重复以上过程直至所有特征都加入到 Q 中；最后，综合考虑分类准确率和已选特征个数，确定最优特征子集。特征选择过程中，训练集与测试集样本含有随机噪声成分，以保证特征选择结果适用于不同噪声水平的扰动分类需求。

6.2.3　仿真实验分析

将电能质量扰动过程进行仿真实验，具体过程如图 6-14 所示。

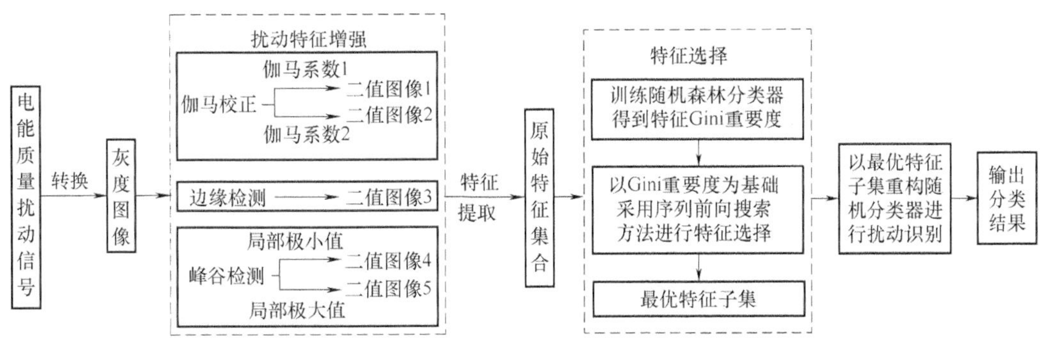

图 6-14　单类电能质量扰动识别过程

1. 特征选择与特征分类能力分析

在获得原始特征集合之后，使用原始特征集合训练 RF 分类器，由此得到所有特征的 Gini 重要度。以特征 Gini 重要度为依据，采用 SFS 进行特征选择，确定最优特征子集。首先，仿真生成信噪比为 20~50dB 之间、具有随机参数的扰动信号每类各 600 组，作为训练集合，用于训练 RF 分类器。同时，在相同环境下仿真生成每类信号各 200 组作为验证集，用于完成特征选择工作。之后，训练 RF 分类器，计算原始特征集合中各特征 Gini 重要度。按照重要度从大到小的顺序依次将各特征加入特征子集 Q 中，并记录此时在 Q 下的 RF 分类准确率。最后，综合考虑特征重要度和特征维数，确定最优特征子集[10]。

特征选择过程中，使用 BOA 对不同特征子集下建立的 RF 分类器参数分别寻优。图 6-15 表示特征子集为 10 维时的参数优化过程。由图 6-15 可知，随机参数下 RF 泛化误差最大值在 0.015 以上，通过 BOA 优化后，使得分类器泛化误差最小，最终得到最小值为 0.0101。

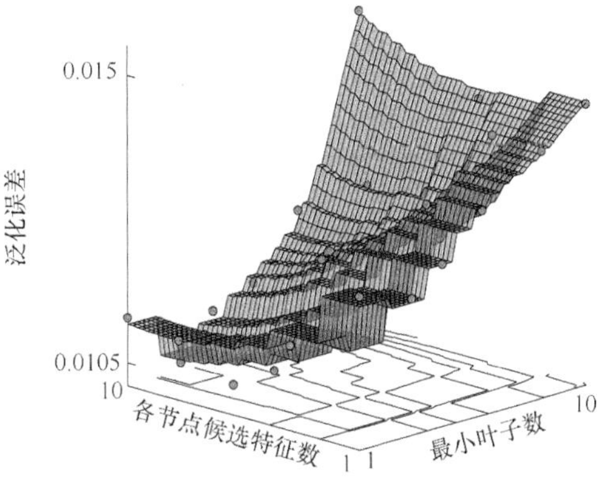

图 6-15　10 维特征子集时 RF 参数优化过程

特征 Gini 重要度降序排序以及各特征子集下分类准确率如图 6-16 所示。

分析图中折线图可知，在特征选择过程中，当特征维数为 15 维时，分类准确率达到最

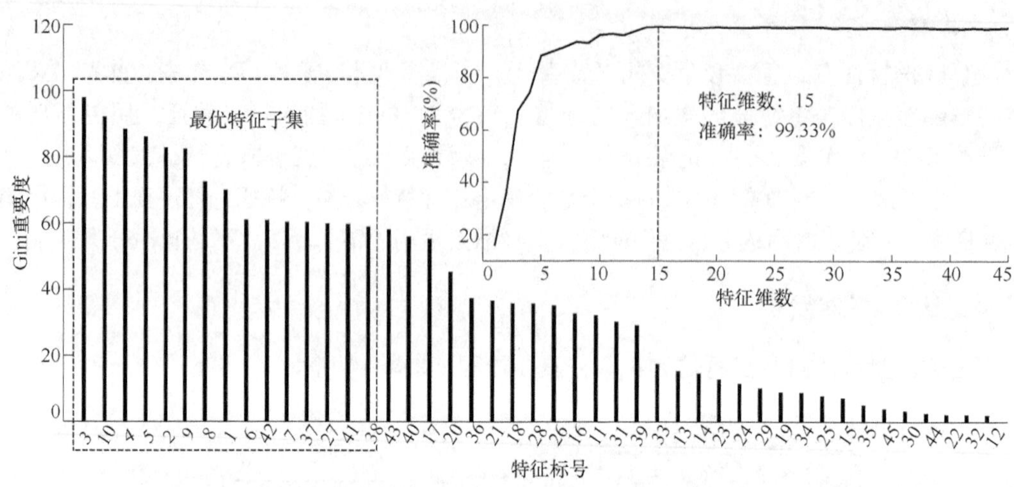

图 6-16 基于特征 Gini 重要度与 SFS 的特征选择过程（各序号对应特征参见表 6-2）

高值 99. 33%。在加入剩余特征之后，分类准确率波动不明显。在保证良好的分类准确率的前提下，减少特征维数可有效提高特征提取与分类效率、简化分类器结构。因此，综合考虑分类准确率与特征维数，本方法确定特征 Gini 重要度降序排序中的前 15 维特征为最优特征子集。最优特征子集为［F_3 F_{10} F_4 F_5 F_2 F_9 F_8 F_1 F_6 F_{42} F_7 F_{37} F_{27} F_{41} F_{38}］（各特征命名参见表 6-2）。

验证集在最优特征子集下的分类准确率见表 6-3。

表 6-3 本方法分类准确率（特征维数为 15，SNR 为 20~50dB）

扰动类别	C_0	C_1	C_2	C_3	C_4	C_5	C_6	C_7	C_8	准确率
C_0	199	0	0	0	0	1	0	0	0	99. 5%
C_1	0	197	0	3	0	0	0	0	0	98. 5%
C_2	0	0	200	0	0	0	0	0	0	100. 0%
C_3	1	3	0	196	0	0	0	0	0	98. 0%
C_4	0	0	0	0	200	0	0	0	0	100%
C_5	0	0	0	0	0	200	0	0	0	100. 0%
C_6	0	0	0	0	0	0	200	0	0	100. 0%
C_7	0	0	0	0	0	0	0	200	0	100. 0%
C_8	3	0	0	1	0	0	0	0	196	98. 0%
平均准确率，99. 33%										

由表 6-3 分析可知，最优特征子集在随机噪声环境下对 9 类信号的平均分类准确率达到了 99. 33%。为了进一步验证使用 Gini 重要度对特征进行分类能力测评的合理性，选取 Gini 重要度最高的特征 F_3 与最低的特征 F_{12}，分析 9 类电能质量扰动信号在该特征下的数值分布

情况。实验中选取 9 类扰动信号每类 10 组计算特征值，每类信号在该特征下的数值分散程度以箱线图的形式进行展示分析。实验结果如图 6-17 所示。

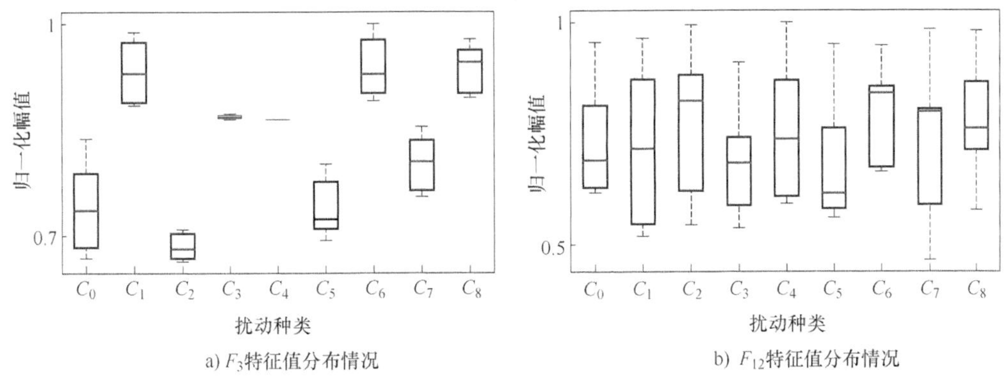

a) F_3特征值分布情况　　b) F_{12}特征值分布情况

图 6-17　特征 F_3 与 F_{12} 分类能力分析

由图 6-17 分析可知，各类扰动在特征 F_3 下的数值分布较为分散，各类别之间交叉度较小。因此可知，特征 F_3 具有较好的类别可分性。相比之下，各类扰动在特征 F_{12} 下的数值分布较为集中，各类扰动特征值存在明显交叉，类别可分性较差。由此说明，Gini 重要度可以作为特征分类能力的量化分析指标，以此为依据，进行特征选择。

单类特征的扰动分析能力有限，要实现对扰动的有效识别，还需要不同特征组合的共同作用。为了分析经特征选择所确定的最优特征子集中不同特征组合的分类能力，对信噪比为 20~50dB 间随机值，具有随机参数的 9 类扰动信号每类各 600 组，提取最优特征子集中的特征，将特征值绘制成散点图观察不同特征组合对扰动信号的分类能力。实验结果如图 6-18 所示。

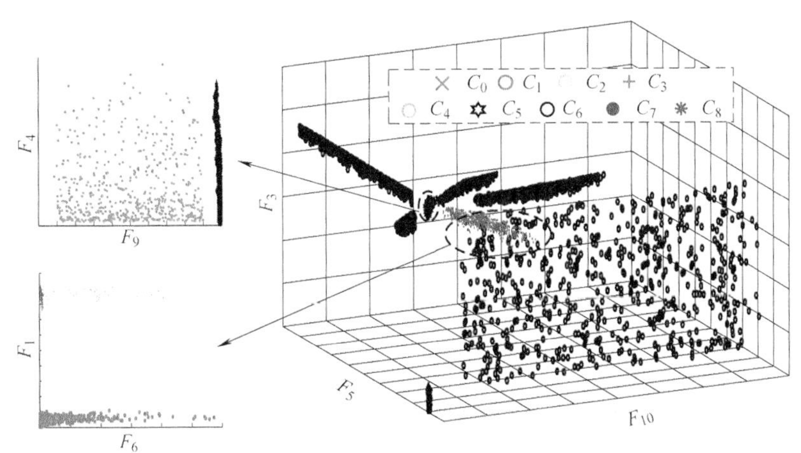

图 6-18　最优特征子集中不同特征组合分类能力分析（见封三）

由图 6-18 可知，最优特征子集中不同特征组合对各类扰动信号具有较好的区分能力。特征 F_3、F_5 与 F_{10}的组合对 9 类扰动信号具有较好的初步区分效果。对于该特征组合未能有效区分的扰动 C_0 与 C_5、C_3 与 C_7，可分别通过特征组合 F_4 与 F_9、F_1 与 F_6 进一步区分。此外，在散点图中未涉及的最优特征子集中的其他特征也在实际扰动识别的细节方面发挥作用。由此证明了本方法所确定的特征在扰动识别中的有效性。

2. 随机森林参数寻优与扰动识别

在确定最优特征子集后，使用最优特征子集训练 RF 分类器，用于电能质量扰动识别。RF 是一种集成分类算法，其分类效果与森林中树的棵数有关，树的棵数决定了 RF 的规模。RF 规模越大，其分类误差越小，特征的 Gini 重要度分析越准确。因此，在特征选择环节，RF 中树的棵数定为 200 棵。但是，RF 的分类效率会随着树的棵数的增加而降低。因此，在保证最优分类效果的前提下，应尽量使树的棵数最小，从而提高 RF 的分类效率。图 6-19 表示 RF 在各噪声环境下的分类误差随着树的棵数的变化情况。

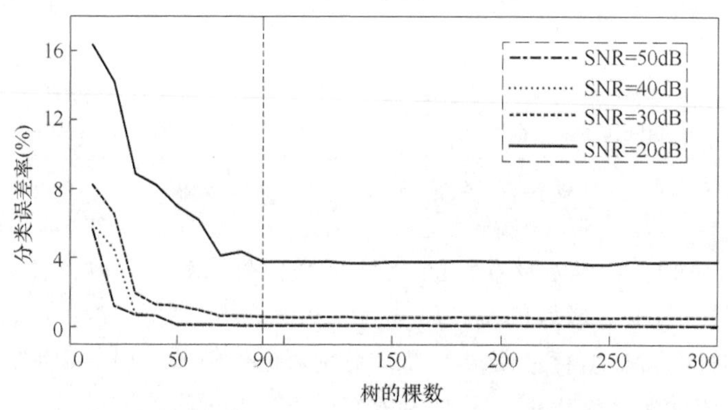

图 6-19　RF 规模对分类误差的影响

由图 6-19 分析可知，当树的棵数超过 90 个时，RF 在各噪声环境下识别准确率达到稳定水平。继续增加树的棵数对分类效果的贡献不明显，而分类效率会因树的棵数的增加而显著降低。因此，综合考虑分类效率与准确率，将最终用于测试的 RF 中树的棵数定为 90。此时，在保证 RF 良好分类效果的同时，仍具有较高的分类效率。

为了全面测试本方法在复杂噪声环境下的有效性，使用 MATLAB 仿真生成具有随机扰动参数且信噪比分别为 20dB、30dB、40dB、50dB 的 9 类扰动信号，每类信号各 200 组。分别使用 RF 与现有 SVM、ELM、DT 等分类器对各组信号进行识别，对比方法中的参数设置参考相关文献。结果见表 6-4。

表 6-4　9 类电能质量信号在不同噪声环境下分类结果对比

SNR	分类器	分类准确率（%）									平均准确率
		C_0	C_1	C_2	C_3	C_4	C_5	C_6	C_7	C_8	
50dB	RF	100	100	100	100	100	99.0	100	100	100	99.89
	DT	98.0	100	100	100	96.5	97.5	100	100	100	99.11
	SVM	95	96	100	100	95	97.5	97.5	99	100	97.77
	ELM	95.5	95.5	100	99.5	96	100	97.5	99.5	100	98.17
40dB	RF	100	100	100	100	100	98.5	100	100	100	99.83
	DT	98.5	100	100	100	97	97.5	96.5	100	100	98.83
	SVM	96	97.5	100	100	95	92	94	96	96.5	96.33
	ELM	96.5	97	100	99	95.5	98	95	100	100	97.89

（续）

SNR	分类器	分类准确率（%）									平均准确率
		C_0	C_1	C_2	C_3	C_4	C_5	C_6	C_7	C_8	
30dB	RF	98.5	99.5	100	100	100	97	100	100	100	99.44
	DT	95	98.5	100	100	95	96.5	97	100	100	98.00
	SVM	90.5	95.5	96.5	94	95	94	91	99.5	100	95.11
	ELM	98	96.5	99.5	100	96	93	93	96.5	99	96.83
20dB	RF	95	96	99.5	99	95.5	94	93	95	99	96.22
	DT	93	94.5	94	95.5	91.5	94.5	92	94.5	97.5	94.11
	SVM	90	89.5	94	90	88	94	89.5	95	96.5	91.83
	ELM	89.5	91.5	92.5	92	89.5	92	89.5	96	97.5	92.22

由表 6-4 分析可知，本方法结合 RF 分类器，在信噪比为 30dB 及以上时，准确率可达到 99.44%以上；在信噪比为 20dB 时，由于噪声的影响，准确率有明显降低，但也达到了 96.22%。相较于其他分类器方法，在不同噪声环境中，本方法结合 RF 分类器均可获得最高准确率，同时，也证明了本方法在不同噪声环境下的有效性。

6.3 本章小结

本章提出了一种特征提取效率高、空间复杂度低的电能质量扰动识别方法对噪声环境下的单类电能质量扰动信号进行识别。

本章的所做主要工作包括：

（1）以 9 种单类扰动为分析对象，采用一种基于图像特征增强技术的单类电能质量扰动特征提取方法。该方法相较于 ST、EMD、WT 等方法具有更高的特征提取效率，可更好满足电能质量扰动信号实时分析的需求。

（2）在获得原始特征集合之后，使用基于特征 Gini 重要度的 SFS 方法进行特征选择。Gini 重要度为特征选择提供了依据，特征选择效率高。通过散点图与箱式图对特征的分类效果，证明了该特征选择方法的有效性。

（3）使用随机森林分类器对 9 种单类扰动进行识别，同时以泛化误差最小为目标，使用贝叶斯优化算法对分类器的重要参数进行优化。在信噪比为 40dB 以上噪声环境下，随机森林分类器对单类扰动的识别准确率均达到了 99%以上，相较于 SVM、ELM 等单分类器具有更好的识别效果。

本章实现了对电能质量扰动信号的高精度识别，提高了单类扰动的特征提取效率，降低了扰动信号数据存储空间与硬件存储压力。本章成果可以为电力系统中的扰动源快速、精确定位提供重要技术支持，可进一步促进电能质量扰动识别技术在电能质量监测与分析等方面的应用，可以提高电力系统电能质量、保证社会生产和居民生活安全用电，降低因电能质量不达标造成的社会经济损失。

参考文献

[1] 王达. 采用高效时-频特征提取与选择的电能质量扰动识别［D］. 吉林：东北电力大学，2019.

[2] SHAREEF A，MOHAMED A，IBRAHIM AA，et al. An image processing based method for power quality event identification［J］. International Journal of Electrical Power & Energy Systems，2013，46（2013）：184-197.

[3] GONZALEZ R C，WOODS R E. Digital image processing［J］. Prentice Hall International，2008，28（4）：484 - 486.

[4] CANNY J. A Computational approach to edge detection［J］. IEEE Transactions on Pattern Analysis and Machine Intelligence，1986，PAMI-8（6）：679-698.

[5] SALEMBIER P，SERRA J. Flat zones filtering，connected operators，and filters by reconstruction［J］. IEEE Transactions on Image Processing A Publication of the IEEE Signal Processing SocIETy，1995，4（8）：1153.

[6] HUI J，ZHENG Y，WANG Z，et al. An image processing based method for transient power quality classification［J］. Power System Protection & Control，2015，43（13）：72-78.

[7] BREIMAN L. Random Forests［J］. Machine Learning，2001，45，（1）：5-32.

[8] PELIKAN M，SASTRY K，GOLDBERG D E. Scalability of the Bayesian optimization algorithm［J］. International Journal of Approximate Reasoning，2002，31（3）：221-258.

[9] 尚文倩，黄厚宽，刘玉玲，等. 文本分类中基于基尼指数的特征选择算法研究［J］. 计算机研究与发展，2006，43（10）：1688-1694.

[10] LIN L，WANG D，ZHAO S，et al. Power Quality Disturbance Feature Selection and Pattern Recognition Based on Image Enhancement Techniques［J］. IEEE Access，2019，PP（99）：1-1.

第 7 章　基于 HS 变换的电能质量暂态扰动检测定位

考虑电能质量暂态信号在高频部分突变更加明显，而 Hyperbolic 窗函数在高频部分具有更高的时间分辨率，本章使用采用 Hyperbolic 窗函数的 Hyperbolic S 变换（Hyperbolic S-transform，HS 变换）处理电能质量暂态信号，在保留传统 S 变换暂态分析能力基础上，具有更好的时-频分辨率与暂态分析能力。本章方法通过计算 HS 变换模矩阵的频率幅值和定位暂态。考虑不同扰动信号特征，在扰动类型已知的前提下，针对不同扰动设计具有针对性的自动检测方法。并通过大量实验，验证了本章方法在不同电能质量暂态信号参数下的有效性。仿真实验证明，本章方法能够准确检测定位电压暂降、电压中断、电压暂升、电压切痕、电压尖峰、电磁脉冲、暂态振荡等 7 种暂态现象。

7.1　采用 HS 变换的扰动检测方法

HS 变换过程中需要确定的参数较多，本章采用参考文献［1］中的相关参数设置。考虑电压暂降是电力系统中最易发生的暂态现象，所以以仿真生成的电压暂降信号为例，验证 HS 变换的暂态定位能力。图 7-1 为电压暂降原始信号及其经过 HS 变换后的等高线图。其中，设电能质量信号基频为 50Hz，考虑电力系统谐波控制一般集中于 13 次以下的奇次谐波，由香农采样定理可知，采样频率至少应在 2.6kHz 以上。考虑总体精度等，图 7-1 和图 7-2 算例采样频率为 3.2kHz，电压暂降发生在 1000～1500 采样点之间，电压下跌幅度 0.6pu。

由图 7-1 可以发现，当无扰动发生时，经 HS 变换得到的等高线图无尖峰且集中于基频附近；当发生电压暂降时，等高线图在扰动起、止处出现明显的尖峰。

综合比较计算量、定位能力等，本章选用 HS 变换模矩阵各列之和，即各个采样点不同频率对应幅值之和，实现暂态扰动定位。各时间点幅值和计算方法如下：

$$\mathrm{sum}(i)=\int|x(t)|\mathrm{d}t=\sum_{n=0}^{\frac{N}{2}-1}|S(i,f_n)| \tag{7-1}$$

式中，$|S(i,f_n)|$ 为模矩阵的某列；$\mathrm{sum}(i)$ 为第 i 个采样点的所有频率对应的幅值之和。

其定位效果如图 7-2 所示。

参考文献［2］采用 S 变换模矩阵幅值平方和均值定位暂态，但是当暂态持续时间较

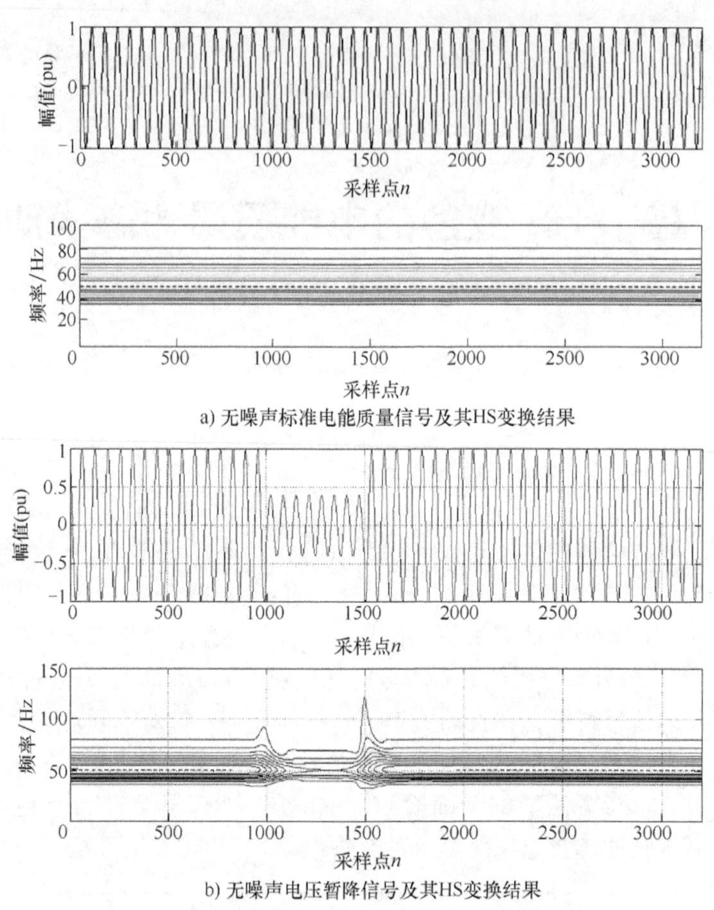

图 7-1　电压暂降信号及其 HS 变换结果

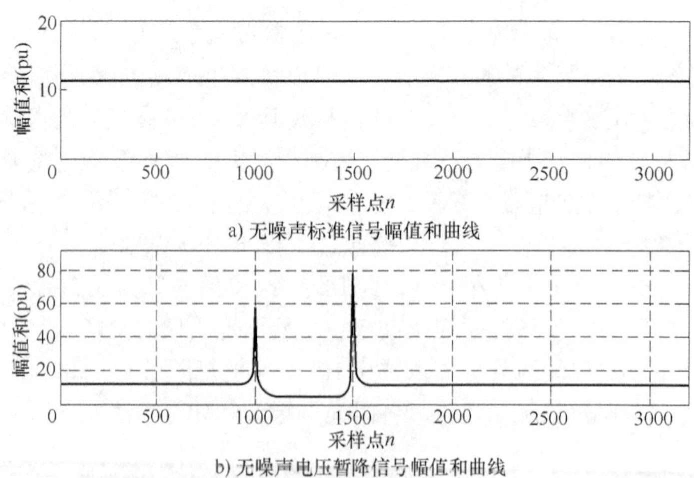

图 7-2　采用幅值和检测扰动

短、电压畸变度较小时，该方法可能失效。观察图 7-2 可知，在电压暂降的发生与结束时刻，幅值和出现明显尖峰，所以可以通过幅值和来检测定位电压暂降现象；而标准信号幅值和曲线接近直线，无尖峰。同理，采用相同方法分别定位无噪声干扰的电压中断信号、电压暂升、电磁脉冲、暂态振荡、电压尖峰、电压切痕，其检测定位效果如图 7-3 所示。

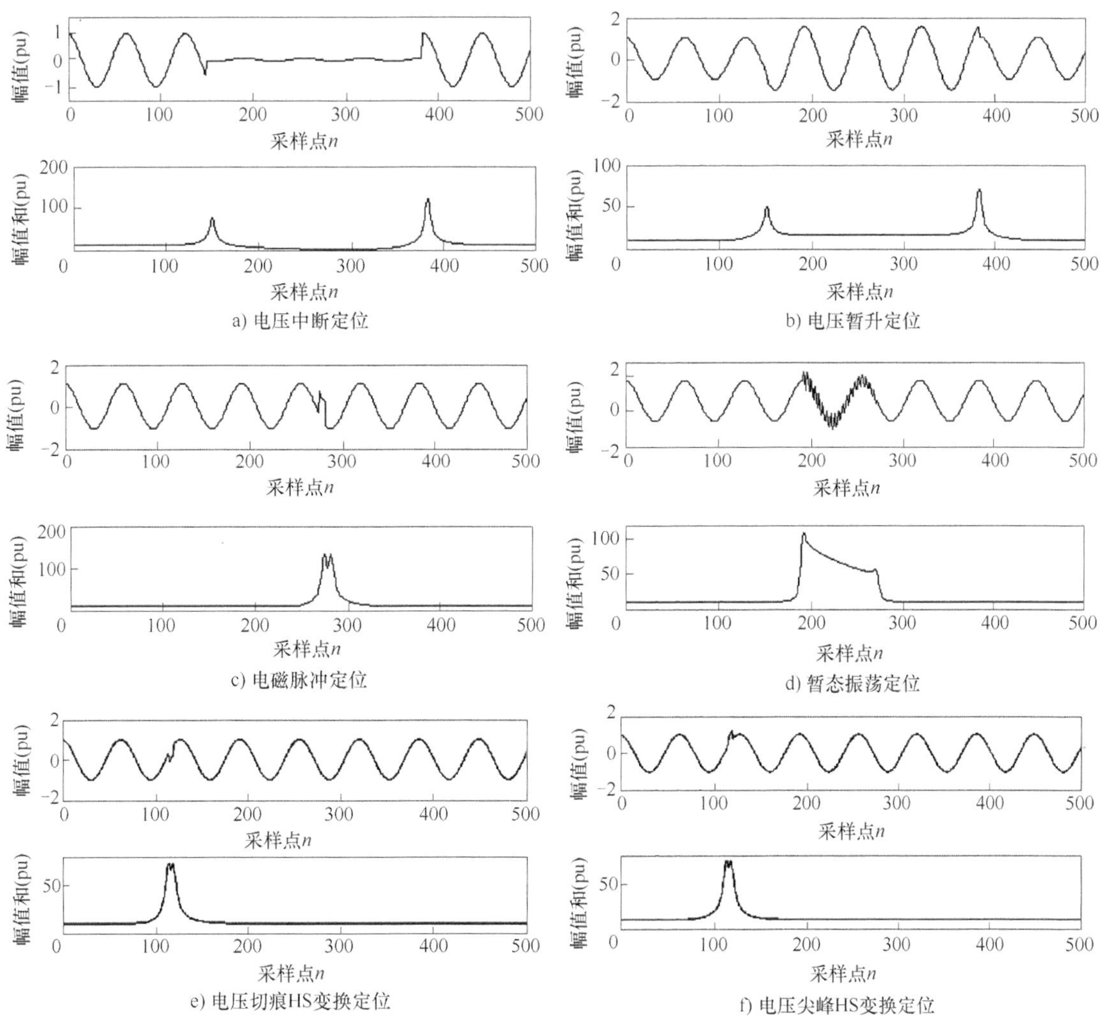

图 7-3　电压扰动的 HS 变换定位

观察图 7-2 和图 7-3 可知，无噪声干扰时，扰动信号的 HS 变换模矩阵列幅值和曲线在扰动开始和结束时刻均有明显的尖峰，可以用于检测定位暂态扰动。

7.2　检测定位效果分析

7.2.1　仿真信号建模

由于电能质量暂态信号种类众多，且实际测量信号无法覆盖不同电能质量信号的参数范围，如不同畸变幅值、不同噪声程度等，无法通过实测信号检验定位方法的普适性。另一方面，暂态定位研究具有其特殊性，需要用精确的实际暂态起、止时间与算法检测时间相比较以验证算法性能。由于实测信号不能确定暂态扰动的起、止精确时间，所以无法对本方法的定位精度做出衡量。所以本章采用国际通用方法，以仿真信号进行实验分析。暂态数学模型见表 7-1。其中，A 为标准电压幅值，本章取标幺值（1pu），f 为电能质量信号基频（50Hz），$u(t)$ 为单位阶跃函数。k 为幅值畸变度，α 为振荡最大幅度，c 为振荡衰减系数，仿真实验样本采样率为 5kHz。针对电压切痕与电压尖峰仅考虑每个样本出现 1 次切痕或尖峰的情况，暂不考虑一个样本内周期性出现尖峰或者切痕的情况。仿真分析过程中，将本方法视为传统可视化定位方法，暂不考虑自动定位过程带来的影响。

表 7-1　电能质量扰动信号数学模型

扰动类型	数学模型	参数
标准信号	$v(t)=A\cos(\omega t)$	$A=1(\mathrm{pu})$，$f=50\mathrm{Hz}$，$\omega=2\pi f$；$u(t)=\begin{cases}1, & t\geqslant 0\\ 0, & t<0\end{cases}$
电压暂降	$v(t)=A\{1-k[u(t_2)-u(t_1)]\}\cos(\omega t)$	$0.1\leqslant k<0.9$；$0.5T\leqslant t_2-t_1\leqslant 9T$
电压中断	$v(t)=A\{1-k[u(t_2)-u(t_1)]\}\cos(\omega t)$	$0.9\leqslant k\leqslant 1$；$0.5T\leqslant t_2-t_1\leqslant 9T$
电压暂升	$v(t)=A\{1+k[u(t_2)-u(t_1)]\}\cos(\omega t)$	$0.1<k<0.9$；$0.5T\leqslant t_2-t_1\leqslant 9T$
电磁脉冲	$v(t)=\cos(\omega t)+k[u(t_2)-u(t_1)]$	$1\leqslant k\leqslant 3$；$1\mathrm{ms}\leqslant t_2-t_1\leqslant 3\mathrm{ms}$
电压切痕	$v(t)=\cos(\omega t)-k[u(t_2)-u(t_1)]$	$0.1\leqslant k\leqslant 0.9$，$1\mathrm{ms}\leqslant t_2-t_1\leqslant 3\mathrm{ms}$
电压尖峰	$v(t)=\cos(\omega t)+k[u(t_2)-u(t_1)]$	$0.1\leqslant k\leqslant 0.9$，$1\mathrm{ms}\leqslant t_2-t_1\leqslant 3\mathrm{ms}$
暂态振荡	$v(t)=A\{\cos(\omega t)+\alpha\exp[-c(t-t_1)]\times\cos[\omega_n(t-t_1)][u(t_2)-u(t_1)]\}$	$0.1\leqslant\alpha\leqslant 0.8$；$0.5T\leqslant t_2-t_1\leqslant 3T$；$\omega_n=2\pi f_n$ $900\mathrm{Hz}\leqslant f_n\leqslant 1300\mathrm{Hz}$；$25\leqslant c\leqslant 125$

7.2.2　仿真扰动信号分析与自动检测方法设计

对表 7-1 中 7 种扰动进行仿真，为方便计时，采样间隔设为 0.2ms，即每周期采样 100 个数据点。以添加白噪声后信噪比为 35dB 的无扰动信号为例，其 HS 变换分析结果如图 7-4 所示。

由图 7-4 第 2 部分可知，当信号含有白噪声但不含扰动时，幅值和曲线分布较均匀，无明显尖峰。考虑到噪声影响，对扰动信号的幅值和曲线做阈值处理。观察图 7-2 和图 7-3 中幅值和曲线可以发现，由于电压暂降、电压暂升、电压中断、电压切痕、电压尖峰、电磁脉冲 6 种扰动只有扰动持续时间和扰动幅值畸变程度不同，所以曲线特点相似。扰动起止时间均对应明显尖峰，且峰值较接近。暂态振荡受到衰减系数、振荡频率等因素影响，其起始点为幅值和曲线极大值点，结束时刻对应幅值和曲线最后一个尖峰的峰值点，且起止点对应的幅值和相差较大。因此，除暂态振荡外，扰动可以根据幅值与曲线的极大值和平均值来确定阈值；暂态振荡信号由于结束点幅值和远小于开始点，所以仅仅使用幅值和均值来确定阈值。

暂态振荡阈值设为 T_0，其余扰动阈值设为 T_1，由 HS 模矩阵获得的幅值和对应向量为 sum（i），$i=1$，2，…，N，N 为扰动样本点采样总数，则阈值计算公式如下：

$$T_0 = 1.5 \times \mathrm{mean}[\mathrm{sum}(i)] \tag{7-2}$$

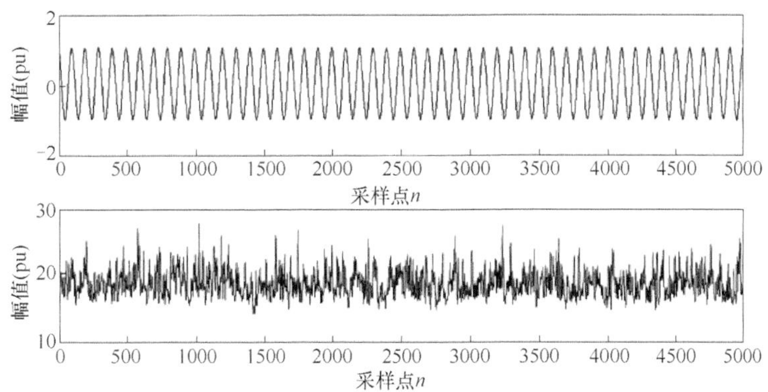

图 7-4　SNR 为 35dB 无扰动信号幅值和检测结果

$$
\begin{aligned}
T_1 &= \text{mean}[\text{sum}(i)] + 0.5 \times \{\max[\text{sum}(i)] - \text{mean}[\text{sun}(i)]\} \\
&= 0.5 \times \{\max[\text{sum}(i)] + \text{mean}[\text{sum}(i)]\}
\end{aligned}
\tag{7-3}
$$

式中，max[sum(i)] 为 sum (i) 的极大值；mean[sum (i)] 为 sum (i) 的均值。

取得阈值后将 sum (k) 中，值小于 T_0 的点的幅值取 0。阈值选择后的结果如图 7-5a 所示。图 7-5b 仍然存在较多非 0 点，需要进一步定位。观察可知，前后两个尖峰的峰值点对应扰动起止时刻，所以可通过选择峰值点进一步定位。

设经过阈值选择后得到的幅值和向量为 sum′ (j) 。由图 7-5a 可知，阈值处理具有一定的降噪效果，同时考虑扰动起止点均对应峰值点，进一步寻找 sum′ (j) 中的峰值点进行定位。处理结果如图 7-5b 所示，其中非 0 点均为峰值点，经过峰值点处理后的向量设为 $P(n)$ 。

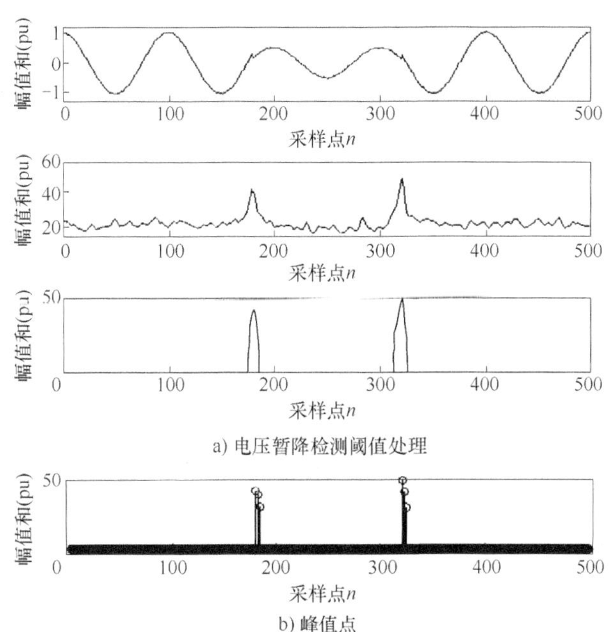

a) 电压暂降检测阈值处理

b) 峰值点

图 7-5　电压暂降检测分析过程

由图 7-5b 可知，取前后两组非 0 点中具有最大幅值峰值点对应的采样时间即为暂态扰动的起止时间。图 7-6 为其余 6 种暂态扰动的检测结果。

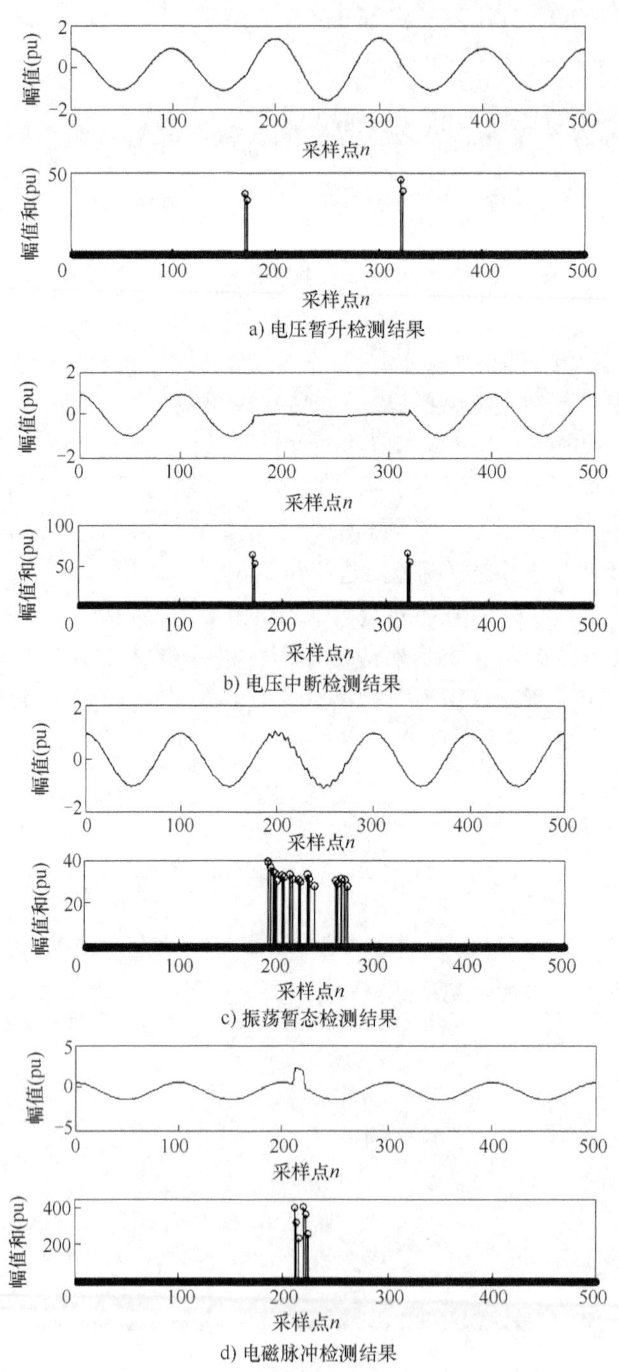

图 7-6　不同类型扰动检测

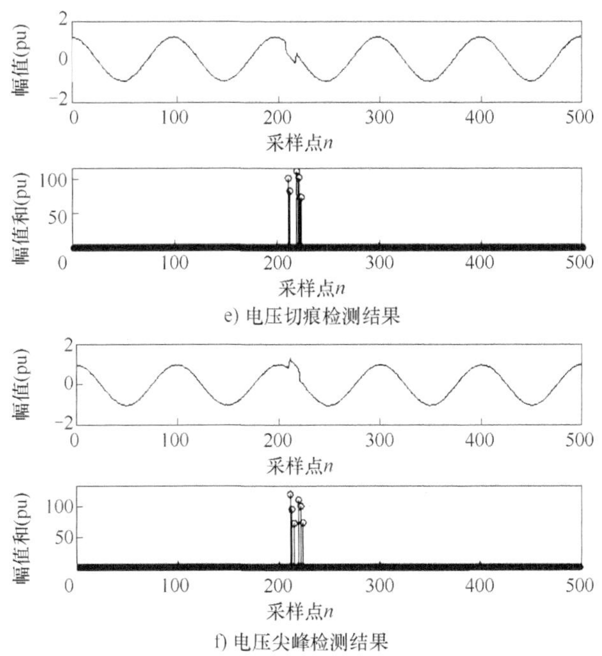

图 7-6　不同类型扰动检测（续）

图 7-5 与图 7-6 观察可知，电压暂降、中断、暂升的模矩阵各列的幅值和经阈值处理后得到的曲线相似，前后两部分非 0 点的极值分别对应扰动的起、止时刻；电磁脉冲与电压切痕处理结果类似，非 0 点中最大幅值两点分别对应扰动起止时刻；暂态振荡的处理结果中，其最大值点为扰动起始时刻，扰动结束时刻对应最后一个非 0 点峰值点。设扰动开始时间为 t_s，结束时间为 t_e，设计起止点定位方法如下：

定位方法 1：如扰动类型为暂态振荡，则 $t_s=\max[P(n)]$，针对 $P(n)$ 中的非 0 点再次寻找峰值点，t_e 为其中最后一个峰值点对应时刻。

定位方法 2：如扰动类型非暂态振荡，则取 $P(n)$ 的第一个非 0 点对应时间 t_{ps} 与最后一个非 0 点对应时间 t_{pe}。则 t_s 为 t_{ps} 至 $(t_{ps}+t_{pe})/2$ 间极大值点对应时间；t_e 为 $(t_{ps}+t_{pe})/2$ 至 t_{pe} 间极大值点对应时间。假设检测对象均为暂态扰动且类别已知，新检测方法的整体流程如图 7-7 所示。基于 HS 变换的暂态自动定位方法通过暂态是否暂态振荡确定进一步的定位流程，除误识别为暂态振荡或者暂态振荡没有正确识别的情况外，均可以调用正确定位流程，因此受暂态分类结果影响较小。同时，HS 变换的精确暂态识别能力也为暂态现象的准确定位提供了保障。此外，HS 变换的结果可以用于暂态识别、定位，因此节省了暂态分析的总体时间，便于构建功能全面的暂态分析系统。

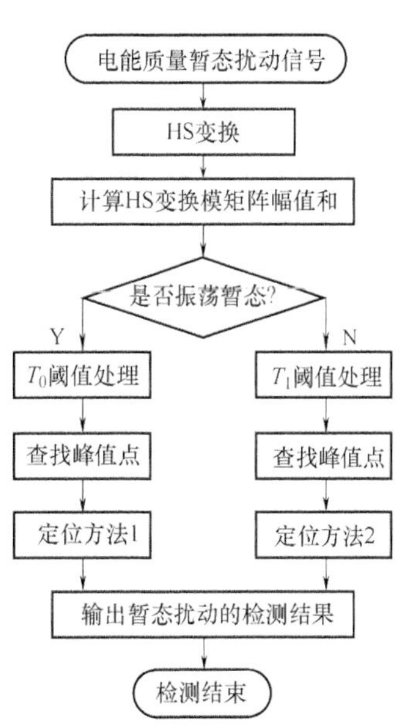

图 7-7　扰动检测方法流程

图 7-5 与图 7-6 的定位结果与误差见表 7-2。所用的样本

的采样率为 5kHz，则最小误差为 0.2ms。如果进一步提高采样率，可以获得更高的定位精度[3]。

表 7-2 扰动起止时刻检测结果

扰动类型	扰动起始时刻/ms			扰动结束时刻/ms		
	实际	检测	误差	实际	检测	误差
电压暂降	36.0	36.0	0	64.0	64.2	0.2
电压中断	36.0	36.0	0	64.0	64.2	0.2
电压暂升	36.0	36.0	0	64.0	64.0	0
暂态振荡	38.4	38.4	0	54.4	54.4	0
电磁脉冲	42.2	42.2	0	44.0	44.0	0
电压切痕	23.2	23.2	0	24.0	24.0	0

由表 7-2 可知，在信噪比为 35dB 噪声环境下，本方法可以准确定位图 7-5 和图 7-6 所用算例的扰动起止时间。由于最小采样间隔为 0.2ms，如进一步提高采样率可获得更高的检测精度。

7.2.3 不同幅值畸变度扰动定位精度比较

分别检测 7 种扰动在幅值畸变程度不同时刻的检测结果。信号信噪比为 35dB 仿真实验结果如图 7-8 和表 7-3 所示。

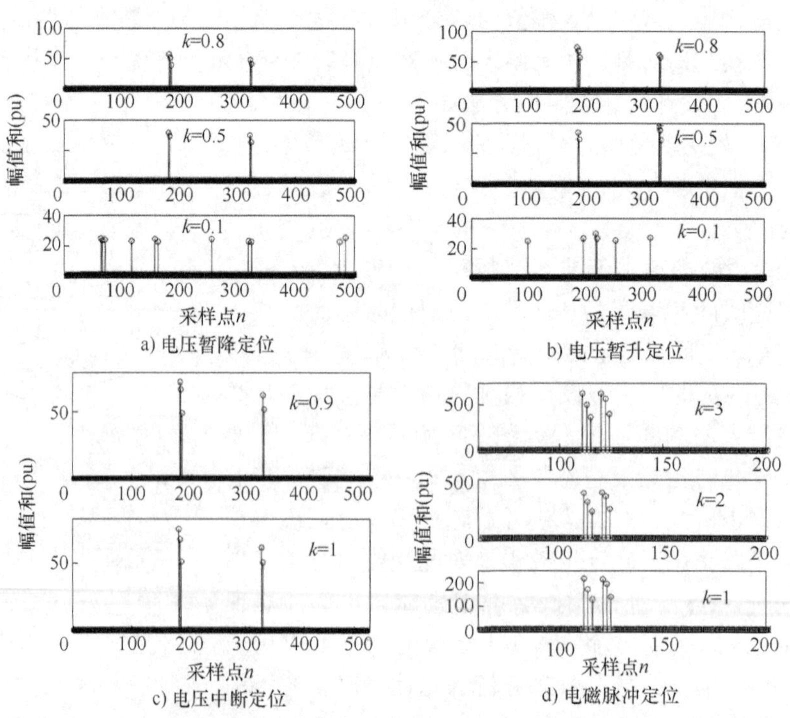

a) 电压暂降定位　b) 电压暂升定位　c) 电压中断定位　d) 电磁脉冲定位

图 7-8 不同幅值扰动检测结果比较

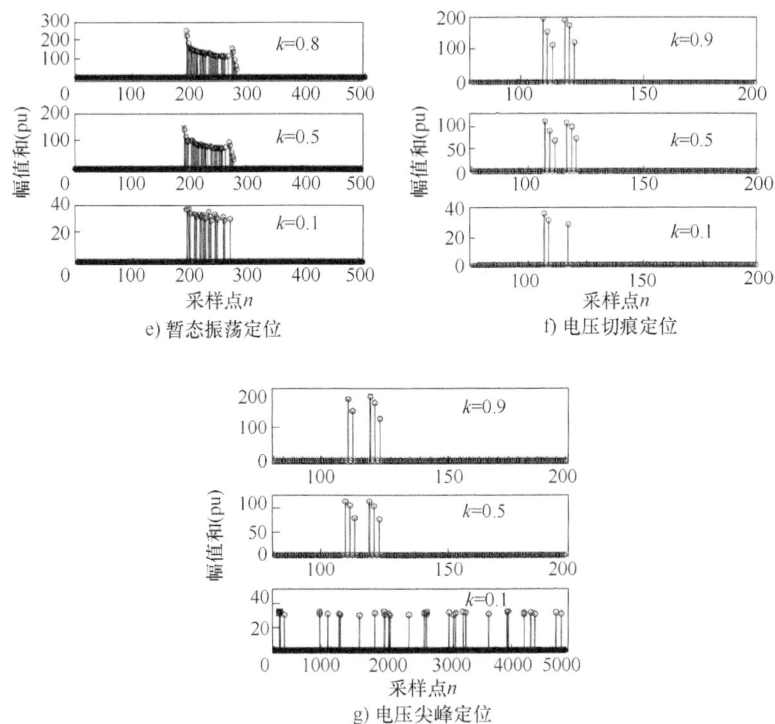

e) 暂态振荡定位　　f) 电压切痕定位

g) 电压尖峰定位

图 7-8　不同幅值扰动检测结果比较（续）

由表 7-3 与图 7-8 可知，当幅值畸变度较小时，信号起止点容易被噪声淹没，无法进行有效检测，当幅值畸变度较高时，本方法可以准确检测、定位各种扰动的起止时刻。

表 7-3　不同幅值畸变扰动起止时刻检测结果

扰动信号	k	起始时刻/ms			结束时刻/ms		
		实际	检测	误差	实际	检测	误差
电压暂降	0.8	36.2	36.0	0.2	64.0	64.2	0.2
	0.5	36.2	36.0	0.2	64.0	64.2	0.2
	0.1	36.2	失效	—	64.0	失效	—
电压暂升	0.8	36.2	36.0	0.2	64.0	64.2	0.2
	0.5	36.2	36.2	0	64.0	64.2	0.2
	0.1	36.2	失效	—	64.0	失效	—
电压中断	0.9	36.2	36.2	0	64.0	64.2	0.2
	1.0	36.2	36.2	0	64.0	64.2	0.2
电磁脉冲	3	22.2	22.2	0	24.0	24.0	0
	2	22.2	22.2	0	24.0	24.0	0
	1	22.2	22.2	0	24.0	24.0	0
暂态振荡	0.8	38.4	38.4	0	54.4	54.4	0
	0.5	38.4	38.4	0	54.4	54.4	0
	0.1	38.4	38.4	0	54.4	51.4	3.0

（续）

扰动信号	k	起始时刻/ms			结束时刻/ms		
		实际	检测	误差	实际	检测	误差
电压切痕	0.9	22.2	22.2	0	24.0	24.0	0
	0.5	22.2	22.2	0	24.0	24.0	0
	0.1	22.2	22.2	0	24.0	24.2	0.2
电压尖峰	0.9	22.2	22.2	0	24.0	24.0	0
	0.5	22.2	22.2	0	24.0	24.0	0
	0.1	22.2	失效	—	24.0	失效	—

7.2.4 不同噪声环境下定位精度比较

除信噪比外，其余参数不变，分别检测 7 种扰动在 SNR 为 50dB、40dB、30dB 情况下的定位精度。仿真实验结果如图 7-9 和表 7-4 所示。由图 7-9 和表 7-4 可知，当幅值畸变度较高时，本方法可有效定位信噪比为 30~50dB 的扰动。

由图 7-9 可知，当信噪比为 30dB 时，电压暂降、电压暂升、电压尖峰、电压切痕 4 种扰动在畸变幅度 0.1pu 情况下检测失效或精度下降。为验证不同噪声环境下的幅值畸变较小时本方法对以上 4 种扰动的定位能力，单独以 SNR 为 50dB 和 40dB，幅值畸变程度 0.1pu 的算例进行实验，实验结果如图 7-10 所示[4]。

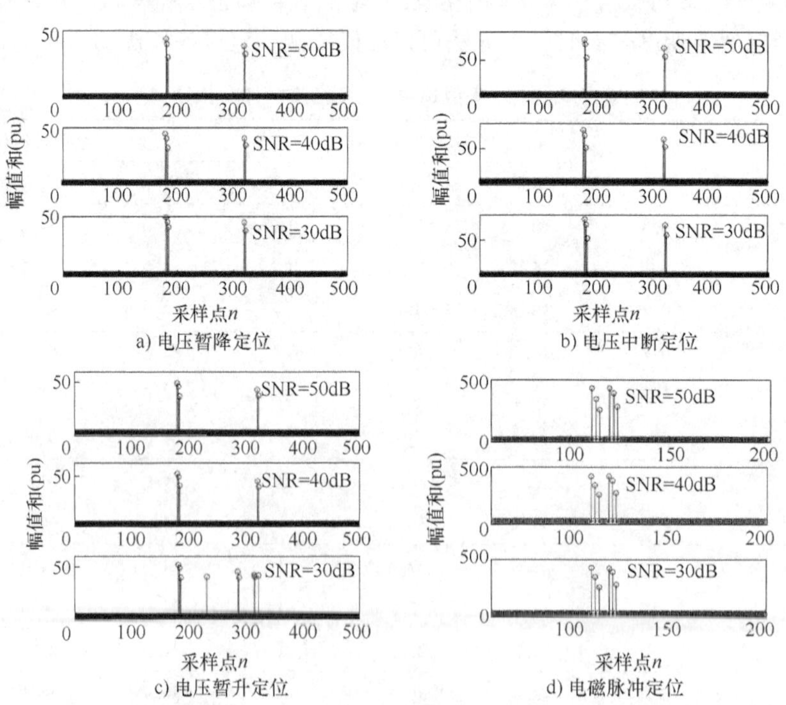

图 7-9　不同信噪比扰动检测结果比较（$k=0.5$pu，$\alpha=0.5$pu）

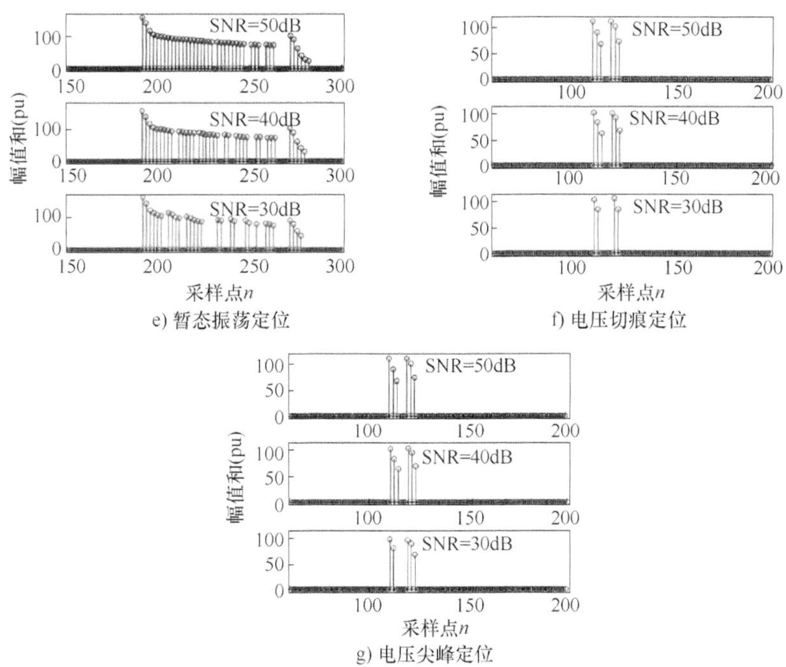

图 7-9　不同信噪比扰动检测结果比较（k=0. 5pu，α=0. 5pu）（续）

表 7-4　不同信噪比下扰动起止时刻检测结果

扰动信号	k 或	α / SNR	起始时刻/ms			结束时刻/ms		
			实际	检测	误差	实际	检测	误差
电压暂降	0. 6	50	36. 2	36. 0	0. 2	64. 0	64. 2	0. 2
		40	36. 2	36. 0	0. 2	64. 0	64. 2	0. 2
		30	36. 2	36. 0	0. 2	64. 0	64. 2	0. 2
电压中断	1	50	36. 2	36. 0	0. 2	64. 0	64. 2	0. 2
		40	36. 2	36. 0	0. 2	64. 0	64. 2	0. 2
		30	36. 2	36. 0	0. 2	64. 0	64. 2	0. 2
电压暂升	0. 5	50	36. 2	36. 0	0. 2	64. 0	64. 2	0. 2
		40	36. 2	36. 0	0. 2	64. 0	64. 2	0. 2
		30	36. 2	36. 2	0	64. 0	65. 6	1. 6
电磁脉冲	2	50	22. 2	22. 2	0	24. 0	24. 0	0
		40	22. 2	22. 2	0	24. 0	24. 0	0
		30	22. 2	22. 2	0	24. 0	24. 0	0
暂态振荡	0. 5	50	38. 4	38. 4	0	54. 4	54. 4	0
		40	38. 4	38. 4	0	54. 4	54. 4	0
		30	38. 4	38. 4	0	54. 4	54. 4	0
电压切痕	0. 5	50	22. 2	22. 2	0	24. 0	24. 0	0
		40	22. 2	22. 2	0	24. 0	24. 0	0
		30	22. 2	22. 2	0	24. 0	24. 0	0
电压尖峰	0. 5	50	22. 2	22. 2	0	24. 0	24. 0	0
		40	22. 2	22. 2	0	24. 0	24. 0	0
		30	22. 2	22. 2	0	24. 0	24. 0	0

注：k 或 α 含义见表 7-1。

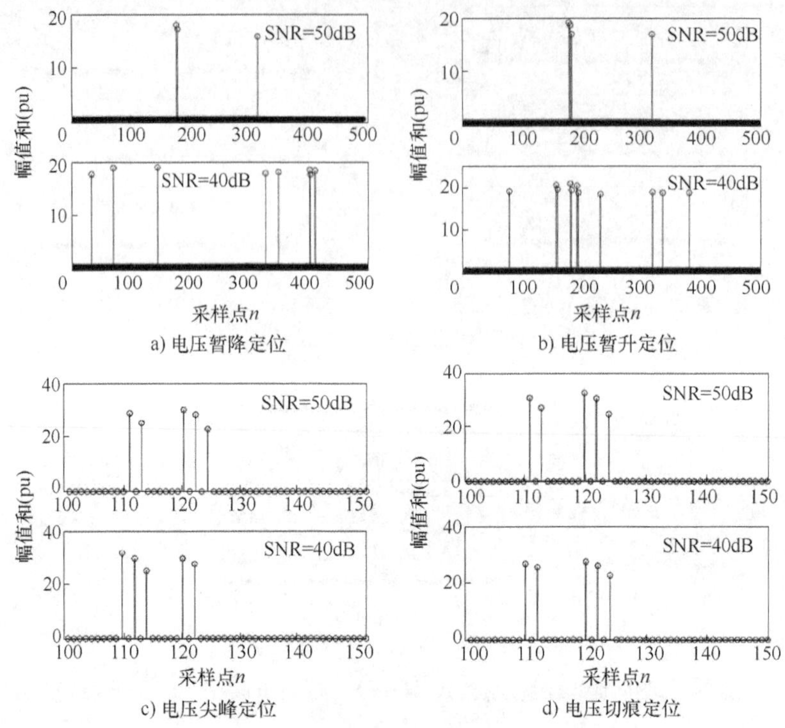

a) 电压暂降定位
b) 电压暂升定位
c) 电压尖峰定位
d) 电压切痕定位

图 7-10　不同 SNR 暂态定位（k=0. 1pu）

由图 7-10 可知，当信噪比为 50dB 时，幅值畸变度为 0. 1pu 的 4 种扰动均可被准确定位。可见，当噪声较小时，本方法检测精度较好。

综合以上实验可知：

（1）本方法在 30dB 以上噪声环境中，可以较准确地定位扰动起止时刻，但是随着噪声增大定位准确率下降。

（2）如果扰动幅值畸变度较小（如 k=0. 1pu），暂态信号信噪比较高时定位准确，但随着噪声增强本方法检测精度下降或者失效。

7. 2. 5　其余参数对定位的影响

除噪声与幅值畸变程度之外，扰动模型还包括扰动持续时间、振荡频率、振荡衰减系数等参数。通过改变不同扰动参数进行实验，发现扰动持续时间、振荡频率对检测结果影响不明显，振荡衰减系数对检测结果影响显著。以添加白噪声后 SNR 为 30dB 情况下，具有不同振荡衰减系数的暂态振荡信号为例进行实验，结果如图 7-11 和表 7-5 所示。

表 7-5　不同参数暂态振荡定位

α	c	起始时刻/ms			结束时刻/ms		
		实际	检测	误差	实际	检测	误差
25	0. 5	38. 4	38. 4	0	54. 4	54. 4	0
75	0. 5	38. 4	38. 4	0	54. 4	54. 4	0
125	0. 5	38. 4	38. 4	0	54. 4	54. 4	0

（续）

α	c	起始时刻/ms			结束时刻/ms		
		实际	检测	误差	实际	检测	误差
125	0.8	38.4	38.4	0	54.4	54.4	0
125	0.4	38.4	38.4	0	54.4	53.6	0.8
125	0.1	38.4	38.4	0	54.4	失效	—

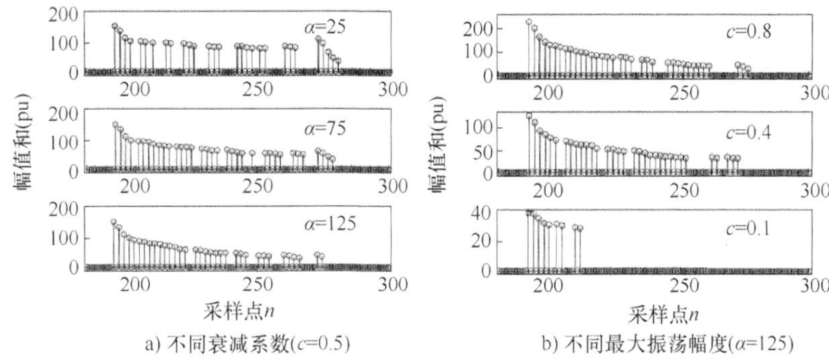

a) 不同衰减系数(c=0.5)　　b) 不同最大振荡幅度(α=125)

图 7-11　不同参数暂态振荡定位

由图 7-11 和表 7-5 可知，当衰减系数较大且最大振荡幅值较小时，本方法误差较大，且易失效。由于衰减系数实际作用仍然是随时间逐渐减小振荡幅度，因而可知衰减系数较大时，结束时间点检测精度下降。

综合以上实验发现：①扰动持续时间与振荡频率变化对定位精度无影响；②随着振荡衰减系数的增大，暂态振荡的结束时间点检测精度下降或检测失效。

通过大量仿真实验证明，当采用本方法进行可视化定位时，具有很高的定位精度，能够有效定位电压切痕等具有较小电压畸变幅度与持续时间的暂态现象，本方法的定位精度受不同参数影响小，具有很好的通用性，定位效果不受暂态类型影响。

7.2.6　HS 变换与 S 变换检测对比

针对以上算例，假定算例扰动类型正确识别，采用相同扰动检测方法，观察采用 S 变换的模矩阵幅值和的扰动定位效果。结果发现如不考虑采用自动检测流程，仅使用可视化方法定位暂态扰动，S 变换与 HS 变换的定位能力相似，幅值和曲线特征与 HS 变换基本相同，采用 S 变换处理暂态数据也可以取得较好的检测效果。

如采用自动定位过程，需要根据扰动信号是否为暂态振荡选择对应定位方法，而 S 变换的暂态振荡识别准确率远低于 HS 变换[5]（采用 HS 变换识别暂态振荡准确率为 96%，S 变换识别准确率为 45%）。所以，采用 S 变换自动定位暂态调用错误定位方法的可能性高于 HS 变换。因此，HS 变换的自动暂态定位准确率高于 S 变换。

7.3　本章小结

通过仿真实验，对基于 HS 变换模矩阵幅值和的自动定位方法进行研究后得到以下结论：

（1）通过阈值处理与极大值点选择可以有效滤除噪声信号影响。

（2）可以有效定位7种暂态扰动，且受信号参数影响较小，具有一定的抗噪性。

（3）当噪声较强时，畸变程度较小的扰动特征容易被噪声淹没，导致信号的检测失效。

（4）暂态扰动的自动定位是以准确的暂态类型识别为基础，若暂态信号类型识别错误，会调用错误的暂态定位方法，产生定位错误，HS变换具有高于S变换的暂态分类准确率，因此采用HS变换设计暂态扰动自动定位方法。

（5）相比较传统S变换，HS变换的窗函数运算量更大，一定程度上会影响定位的效率。

本方法暂未对电能质量信号做专门的降噪处理，若将本章方法与现有的优秀电能质量信号降噪方法相结合，可以获得更高的抗噪性，进一步提高本方法的检测能力与适应性。

参考文献

[1] 王成山，王继东. 基于能量阈值和自适应算术编码的数据压缩方法［J］. 电力系统自动化，2004，28（24）：56-60.

[2] ARRILLAGA J，WATSON N R，CHEN S. Power System Quality Assessment［M］. New York：Wiley，2000.

[3] 黄南天. 基于S变换与模式识别的电能质量暂态信号分析［D］. 哈尔滨：哈尔滨工业大学，2012.

[4] 黄南天，徐殿国，刘晓胜，等. 电能质量暂态扰动的HS变换检测方法［J］. 哈尔滨工业大学学报，2013，45（08）：66-72.

[5] BIRENDRA BISWAL，DASH P K，PANIGRAHI B K. Power Quality Disturbance Classification Using Fuzzy C-Means Algorithm and Adaptive Particle Swarm Optimization［J］. IEEE Trans on Industrial Electronics，2009，56（1）：212-220.

第 8 章　基于多分辨率快速 S 变换的电能质量扰动信号参数检测

本章提出了一种多分辨率快速 S 变换方法，用于高噪工业环境下的电能质量扰动参数检测。在采用多分辨率快速 S 变换处理电能质量扰动信号的基础上，根据识别结果进行相应的参数检测。原始信号、信号傅里叶谱、基频幅值曲线、时间-幅值曲线与频率-幅值曲线可以全面反映电能质量扰动信号的扰动幅值、扰动起止时间、扰动主要频率等信息。通过对短时扰动、周期性扰动和暂态扰动的分析，本章提出一套适用于单类扰动及复合扰动的参数检测方法。仿真实验和实测数据分析表明，本方法能够满足电能质量扰动参数检测需要，参数检测误差低于广义 S 变换等方法。

8.1　扰动参数检测方法

8.1.1　短时扰动的参数检测方法

短时电能质量扰动分为电压暂降、电压暂升和电压中断三类。短时电能质量扰动参数包括扰动幅值与扰动起止时间[1]。

短时电能质量扰动信号的多分辨率快速 S 变换（Multiresolution Fast S-transform，MFST）时-频模矩阵每列对应的最大幅值点可以反应扰动的幅值，另外，发生短时扰动时往往伴随着突变，可以对反应扰动幅值变化的曲线取差分得到差分向量，差分向量的最值对应着扰动的起止时刻。从参数检测角度来讲，电压暂降、电压暂升和电压中断的扰动参数分析过程相同，此处仅介绍电压暂降的参数检测方法[2]。电压暂降 MFST 时-频模矩阵的时间-最大幅值曲线（T-MaxA）曲线及其差分曲线如图 8-1 所示。

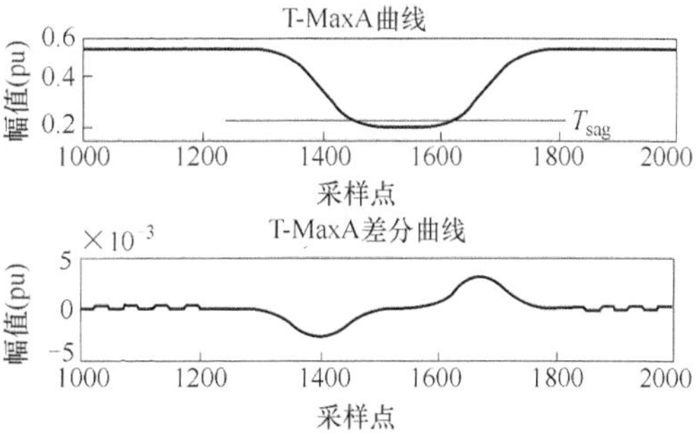

图 8-1　暂降 T-MaxA 曲线及其差分曲线

电压暂降扰动参数为下跌幅值 A_{sag} 和扰动起止时间 $t_{1_{st}}$、$t_{1_{end}}$，其公式为

$$\begin{cases} T_{sag} = A_{1_{nor}} - 0.9(A_{1_{nor}} - A_{1_{min}}) \\ A_{sag} = \text{mean}\{A_1(k,n) < T_{sag}\} \quad k = 1,2,\cdots,N \\ t_{1_{st}} = T\{\min[\text{diff}(A_1(k,n))]\} \quad n = 1,2,\cdots,N/2 \\ t_{1_{end}} = T\{\max[\text{diff}(A_1(k,n))]\} \end{cases} \tag{8-1}$$

式中，$A_1(k,\ n)$ 为电压暂降信号经 MFST 后得到的时-频模矩阵的 T-MaxA 曲线；$A_{1_{min}}$ 为电压暂降 T-MaxA 曲线的最小值；$A_{1_{nor}}$ 为未发生扰动段电压暂降信号 T-MaxA 曲线的平均值；mean{·}、min{·}、max{·} 和 diff{·} 分别表示对向量求平均值、最小值、最大值和差分；$T\{\cdot\}$ 表示求向量对应点的时间。

如图 8-1 所示，电压暂降的下跌幅值为 T-MaxA 曲线小于 T_{sag} 采样点的幅值平均值，暂降扰动开始时间和结束时间为 T-MaxA 曲线差分向量的最小值和最大值。同理，电压暂升的上升幅值为 T-MaxA 曲线大于 T_{swell} 采样点的幅值平均值，暂降扰动开始时间和结束时间为 T-MaxA 曲线差分向量的最大值和最小值。

8.1.2 周期性扰动的参数检测方法

周期性电能质量扰动包括谐波和闪变。周期性电能质量扰动持续时间较长，故不对其进行扰动起止时间进行定位，仅进行扰动幅值和扰动频率的检测。

谐波信号的扰动参数包括谐波次数、第 h 次谐波电压含有率 HRU_h 和谐波总畸变率 THD_U。谐波次数检测通过 F-MaxA 曲线 91～700Hz 区间的极大值对应频率点确定，谐波频率可分辨至 1Hz。另两种参数可以利用式（8-2）检测：

$$\begin{cases} \text{HRU}_h = \dfrac{\dfrac{1}{N}\sum\limits_{k=1}^{N} A_2(k,n_h)}{\dfrac{1}{N}\sum\limits_{k=1}^{N} A_2(k,n_{50})} \times 100\% \\ \text{THD}_U = \dfrac{\sqrt{\sum\limits_{h=1}^{H}\left(\dfrac{1}{N}\sum\limits_{k=1}^{N} A_2(k,n_h)\right)^2}}{\dfrac{1}{N}\sum\limits_{k=1}^{N} A_2(k,n_{50})} \times 100\% \end{cases} \quad k = 1,\cdots,N \tag{8-2}$$

式中，$A_2(k,\ n_h)$ 为谐波信号经 MFST 后得到的时-频模矩阵的第 h 次谐波频率对应的行向量；$A_2(k,\ n_{50})$ 时-频模矩阵的基频对应的行向量；H 为检测出的总谐波次数。

闪变信号的扰动参数包括调制频率 f_F 和调制幅值 A_{fli}，电压闪变信号经 MFST 后得到的时-频模矩阵的 T-MaxA 曲线如图 8-2 所示，f_F 和 A_{fli} 的计算公式为

$$\begin{cases} f_F = f_S / N_{adj} \\ A_{fli} = 2A_{FFT}(50 - f_F) \end{cases} \tag{8-3}$$

式中，f_S 为闪变信号的采样率；N_{adj} 为 T-MaxA 曲线相邻极小值之间的采样点数的平均值；$A_{FFT}(\cdot)$ 表示 FFT 谱特定频率对应的幅值。

闪变调制频率可分辨至计算机软件计算精度。

如图 8-2 所示，T-MaxA 曲线相邻极大值之间采样点数的平均值即闪变调制信号一个周

期的采样点数，闪变调制频率f_F即采样率与一个周期的采样点数之比。因闪变信号对调制信号只进行了频谱搬移并且幅值减半，所以A_{fli}为闪变调制频率对应 FFT 谱幅值的 2 倍。

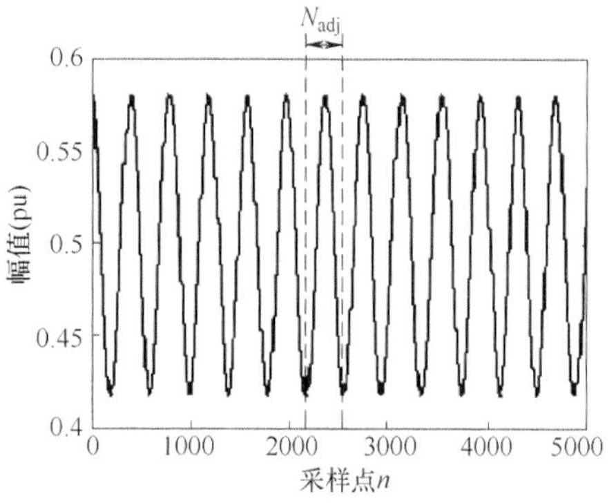

图 8-2　闪变 T-MaxA 曲线

8.1.3　暂态扰动的参数检测方法

暂态振荡的扰动参数主要包括：振荡最大幅值A_{tra}、振荡主导频率f_T和振荡起止时间$t_{4_{st}}$、$t_{4_{end}}$。振荡最大幅值A_{tra}由扰动信号减去标准电压信号所得向量的最大值确定。振荡主导频率f_T由暂态振荡 MFST 时-频模矩阵高频部分的 F-MaxA 曲线最大值对应的频率点确定。振荡起止时间$t_{4_{st}}$、$t_{4_{end}}$由暂态振荡 MFST 时-频模矩阵高频部分的 T-MaxA 曲线差分向量的最大值和最小值求得。各参数检测公式为

$$\begin{cases} A_{tra} = \max\{h(k) - h_0(k)\} \\ f_T = f\{\max\{A_4(k,n)\}\} \quad k = 1,2,\cdots,N \\ t_{4_{st}} = T\{\min[\operatorname{diff}(A_5(k,n))]\} \quad n = 661,\cdots,N/2 \\ t_{4_{end}} = T\{\max[\operatorname{diff}(A_5(k,n))]\} \end{cases} \tag{8-4}$$

式中，$h(k)$为扰动信号；$h_0(k)$为标准电压信号；$A_4(k,\ n)$为暂态振荡 MFST 时-频模矩阵高频部分的 F-MaxA 曲线；$A_5(k,\ n)$为暂态振荡 MFST 时-频模矩阵高频部分的 T-MaxA 曲线；min{·}、max{·}和 diff{·}分别表示对向量求最小值、最大值和差分；$f\{\cdot\}$表示求对应点的频率；$T\{\cdot\}$表示求对应点的时间，振荡主导频率可分辨至 1Hz。

8.1.4　复合扰动的参数检测方法

对周期性扰动与短时扰动复合类型（谐波含暂降、谐波含暂升）、周期性扰动与周期性扰动复合类型（谐波含闪变）和周期性扰动与暂态扰动复合类型（闪变含振荡），扰动参数为单扰动类型扰动参数的组合，求解方法与单扰动类型一致。例如，对谐波含暂降扰动进行参数检测，分别从经 MFST 时-频模矩阵中提取 T-MaxA 曲线和 F-MaxA 曲线，再由式（8-1）和式（8-2）得出各类扰动成分的参数。

对短时扰动与暂态扰动复合类型（暂降含振荡、暂升含振荡），首先，从 MFST 时-频模矩阵中提取 T-MaxA 曲线和 F-MaxA 曲线进行短时扰动成分的幅值和起止时间检测，从 MFST 时-频模矩阵高频部分中提取 T-MaxA 曲线和 F-MaxA 曲线进行暂态振荡主频率和振荡起止时间的检测；其次，根据短时扰动参数构建出不含暂态振荡的暂降/暂升信号$h_1(k)$，由扰动信号$h(k)$减去构建电压信号$h_1(k)$所得向量的最大值确定暂态振荡最大幅值A_{tra}。

8.2　参数检测仿真实验

选取不同噪声环境下 6 种随机参数的单类扰动和复合扰动进行参数检测仿真实验。单类

扰动包括暂降、闪变、谐波和暂态振荡，复合扰动包括暂降含谐波和闪变含振荡。采用MFST和GST分别处理扰动信号并提取相关曲线，然后进行参数检测。扰动的参数检测结果见表8-1。

表8-1 不同扰动类型的参数检测值

扰动类型	扰动参数	理论值	检测值（50dB）		检测值（40dB）		检测值（30dB）	
			MFST	GST	MFST	GST	MFST	GST
暂降	A_{sag}	0.5	0.500	0.504	0.503	0.510	0.508	0.515
	$t_{1_{st}}$	0.1	0.100	0.100	0.100	0.102	0.101	0.105
	$t_{1_{end}}$	0.3	0.300	0.300	0.301	0.303	0.304	0.307
闪变	A_{fli}	0.15	0.151	0.151	0.151	0.151	0.151	0.151
	f_F	5	5.000	5.007	5.002	5.012	5.006	5.026
谐波	f_1	150	150	150	150	150	150	151
	f_2	250	250	252	250	253	250	245
	f_3	315	315	317	316	311	316	321
	THD	9	9.005	9.015	9.011	8.945	9.013	9.072
暂态振荡	A_{tra}	0.5	0.508	0.508	0.508	0.508	0.508	0.508
	f_T	800	800	795	801	812	803	781
	$t_{4_{st}}$	0.1	0.100	0.096	0.100	0.110	0.101	0.087
	$t_{4_{end}}$	0.12	0.121	0.115	0.124	0.127	0.129	0.105
闪变含振荡	A_{fli}	0.15	0.151	0.151	0.151	0.151	0.151	0.151
	f_F	5	5.000	5.006	5.009	5.014	5.016	5.021
	A_{tra}	0.5	0.509	0.509	0.509	0.509	0.509	0.509
	f_T	800	800	826	802	773	796	842
	$t_{4_{st}}$	0.1	0.100	0.103	0.100	0.891	0.097	0.111
	$t_{4_{end}}$	0.12	0.122	0.125	0.125	0.109	0.113	0.134
暂降含谐波	A_{sag}	0.5	0.500	0.503	0.504	0.492	0.510	0.516
	$t_{1_{st}}$	0.1	0.100	0.100	0.101	0.102	0.103	0.104
	$t_{1_{end}}$	0.3	0.301	0.301	0.303	0.304	0.306	0.307
	f_1	150	150	157	150	161	151	166
	f_2	250	250	256	250	260	251	235
	f_3	315	315	322	317	305	317	330
	THD	12	9.008	8.875	9.015	8.792	9.021	8.623

由表8-1可知，由于GST方法在不同频域采用单一的较大λ值，在检测复合扰动时不能兼顾中高频扰动成分的频率分辨率要求，造成其检测的复合扰动参数误差较大。MFST方法自适应调整最优λ值，可以准确检测复合扰动的参数，且对单类扰动检测的误差也小于GST方法。

8.3　实测数据参数检测

采用葡萄牙某电网 2006 年 11 月间实测单相电能质量信号 952 组开展分析[3]。其中电压暂降、电压中断、暂态振荡和谐波信号各 1 组，未知类型畸变信号 4 组。实测信号采样频率为 50kHz。使用本章方法对实测信号进行参数检测前先将电压值进行归一化预处理，实验采样频率取 10kHz。实测数据库中记录了 8 组扰动信号的扰动类型、预估扰动参数、录波起止时间和采样频率等信息，将数据库中检测信息一并列出作为本章方法检测结果的对照，见表 8-2。

表 8-2　实测数据参数检测结果

数据库记录类型	本章识别类型	数据库记录参数		本章检测参数	
暂降	暂降	A_{sag}	0.523	A_{sag}	0.536
		$t_{1_{st}}$	0.305	$t_{1_{st}}$	0.295
		$t_{1_{end}}$	0.397	$t_{1_{end}}$	0.411
中断	中断	A_{int}	0.065	A_{sag}	0.065
		$t_{5_{st}}$	0.130	$t_{1_{st}}$	0.127
		$t_{5_{end}}$	0.215	$t_{1_{end}}$	0.224
谐波	谐波	f_1	150	f_1	150
		f_2	350	f_2	225
		—	—	f_3	350
		THD	10.432	THD	10.836
暂态振荡	暂态振荡	A_{tra}	0.658	A_{tra}	0.670
		f_T	840	f_T	845
		$t_{4_{st}}$	0.166	$t_{4_{st}}$	0.166
		$t_{4_{end}}$	0.183	$t_{4_{end}}$	0.205
未知类型	谐波含闪变	—	—	A_{fli}	0.138
		—	—	f_F	12.372
		—	—	f_1	150
		—	—	f_2	250
		—	—	THD	8.475
未知类型	暂态振荡	—	—	A_{tra}	0.253
		—	—	f_T	929
		—	—	$t_{4_{st}}$	0.174
		—	—	$t_{4_{end}}$	0.198
未知类型	谐波	—	—	f_1	150
		—	—	f_2	250
		—	—	THD	8.356

（续）

数据库记录类型	本章识别类型	数据库记录参数		本章检测参数	
未知类型	谐波含闪变	—	—	A_{fli}	0.114
		—	—	f_F	15.378
		—	—	f_1	150
		—	—	THD	9.652

表中，幅值单位为 pu，时间单位为 s，THD 单位为%，频率单位为 Hz，A_{int}为中断的幅值，$t_{5_{st}}$和$t_{5_{end}}$分别为中断的开始和结束时间。

由表 8-2 可知，原数据库中没有对 4 组未知类型进行参数检测，可检测出 4 组信号的扰动类型并列出参数检测结果；同时，检测出原数据库中未检测出的间谐波扰动成分。因此，相较于原数据库的检测方法，本章提出的方法检测参数更全面、检测准确度更高。

8.4 本章小结

本章对仿真电能质量扰动信号和实测电能质量扰动信号进行参数检测实验。首先，介绍了短时扰动、周期性扰动、暂态扰动和复合扰动的参数检测方法；然后，对不同噪声环境下 8 种随机参数的单类和复合扰动进行参数检测仿真，设置选用 GST 信号处理方法时的参数检测作为对照组，并对仿真参数检测结果进行分析；最后，选取 8 组实测单相电能质量扰动信号进行参数检测，并将参数检测结果与数据库中记录的参数值进行对比分析。仿真对比实验结果分析表明，本方法具有更高的准确度和更好的抗噪性。

参考文献

[1] 黄南天，袁翀，张卫辉，等. 采用最优多分辨率快速 S 变换的电能质量分析 [J]. 仪器仪表学报，2015，36 (10)：2174-2183.

[2] 张卫辉. 基于多分辨率快速 S 变换的电能质量扰动信号识别 [D]. 吉林：东北电力大学，2016.

[3] RADIL T，RAMOS P M，JANEIRO F M，et al. PQ Monitoring System for Real-Time Detection and Classification of Disturbances in a Single-Phase Power System [J]. IEEE Transactions on Instrumentation & Measurement，2008，57 (08)：1725-1733.

高　级　篇

第 9 章　采用旋转森林的电能质量分析技术研究

针对现有电能质量扰动信号识别中存在的信号处理效率低、信息存储空间大等问题，需要一种高信号处理效率、低信息存储空间的电能质量扰动识别方法。本章以包含复合扰动在内的 17 类电能质量信号为分析对象，提出一种基于时域压缩最优多分辨率快速 S 变换的复合电能质量扰动特征提取方法。对 S 变换时-频矩阵进行时域和频域压缩得到中间矩阵，并对其提取扰动特征，构建原始特征集合；为去除原始特征集合中冗余特征，采用基于特征基尼重要度分析与 SFS 的特征选择方法。首先，计算原始特征集合中所有特征的基尼重要度，得到重要度排序；其次，将特征重要度降序排序，使用 SFS 计算每个子特征集合下的分类准确率；最后，综合考虑特征维数和准确率，确定最优特征子集；使用最优特征子集训练旋转森林分类器，对复杂扰动信号进行识别。在旋转森林分类器构建过程中，以分类准确和两种差异性度量指标为标准，确定分类器最优参数并进行电能质量扰动识别，采用葡萄牙某配电网实测电能质量信号进行实验，证明了本方法可实现复杂噪声环境下电能质量扰动信号的精确识别，同时显著提高了扰动信号的处理效率，降低了扰动信号分析过程中的信息存储压力。本方法可更好满足实际工程应用的需求，进一步促进了扰动识别技术在电力系统电能质量监测与诊断方面的应用，对保障电力系统的安全运行具有重要意义。

9.1　基于时域压缩最优多分辨率快速 S 变换的复合电能质量扰动特征提取

为了提取不同类型扰动信号特征，获得较好的时频分析效果，在此采用 OMFST 针对电能质量扰动信号中存在的主要频率点进行运算（OMFST 详细内容参见 5.1.2 节），可有效降低 ST 的运算复杂度，所得的时-频矩阵的规模相较于 STMM 也得到明显降低。然而，当扰动信号的采样率过高时，OMFST 时-频矩阵的时间复杂度仍然较高，对硬件设备要求较高，不易满足电能质量扰动信号实时分析需求。因此，本章在 OMFST 对 ST 进行频域压缩的基础上，进一步进行时域压缩，降低时-频矩阵的空间复杂度，从而降低信息存储所需空间。

1. 时域压缩 OMFST 的基本原理

为了进一步降低 OMFST 时-频矩阵的存储空间，在 OMFST 对 ST 时-频矩阵进行频域压缩与前期特征选择的基础上，进行时域压缩，进一步减小 OMFST 时-频矩阵规模。首先，确定所需计算的扰动特征，根据所选特征的计算需要，对 OMFST 各主要频率点在加窗傅里叶变换得到行向量后，逐一计算所需保留的特征计算中间值，用于构造中间矩阵；之后，在中间矩阵的基础上计算所需的扰动特征。矩阵压缩的实现过程如图 9-1 所示。

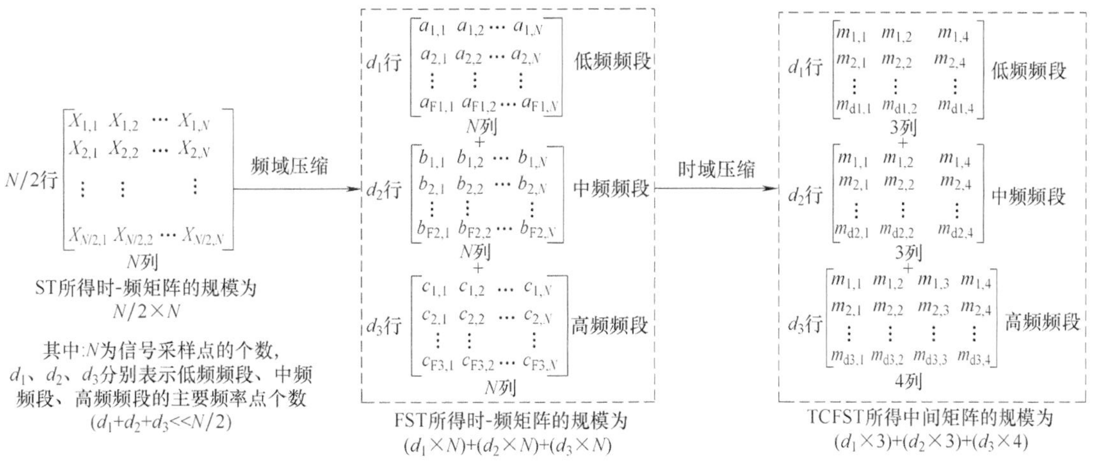

图 9-1　时域、频域压缩原理示意图

2. 时域压缩过程分析与仿真数据验证

本章分析了包括复合扰动在内的 17 类电能质量信号，在此使用 MATLAB 仿真生成电能质量扰动信号，采样率为 6. 4kHz，基频为 50Hz。为了保证仿真信号的可靠性与真实性，各扰动信号相关参数在标准范围内采用随机函数生成，各信号添加信噪比在 20～50dB 之间的高斯白噪声。

在 17 类电能质量信号中，8 类单一电能质量扰动信号原始波形如图 9-2 所示。

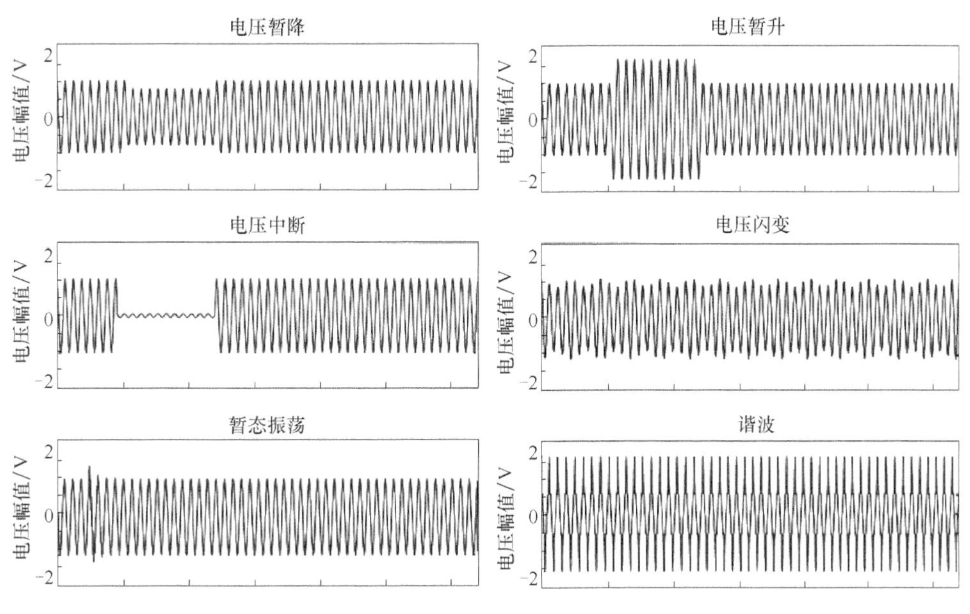

图 9-2　8 类单一电能质量扰动信号原始波形

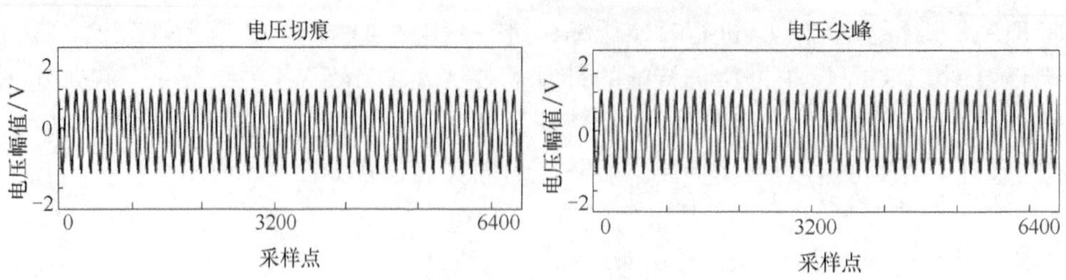

图 9-2　8 类单一电能质量扰动信号原始波形（续）

8 类复合电能质量扰动信号原始波形如图 9-3 所示。

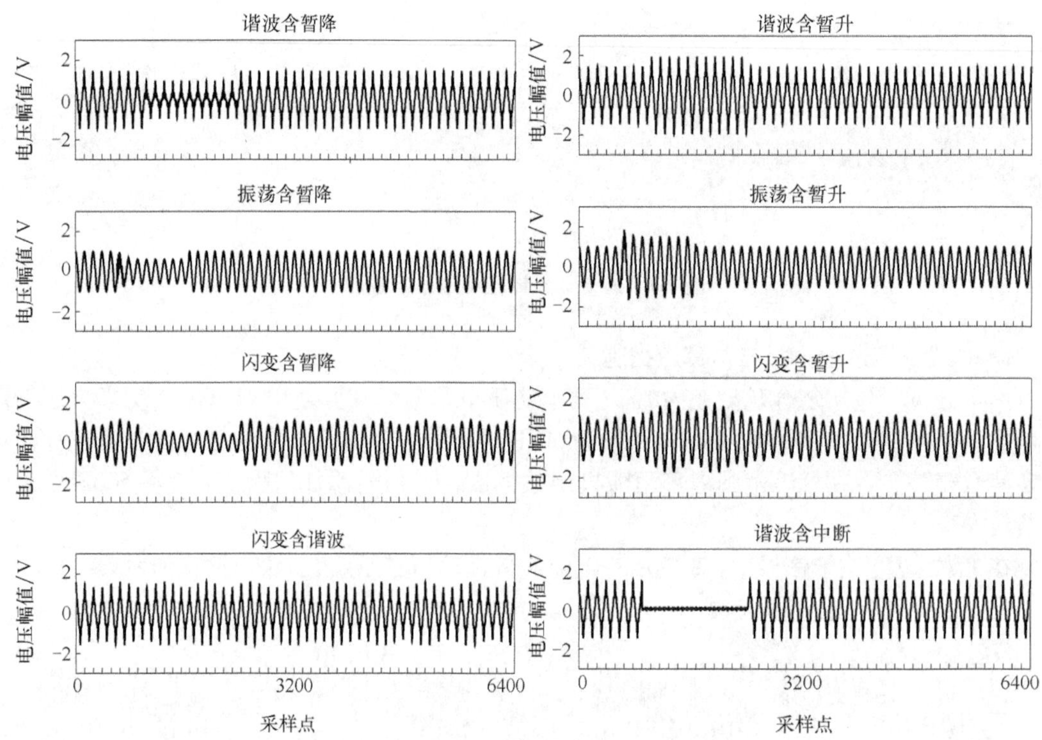

图 9-3　8 类复合电能质量扰动信号原始波形

17 类电能质量及对应标号见表 9-1。

表 9-1　17 类电能质量信号及对应标号

扰动信号类型	分类标签	扰动信号类型	分类标签
标准信号	C_0	暂态振荡	C_5
电压暂降	C_1	谐波	C_6
电压暂升	C_2	电压切痕	C_7
电压中断	C_3	电压尖峰	C_8
电压闪变	C_4	谐波含暂降	C_9

（续）

扰动信号类型	分类标签	扰动信号类型	分类标签
谐波含暂升	C_{10}	闪变含暂升	C_{14}
振荡含暂降	C_{11}	闪变含谐波	C_{15}
振荡含暂升	C_{12}	中断含谐波	C_{16}
闪变含暂降	C_{13}	—	—

使用 OMFST 对 17 类电能质量扰动信号进行处理得到模时-频矩阵，从 OMFST 模矩阵中提取的原始特征集合见表 9-2 所示，各特征由参考文献［1，2］设计。

表 9-2　原始特征集合中包含的特征

特征标号	特征名称
F_1，F_2	原始信号 1/4 周期上升幅值（F_1）、下降幅值（F_2）
$F_3 \sim F_7$	基频幅值最大值（F_3）、最小值（F_4）、均值（F_5）、标准差（F_6）、方均根（F_7）
F_8	各列最大幅值的归一化幅值因数
F_9	700Hz 以上高频段能量
F_{10}，F_{11}	100Hz 以上各频率对应最大幅值的偏度（F_{10}）、峭度（F_{11}）
$F_{12} \sim F_{17}$	各频率点对应最大幅值的最大值（F_{12}）、最小值（F_{13}）、最大值与最小值之和（F_{14}）、最大值与最小值之差（F_{15}）、均值（F_{16}）、标准差（F_{17}）
$F_{18} \sim F_{23}$	各频率点对应最小幅值的最大值（F_{18}）、最小值（F_{19}）、最大值与最小值之和（F_{20}）、最大值与最小值之差（F_{21}）、均值（F_{22}）、标准差（F_{23}）
$F_{24} \sim F_{28}$	各频率点对应平均幅值的最大值（F_{24}）、最小值（F_{25}）、最大值与最小值之和（F_{26}）、最大值与最小值之差（F_{27}）、标准差（F_{28}）
$F_{29} \sim F_{34}$	各频率点对应幅值标准差的最大值（F_{29}）、最小值（F_{30}）、最大值与最小值之和（F_{31}）、最大值与最小值之差（F_{32}）、均值（F_{33}）、标准差（F_{34}）
$F_{35} \sim F_{40}$	各频率点对应幅值方均根的最大值（F_{35}）、最小值（F_{36}）、最大值与最小值之和（F_{37}）、最大值与最小值之差（F_{38}）、均值（F_{39}）、标准差（F_{40}）
F_{41}，F_{42}	谐波总含量（F_{41}）、中频部分最大幅值（F_{42}）

对电能质量扰动信号提取表 9-2 中的特征，构成 42 维的原始特征集合。通过分析不同特征对扰动信号的分类能力，确定对分类效果贡献最大的一组特征作为分类的特征组合。最终确定最优特征子集为［F_{41} F_{42} F_9 F_1 F_{21} F_4 F_{12} F_{18} F_3 F_{20} F_{37} F_6 F_{15} F_5 F_{14}］。

分析最优特征集合中的特征计算方法，分别确定不同特征的提取方式：①特征 F_{41}、F_1，对原始信号直接进行运算分析后即可获得；②对于特征 F_4、F_3、F_6、F_5，在 FST 过程中对基频 50Hz 对应行向量直接进行数学运算即可获得；③对于特征 F_{42}、F_9、F_{21}、F_{12}、F_{18}、F_{20}、F_{37}、F_{15}、F_{14}，在 OMFST 运算过程中，计算各行向量所需保留的特征计算中间值，构造中间矩阵，之后对中间矩阵进一步进行数学计算提取获得。

设 $S(t, f)$ 为信号经快速傅里叶变换后，对频率 f 对应行进行加窗傅里叶变换逆变换后得到的行向量，t 为采样点，N 为扰动信号采样点数目，中间矩阵中各特征计算所需中间向量构造规则为

$$f_{\max} = \max[S(t, f)] \tag{9-1}$$

$$f_{\min} = \min[S(t, f)] \tag{9-2}$$

$$E = \sum_{t=1}^{N}[S(t, f)]^2 \tag{9-3}$$

$$f_{\mathrm{rms}} = \sqrt{\frac{1}{N}\sum_{t=1}^{N}[S(t, f)]^2} \tag{9-4}$$

式中，$f_{\max}$ 为频率 f 下对应幅值中的最大值，得到对应中间向量 $\boldsymbol{m}_1$；$f_{\min}$ 为频率 f 下对应幅值的最小值，由此得到对应中间向量 $\boldsymbol{m}_2$；E 为频率 f 下的能量，可得到对应中间向量 $\boldsymbol{m}_3$；f_{rms} 为频率 f 下对应幅值的标准差，可确定对应中间向量 $\boldsymbol{m}_4$。

为方便后续特征计算，根据特征的计算需要，将各中间向量分为低频（1~100Hz）、中频（101~700Hz）和高频（701Hz 以上）分别存储，中间向量表示为

$$\boldsymbol{m}_1 = [m_{1,1}, m_{2,1}, \cdots, m_{d,1}]^{\mathrm{T}} \tag{9-5}$$

$$\boldsymbol{m}_2 = [m_{1,2}, m_{2,2}, \cdots, m_{d,2}]^{\mathrm{T}} \tag{9-6}$$

$$\boldsymbol{m}_3 = [m_{1,3}, m_{2,3}, \cdots, m_{d,3}]^{\mathrm{T}} \tag{9-7}$$

$$\boldsymbol{m}_4 = [m_{1,4}, m_{2,4}, \cdots, m_{d,4}]^{\mathrm{T}} \tag{9-8}$$

式中，d 为各频段包含频率点的个数。

在此基础上，得到各频段中间矩阵表达式为

低频频段中间矩阵 $\boldsymbol{M}_{\mathrm{L}}(1\mathrm{Hz} \leqslant f \leqslant 100\mathrm{Hz})$：

$$\boldsymbol{M}_{\mathrm{L}} = [\boldsymbol{m}_1 \boldsymbol{m}_2 \boldsymbol{m}_3] \tag{9-9}$$

中频频段中间矩阵 $\boldsymbol{M}_{\mathrm{M}}(101\mathrm{Hz} \leqslant f \leqslant 700\mathrm{Hz})$：

$$\boldsymbol{M}_{\mathrm{M}} = [\boldsymbol{m}_1 \boldsymbol{m}_2 \boldsymbol{m}_3] \tag{9-10}$$

高频频段中间矩阵 $\boldsymbol{M}_{\mathrm{H}}(701\mathrm{Hz} \leqslant f)$：

$$\boldsymbol{M}_{\mathrm{H}} = [\boldsymbol{m}_1 \boldsymbol{m}_2 \boldsymbol{m}_3 \boldsymbol{m}_4] \tag{9-11}$$

由上式可知，当信号采样点数为 N 时，本方法计算所得各频段中间矩阵规模分别为 $d_1 \times 3$、$d_2 \times 3$、$d_3 \times 4$，其中，d_1、d_2、d_3 分别为低、中、高频段频率点数目，与 OMFST 所得 $(d_1 + d_2 + d_3) \times N$ 规模的时频矩阵和 ST 所得 $(N/2) \times N$ 规模的时频矩阵相比，本方法所得中间矩阵空间复杂度明显降低。

在上述各频段中间矩阵中，低频中间矩阵 M_{L} 中包含特征 F_{21}、F_{12}、F_{18}、F_{20}、F_{37}、F_{15}、F_{14} 计算所需中间向量；中频中间矩阵 M_{M} 包含特征 F_{42}、F_{21}、F_{12}、F_{18}、F_{20}、F_{37}、F_{15}、F_{14} 计算所需中间向量；高频中间矩阵 M_{H} 包含特征 F_{42}、F_{21}、F_{12}、F_{18}、F_{20}、F_{37}、F_{15}、F_{14} 计算所需中间向量。得到各频段中间矩阵之后，根据特征计算需要，综合对各中间矩阵进行数学运算，最终构建特征向量。

与 STMM 以及 OMFSTMM 相比，经时、频域压缩后所得中间矩阵的行、列数明显减少，需存储的矩阵空间复杂度降低、规模减小。为对比时、频域压缩前后 ST 模矩阵、OMFST 模矩阵与本方法中间矩阵所占存储空间大小，在信噪比为 50dB 的环境下，对具有随机参数的

17 类电能质量信号每类 1 组计算时、频域压缩前后矩阵所占存储空间[3]，结果见表 9-3。

表 9-3　时、频压缩前后各矩阵所占存储空间对比

类别	存储空间/MB		
	ST	OMFST	TCOMFST
C_0	39.06	0.171	2.3×10^{-4}
C_1	39.06	0.269	4.0×10^{-4}
C_2	39.06	0.220	3.3×10^{-4}
C_3	39.06	0.244	3.6×10^{-4}
C_4	39.06	0.366	5.5×10^{-4}
C_5	39.06	0.537	6.8×10^{-4}
C_6	39.06	0.781	10.5×10^{-4}
C_7	39.06	0.244	3.2×10^{-4}
C_8	39.06	0.269	3.7×10^{-4}
C_9	39.06	0.952	14.6×10^{-4}
C_{10}	39.06	0.854	13×10^{-4}
C_{11}	39.06	0.683	9.9×10^{-4}
C_{12}	39.06	0.635	9.2×10^{-4}
C_{13}	39.06	0.977	16.6×10^{-4}
C_{14}	39.06	0.488	7.2×10^{-4}
C_{15}	39.06	0.391	5.8×10^{-4}
C_{16}	39.06	0.757	10.3×10^{-4}
总计	664.02	8.84	0.013

由表 9-3 可知，本方法中间矩阵存储空间相较于 ST 与 OMFST 时-频矩阵存储空间有显著降低，减轻了硬件设备的信息储存压力。此外，随着目前电能质量采集设备采样率的增大，信号处理过程中信息存储压力更为明显。图 9-4 表示不同采样率下，经本方法进行时域压缩后所得中间矩阵相较于 OMFSTMM 存储空间的降低情况。采用 20~50dB 混合信噪比环境下，具有随机参数的 17 类电能质量信号每类各 1 组进行实验。

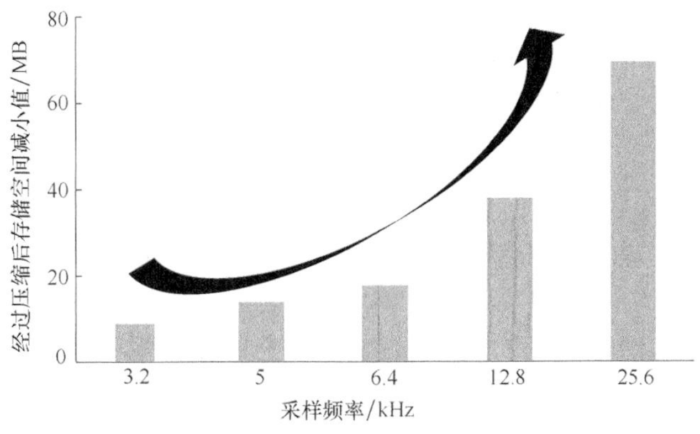

图 9-4　不同采样率下时域压缩后可节省的存储空间

表 9-3 结果显示，OMFSTMM 在 3.2kHz、5.0kHz、6.4kHz、12.8kHz、25.6kHz 下所需存储空间分别为 8.83MB、13.83MB、17.7MB、37.92MB、69.34MB，而本方法在各采样率下对 OMFSTMM 进行时域压缩后所得中间矩阵所需总存储空间在 0.013~0.014MB 之间，极大地节省了信息存储空间，减轻了硬件设备存储压力。

实验结果表明，本方法可有效降低信号处理过程中用于特征提取的矩阵存储所占空间，从而减轻硬件存储压力，且随着信号采样率的升高，本方法在降低信息存储空间方面的效果更加明显，在目前海量、高采样率电能质量扰动信号实时分析需求现状下具有重要的实际意义。

9.2 基于旋转森林的复合电能质量扰动特征选择与识别

9.2.1 旋转森林算法

旋转森林（Rotation Forest，ROF）是一种基于特征变换思想的集成分类器[2]，相较于 RF、ROF 在增大各基分类器间差异性的同时保证集成分类器的分类准确率，本章基分类器选用 DT。在为各基分类器抽取子样本前，对原样本集合进行随机分割组合，使用主成分分析（Principal Component Analysis，PCA）[4]对分割的各子样本集合进行特征变换，从而提高集成分类器中各基分类器间的差异性。

设 $\boldsymbol{X}$ 表示一个具有 S 条样本、s 个特征的特征集合矩阵，矩阵规模为 $S\times s$，$\boldsymbol{X}=[x_1,\ x_2,\ \cdots,\ x_s]^{\mathrm{T}}$ 表示矩阵 $\boldsymbol{X}$ 中的一条具有 s 个特征的样本。$\boldsymbol{Y}=[y_1,\ y_2,\ \cdots,\ y_S]^{\mathrm{T}}$ 表示集合 $\boldsymbol{X}$ 中各条样本对应类别标签，标签取值范围为 $\{1,\ 2,\ \cdots,\ c\}$，c 表示总样本种类数。W_b 为基分类器（$b=1,\ 2,\ \cdots,\ L$），L 为基分类器个数，$\boldsymbol{F}$ 表示样本集合。旋转森林构建过程为

（1）将原始样本集 $\boldsymbol{X}$ 划分为 K 个不相交的子集，每个子集包含的特征数量为 $M=s/K$，若不能整除，则剩余特征放入最后一个子集当中。

（2）$F_{b,\ q}$ 表示使用第 q 个特征子集训练第 b 个基分类器 W_b（$q=1,\ 2,\ \cdots,\ K$），对训练样本集 $\boldsymbol{X}$ 按照一定比例进行重采样，生成样本子集 $\boldsymbol{X}'_{b,\ q}$，使用 $\boldsymbol{X}'_{b,\ q}$ 以 PCA 方法对 $F_{b,\ q}$ 中的 M 个特征进行特征变换，得到 M 个主成分系数，表示为 $a_{b,\ q}^{(1)}$，$a_{b,\ q}^{(2)}$，$\cdots$，$a_{b,\ q}^{(M_q)}$。

（3）重复步骤（2）得到 K 个主成分系数，构建稀疏旋转矩阵 $\boldsymbol{R}_{\mathrm{b}}$：

$$\boldsymbol{R}_{\mathrm{b}}=\begin{bmatrix} a_{b,1}^{(1)},a_{b,1}^{(2)},\cdots,a_{b,1}^{(M_1)} & [0] & \cdots & [0] \\ [0] & a_{b,2}^{(1)},a_{b,2}^{(2)},\cdots,a_{b,2}^{(M_2)} & \cdots & [0] \\ \vdots & \vdots & \ddots & \vdots \\ [0] & [0] & \cdots & a_{b,K}^{(1)},a_{b,K}^{(2)},\cdots,a_{b,K}^{(M_K)} \end{bmatrix} \tag{9-12}$$

得到稀疏旋转矩阵 $\boldsymbol{R}_{\mathrm{b}}$ 后，根据原始样本集 $\boldsymbol{X}$ 的特征排列方式对 $\boldsymbol{R}_{\mathrm{b}}$ 重新排列得到 $\boldsymbol{R}'_{\mathrm{b}}$，最终使用旋转后的训练集 XR'_b 对基分类器 W_b 进行训练。

（4）经过以上步骤训练得到 L 个基分类器，对于一条样本 x，假设 P_{bd} 为基分类器 W_b 判定其属于 d 类的可能性（$d=1,\ 2,\ \cdots,\ c$），c 为样本所有可能的类别，则样本 x 属于 d 类的置信度表示为

$$U_d(x) = \frac{1}{L}\sum_{b=1}^{L} P_{bd} \tag{9-13}$$

最终以最大置信度确定样本 x 所属类别。

ROF 算法流程如图 9-5 所示。

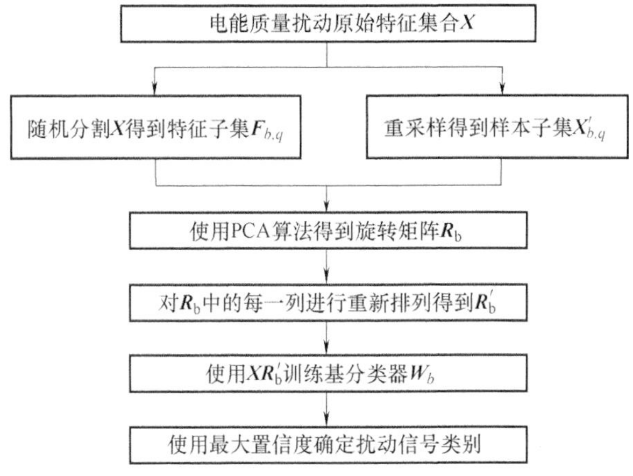

图 9-5　ROF 算法工作流程

9.2.2　仿真实验分析

以基于时域压缩 OMFST 方法所提取的原始特征集合为基础，结合基于特征 Gini 重要度分析的特征选择方法与 ROF 分类算法，对 17 类电能质量扰动信号进行识别。实现过程如图 9-6 所示。

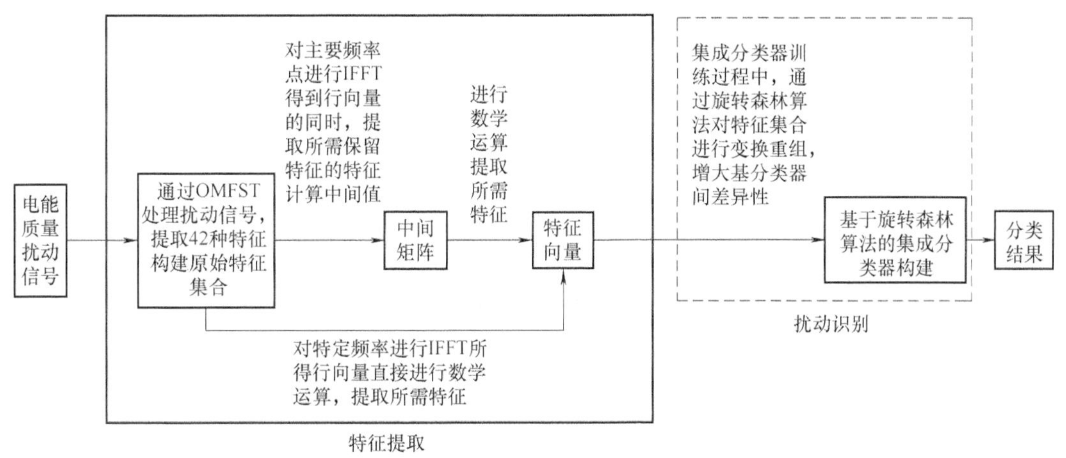

图 9-6　复合电能质量扰动识别过程

1. 基于特征 Gini 重要度与 SFS 的电能质量扰动特征选择

使用特征 Gini 重要度结合 SFS 方法进行特征选择，确定最优特征子集。特征 Gini 重要度及特征选择过程如图 9-7 所示。

由图 9-7 分析可知，特征维数在 15 维时，分类准确率达到最高，识别准确率达到 98.67%，

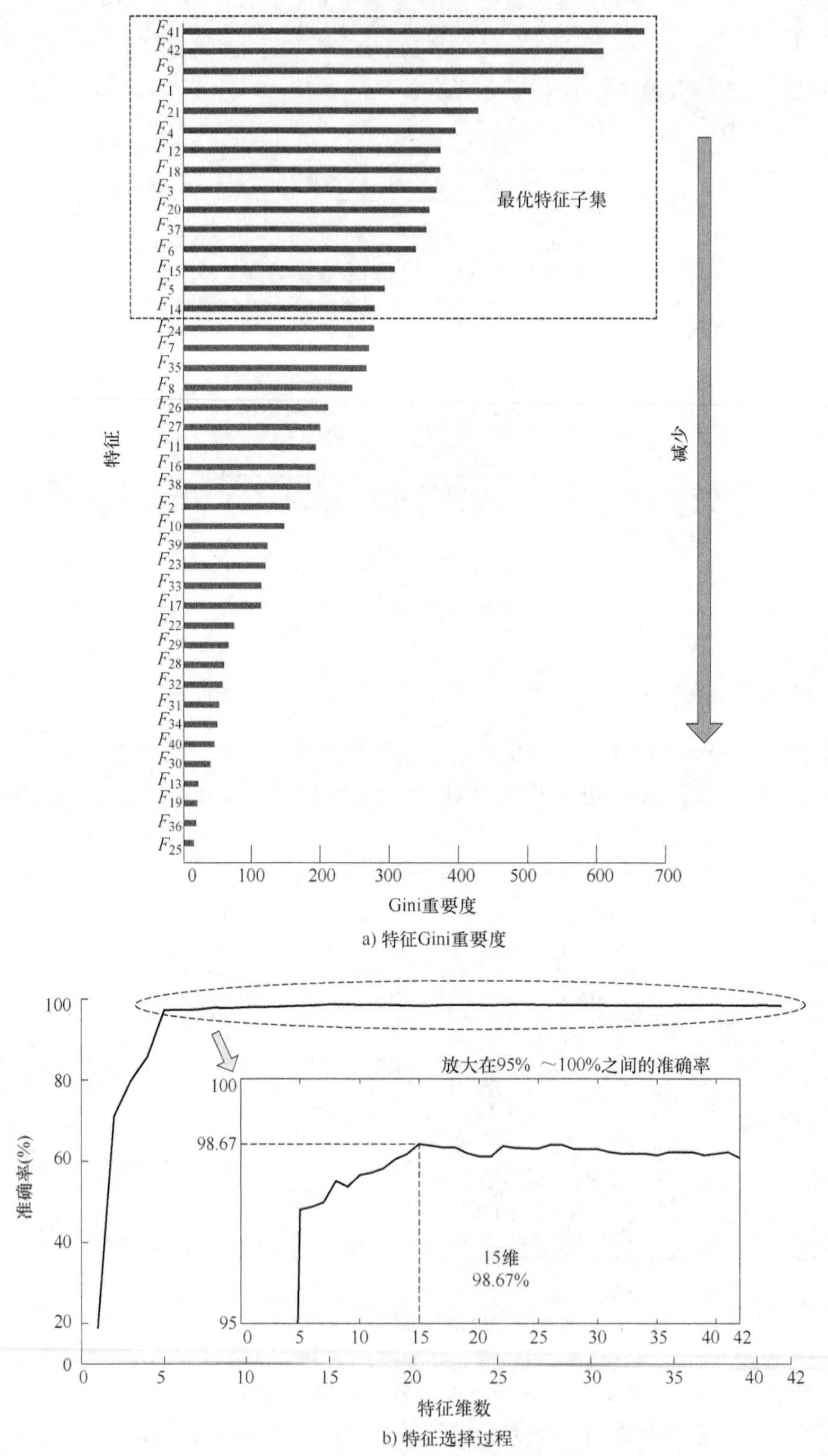

图 9-7　基于特征 Gini 重要度的前向特征选择

加入其余特征后，准确率随特征维数的变化波动幅度较小，综合考虑特征准确率与特征数量，最终确定特征 Gini 重要度降序排序中的前 15 维特征作为最优特征子集，所选特征如图 9-7a 虚线标注所示。

为分析所选最优特征集合对扰动信号的分类能力，对信噪比为 20～50dB 间随机值，具有随机参数的 17 类扰动信号每类各 600 组提取最优特征子集中包含的特征，绘制散点图观察不同特征组合对各类扰动信号的区分能力，实验结果如图 9-8 所示。

由图 9-8 分析可知，对于识别过程中容易混淆的含有相同扰动成分或相近特点的不同扰动信号，如谐波及其复合扰动、振荡及其复合扰动和闪变及其复合扰动，最优特征子集中不同特征组合均有较好的区分能力。此外，最优特征子集中未在散点图具体展示的其余特征也在识别过程中细节方面发挥作用，以保证最优扰动识别能力。

2. 基于旋转森林算法的电能质量扰动识别

构建 ROF 分类器过程中，需要确定的参数主要有 3 个：基分类器个数 L 、特征子集划分数 K 以及构建样本子集时的重采样比例。其中，基分类器个数 L 过少会影响分类准确度，过多则会增加算法运算复杂度，根据统计实验，综合考虑分类精度与运算量，实验中将基分

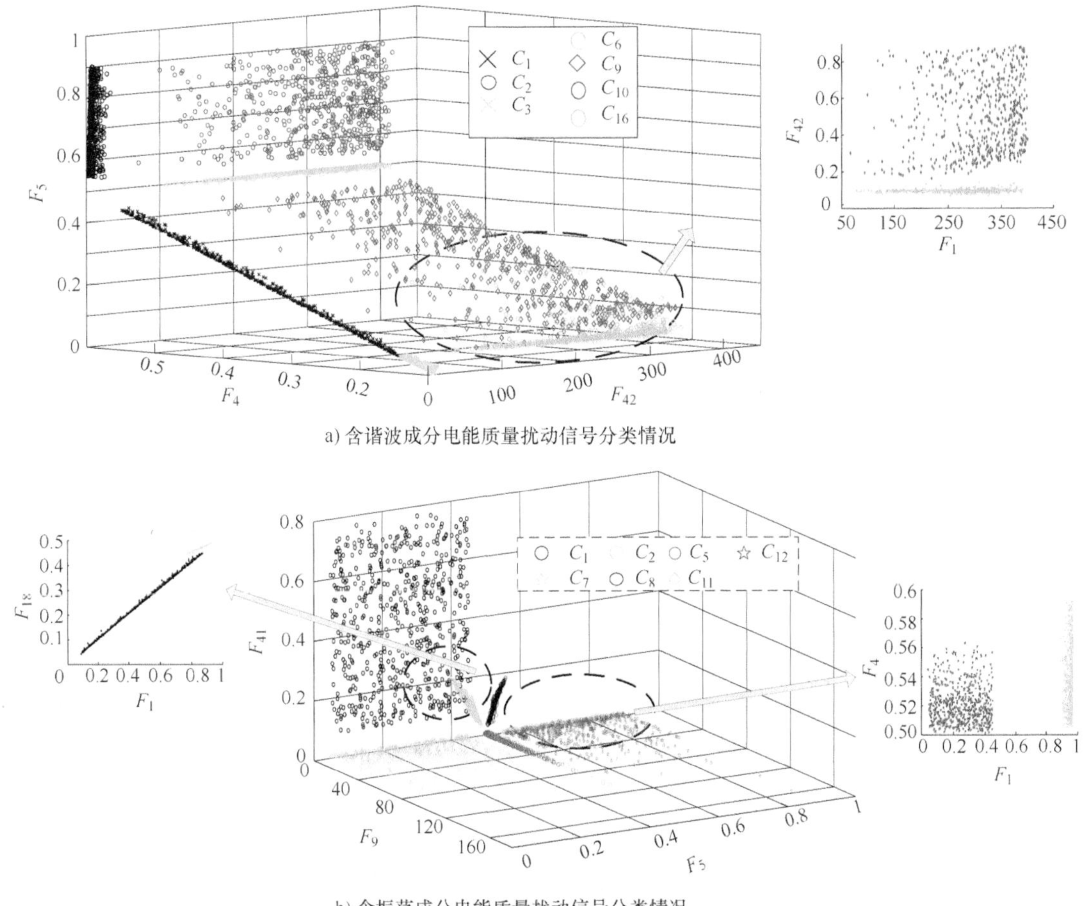

a) 含谐波成分电能质量扰动信号分类情况

b) 含振荡成分电能质量扰动信号分类情况

图 9-8　特征分类能力分析（见插页）

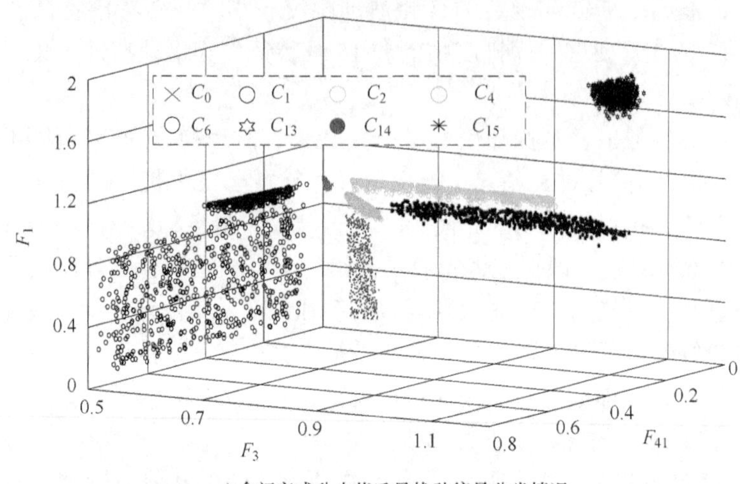

c) 含闪变成分电能质量扰动信号分类情况

图 9-8 特征分类能力分析（续）(见插页)

类器个数 L 定为 200；特征子集划分数 K 与构建样本子集时的重采样比例将影响集成分类器中各基分类器之间的差异性，进而影响最终识别精度，为了确定最优参数组合，使用集成分类器差异性度量指标 Kappa[5] 与 Difficulty[6] 衡量不同参数组合下分类器的差异性，同时考虑不同参数组合下分类器识别精度，最终确定最优参数组合。

Kappa 度量用来分析集成分类器的集成泛化能力与差异性间的关系，计算方式为

$$k = 1 - \frac{(1/L)\sum_{h=1}^{S} l(x_h)[L - l(x_h)]}{N(L-1)P(1-P)} \tag{9-14}$$

式中，S 为样本数；L 为基分类器个数；$l(x_h)$ 表示将样本 x_h 正确分类的基分类器个数；P 表示各基分类器的平均分类精度。

Kappa 度量值越小，基分类器之间的差异性越大。

Difficulty 度量计算方式为

$$\theta = \mathrm{var}(\mathbf{Z}) \tag{9-15}$$

式中，$\mathbf{Z} \in \{0, 1/L, 2/L, \cdots, 1\}$ 表示对于样本 x_h，对其分类正确的基分类器个数占总基分类器个数的比例；var 表示对集合 $\mathbf{Z}$ 求方差。

不同参数组合下 ROF 的分类准确率与两种差异性度量指标的变化如图 9-8 所示。

由图 9-9 分析可知，参数 K 值在 11～13 之间时，基分类器间差异性较大，同时分类器识别精度较高，且在同一 K 值下，不同重采样比率对基分类器间差异性与分类精度影响较小。综合考虑基分类器间差异性与识别精度，最终确定特征子集划分数 K 与构建样本子集时的重采样比率的值分别为 13%和 75%。

为全面验证本方法在不同噪声环境下的有效性，使用 MATLAB 在信噪比 50dB、40dB、30dB、20dB 环境下分别仿真生成各扰动信号每类各 200 组构建测试集合，分别使用 ELM、DT、RF 以及基于 ROF 的方法进行识别，对比方法相关参数设计参考相关文献确定。识别结果见表 9-4。

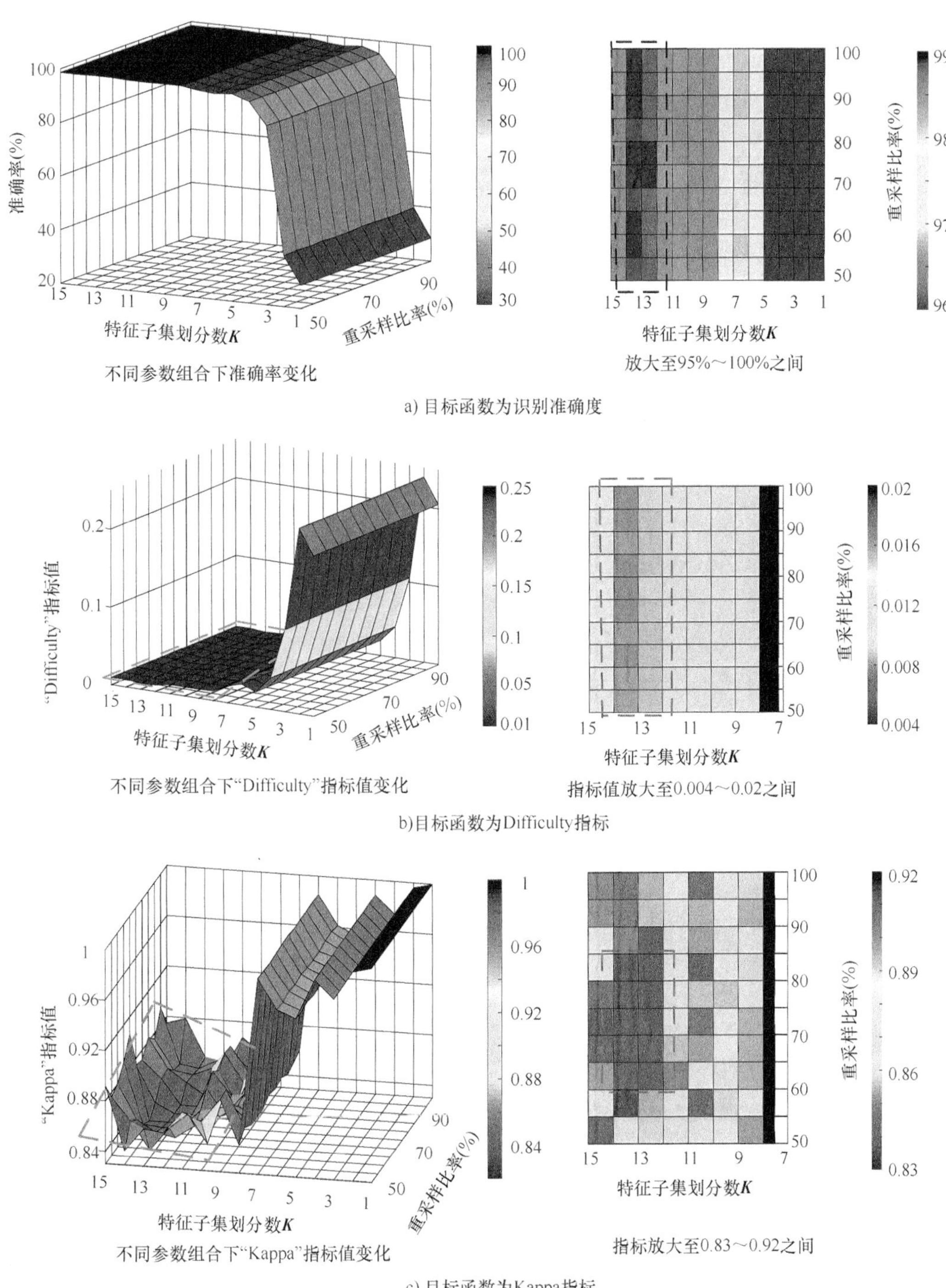

图 9-9　不同 ROF 参数组合寻优过程（见插页）

分析表 9-4 结果可知，本方法相较于其他分类器具有更好的分类准确率。在信噪比为 30dB 以上环境下，本方法识别准确率在 98. 94%以上，在低信噪比 20dB 环境下，识别准确率仍能达到 93. 97%，验证了本方法良好的识别准确率与抗噪能力[7]。

表 9-4　17 类电能质量信号采用不同分类器结果比较

扰动类型	分类准确率（%）															
	SNR=50dB				SNR=40dB				SNR=30dB				SNR=20dB			
	ELM	DT	RF	ROF	ELM	DT	RF	ROF	ELM	DT	RF	ROF	ELM	DT	RF	ROF
C_0	100	100	100	100	100	100	100	100	96.5	98	98	99.5	72	79.5	82	86.5
C_1	95.5	98	98.5	100	91.5	95	97.5	99	91	96	97	97.5	80	84	86	87
C_2	91	94.5	96	98	91	94	96.5	96.5	90	91.5	93	98	69.5	78.5	80	82.5
C_3	92	95.5	95.5	97.5	90.5	95.5	97.5	98	90	95.5	96.5	96.5	89.5	94	95	96
C_4	100	100	100	100	100	100	100	100	100	100	100	100	96	98	98.5	99
C_5	100	100	100	100	100	100	100	100	96.5	99	99.5	100	81.5	84	85	87
C_6	100	100	100	100	100	100	100	100	100	100	100	100	94.5	98	99	99
C_7	100	100	100	100	100	100	100	100	98	99.5	99.5	100	92	94.5	95	96.5
C_8	100	100	100	100	100	100	100	100	100	100	100	100	93.5	98	99	99
C_9	100	100	100	100	100	100	100	100	98.5	99	99	99	94	95	96	96.5
C_{10}	95.5	97	98	98.5	92.5	93.5	95	98	91.5	93.5	95	96.5	86.5	90.5	90	90.5
C_{11}	94.5	95.5	97.5	99	93.5	95.5	96.5	99	92.5	94.5	95.5	97.5	90.5	92	93	94
C_{12}	94	96	98	98	94.5	95	96	98	92	94.5	95	97.5	89.5	90.5	91.5	91.5
C_{13}	100	100	100	100	98.5	100	100	100	97.5	99.5	100	100	95	96	97	98
C_{14}	100	100	100	100	100	100	100	100	100	100	100	100	95	95	95.5	96.5
C_{15}	100	100	100	100	99.5	100	100	100	99	99	100	100	95.5	97.5	98	99.5
C_{16}	100	100	100	100	100	100	100	100	99.5	99.5	100	100	94	96.5	97.5	98.5
平均精度	97.79	98.62	99.03	99.47	97.14	98.15	98.76	99.32	96.03	97.59	98.12	98.94	88.74	91.85	92.82	93.97

9.2.3　实测数据实验分析

基于仿真信号的实验取得了较为满意的识别效果，为了进一步验证本方法在实际工业环境下的有效性，对葡萄牙某配电网 2006 年 12 月间的 1179 组实测单相电能质量信号展开识别工作[8]。实测信号采样率为 50kHz，部分实测电能质量信号原始波形如图 9-10 所示。

采用本方法对实测电能质量信号进行识别。采用上文含随机噪声的仿真信号训练的 ROF 分类器对实测电能质量信号开展识别。统计各实测电能质量信号分类结果，与参考文献［8］原始识别结果进行对比，结果见表 9-5。

表 9-5　实测数据识别结果

原始识别类型	本方法识别类型	对应扰动类型标号
暂降 1 组	暂降+振荡 1 组	C_{12}
中断 5 组	中断 5 组	C_3
振荡 1164 组	尖峰 1164 组	C_8
未知类型 9 组	尖峰 8 组	C_8
	切痕 1 组	C_7

由表 9-5 可知，本方法可以有效识别电网实测电能质量信号，且识别类型较参考文献［8］更为丰富。其中，参考文献［7］识别类型为中断的信号，本方法识别结果仍为中断（C_3）。参考文献［8］识别类型为暂降的信号，经本方法识别后将扰动类型锁定为暂降+振荡（C_{12}）。通过观察扰动信号进行 S 变换后得到的等高线图，发现扰动信号在高频区域能量分布呈现块状，与单一暂降扰动信号起、止时刻的窄带状能量分布不同，与振荡扰动信号高频部分的能量分布特性相似。通过计算扰动信号高频部分局部矩阵能量可知，此实测信号中高频部分能量高于单一暂降扰动中高频部分能量的分布范围，且符合含振荡成分扰动信号的

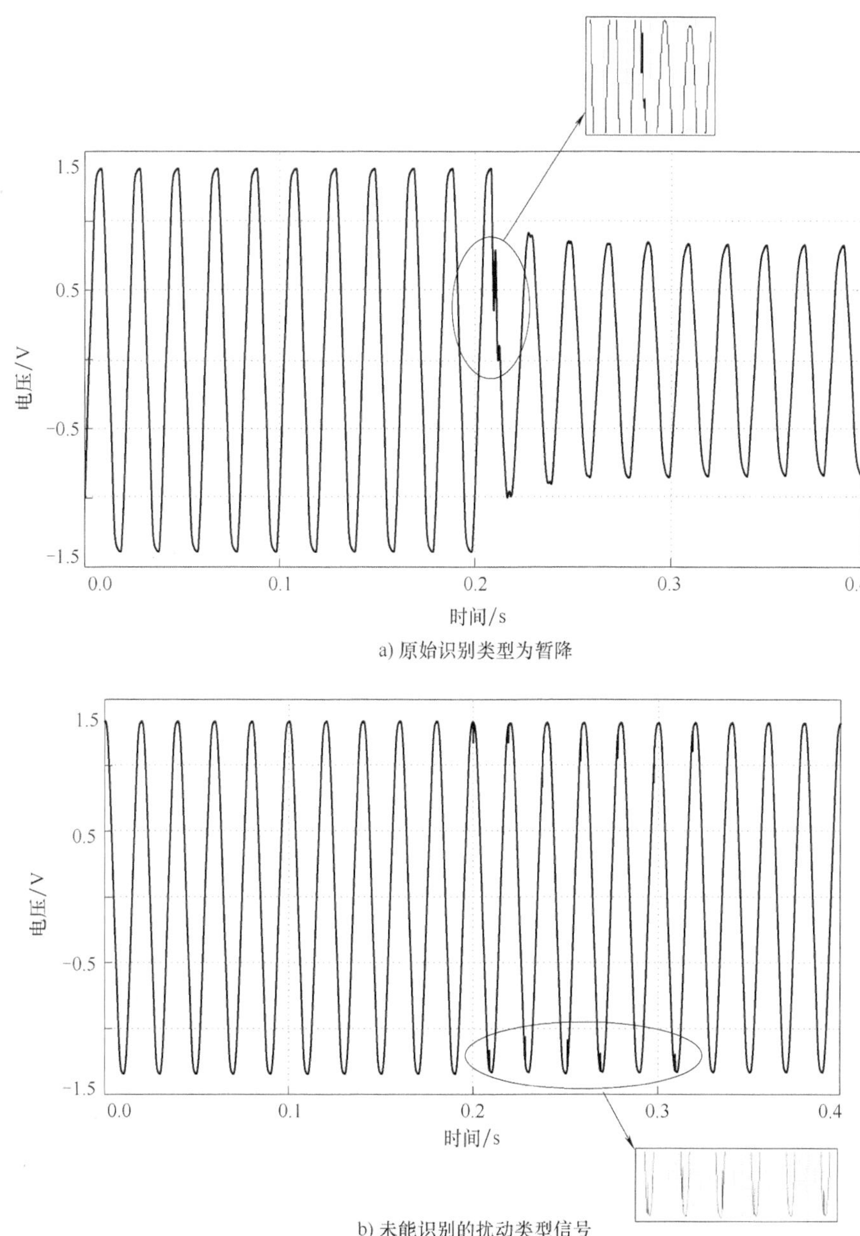

a) 原始识别类型为暂降

b) 未能识别的扰动类型信号

图 9-10　实测电能质量信号

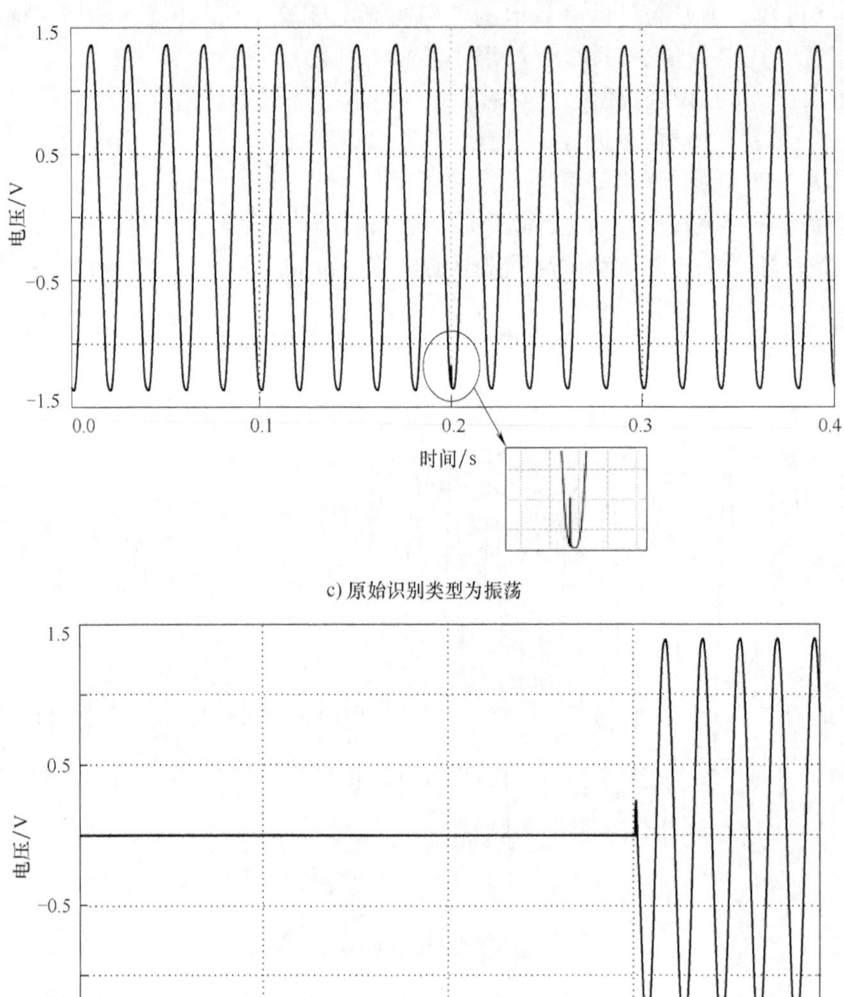

c) 原始识别类型为振荡

d) 原始识别类型为中断

图 9-10　实测电能质量信号（续）

高频部分能量分布规律，由此确定扰动信号中确实含有振荡成分，因此最终将扰动类型锁定为复合扰动暂降+振荡（C_{12}）。本方法将参考文献［8］识别类型为振荡的 1164 组信号全部识别为尖峰（C_8），这是因为原方法识别类型较少，将尖峰、切痕等类型扰动统一识别为振荡，识别结果不准确。另外有 9 组原始未知类型信号，本方法识别为尖峰（C_8）和切痕（C_7），经人工统计后，确定本方法识别正确。

综上可知，经仿真数据训练得到的最优 ROF 分类器对实测信号同样适用，具有良好的分类效果，相较于实测信号原始记录结果，使用本方法识别结果更加精准、细致，具有更好的复合扰动识别能力，能够满足实际电能质量信号分析的需求。

9.3 本章小结

本章针对现有复杂噪声环境下电能质量扰动信号处理效率低、数据存储压力大等问题，采用高特征提取效率、低空间复杂度的方法进行电能质量扰动信号识别。

本章所做的主要工作与相应结论包括：

（1）对于复杂电能质量扰动信号，以包括复合扰动在内的 17 类扰动为分析对象，采用一种基于时域压缩 OMFST 的复合电能质量扰动特征提取方法。实现了对 S 变换时-频矩阵时域和频域的压缩，有效降低了信息存储所需空间，减轻了硬件设备的存储压力。

（2）使用旋转森林分类器对 17 类扰动信号进行识别。在分类器构造过程中，分别以准确率和两种差异性度量指标为目标函数，确定分类器最优参数值。在信噪比为 30dB 以上噪声环境下，旋转森林分类器对 17 类扰动信号的识别准确率均达到了 98%以上。最后通过葡萄牙某配电网的实测电能质量数据进行验证，该方法识别出了原始记录结果中未发现的复合扰动成分，识别更加准确，为扰动源准确定位提供了重要依据。

本章实现了对电能质量扰动信号的高精度识别，提高了特征提取效率，降低了复合扰动的信息存储空间与硬件存储压力。本章成果可以为电力系统中的扰动源快速、精确定位提供重要依据，进一步促进电能质量扰动识别技术在电能质量监测与分析等方面的应用。成果若应用于电能质量监测设备中，将对提高电力系统电能质量、保证社会生产和居民生活安全用电，降低因电能质量不达标造成的经济损失具有重要意义。

参考文献

[1] HUANG N, PENG H, CAI G, et al. Power Quality Disturbances Feature Selection and Recognition Using Optimal Multi-Resolution Fast S-Transform and CART Algorithm [J]. Energies, 2016, 9, (11): 927-948.

[2] HUANG N, LU G, CAI G, et al. Feature Selection of Power Quality Disturbance Signals with an Entropy-Importance-Based Random Forest [J]. Entropy, 2016, 18 (2): 44-65.

[3] HUANG G B, ZHU Q Y, SIEW C K. Extreme learning machine: Theory and applications [J]. Neurocomputing, 2006, 70: 489-501.

[4] HAN J, KAMBER M. Data Mining: Concepts and Techniques, Morgan Kaufmann [M]. San Franciso: Morgan Kaufmann Publishers Inc., 2001.

[5] DIETTERICH T G. An Experimental Comparison of Three Methods for Constructing Ensembles of Decision Trees: Bagging, Boosting, and Randomization [J]. Machine Learning, 2000, 40 (2): 139-157.

[6] HANSEN L K, SALAMON P. Neural Network Ensembles [J]. IEEE Transactions on Pattern Analysis and Machine Intelligence, 1990, 12 (10): 993-1001.

[7] HUANG N, WANG D, LIN L, et al. Power quality disturbances classification using rotation forest and multi-resolution fast S-transform with data compression in time domain [J]. IET Generation, Transmission & Distribution, 2019, 13 (22): 5091-5101.

[8] TOMÁŠ RADIL, RAMOS P M, JANEIRO F M, et al. PQ Monitoring System for Real-Time Detection and Classification of Disturbances in a Single-Phase Power System [J]. IEEE Transactions on Instrumentation and Measurement, 2008, 57 (8): 1725-1733.

第 10 章　基于时域特征提取和轻量级梯度提升机的电能质量分析技术研究

配电网海量电能质量数据通过有限数据传输速率物联网信道传输至上位系统是高效电能质量分析的瓶颈问题之一。为此，本章提出一种计及多物联通信方式数据传输速率约束与边缘设备成本的电能质量高效边缘特征提取与扰动识别方法。首先，在边缘侧对扰动信号进行基于时域分割的扰动特征高效提取。然后，在以 Split 重要度确定高维特征排序基础上，以轻量级梯度提升机（Light Gradient Boosting Machine，LightGBM）分类准确率为决策变量，开展前向特征选择，确定最优分类特征子集。最后，根据最优特征子集，构建 LightGBM 分类器。实验证明，本章方法边缘特征提取方式较时-频分析等方法时间复杂度显著降低，且上传最优特征子集方法较上传原始信号通信数据量显著降低；同时，基于 LightGBM 构建的分类器可高效、准确识别包括 8 种复合扰动在内的共 17 种扰动信号。本章方法能够在物联通信数据传输速率约束下，满足海量电能质量扰动事件识别精度与效率需求。

10.1　计及物联网数据传输速率约束的电能质量时域特征高效边缘提取

10.1.1　物联网数据传输速率约束

电能质量采集装置一般安装在变电站、电气化铁路、工业负荷、居民负荷侧、电动汽车充电站、光伏电站、风电场及海量分布式电源并网点等位置。以低成本电能质量边缘感知与特征提取设备采集相关特征，代替传统原始信号上传方式，能够有效降低系统的通信成本。

受典型物联通信方式数据传输速率限制，原始电能质量扰动信号数据难以采用 LoRa、NB-IoT 等物联网通信方式直接传输至上位系统。如采用 LoRa 与 NB-IoT 等典型可靠物联通信方式实现通信，则必须考虑物联数据传输速率限制约束。本方法考虑在基于物联通信的电能质量扰动识别架构（见图 10-1）中应用，以满足窄带物联网数据传输速率约束。以常用物联通信方式 LoRa 与 NB-IoT 为例，最高数据传输速率为 100kbit/s[1]。

在相关系统结构设想中，为保证物联网技术的有效应用，需要计及该通信方式数据传输

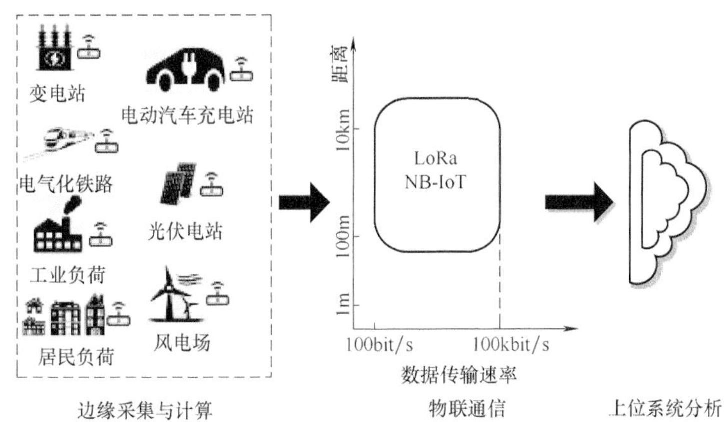

图 10-1　基于窄带物联通信的电能质量扰动识别系统架构

速率限制，设计相关系统。在采集侧安装边缘采集与特征计算设备，进行电能质量扰动信号采集与特征提取；通过窄带物联网上传相关扰动特征至上位系统；在上位系统完成电能质量扰动识别。需要说明的是，本章主要研究内容为满足以上架构通信数据传输速率限制需求的边缘特征提取与上位系统高效扰动识别技术，系统架构仅作为本章分析背景加以介绍。

10.1.2　仿真实验分析

本章以包括标准信号在内的共 17 种常见电能质量信号为分析对象（各类型及对应标号详见表 9-1），采用一种计及物联网数据传输速率约束的电能质量时域特征高效边缘提取方法。研究中，实验均在配置为 Intel Core i5-7500 CPU、DDR4 2666Hz 12GB 内存的微型计算机上完成。其中，基频为 50Hz，信号采样率为 6400Hz，采样周期为 50 个信号周期。为真实反应电力系统中存在的电能质量扰动事件，各信号添加信噪比在 20~50dB 之间的高斯白噪声。电能质量扰动识别效果的关键在于扰动信号的特征提取。时域分析法特征提取方式与时-频分析等方法相比，能够反映信号的幅值变化、振荡衰减程度，且时间复杂度显著降低，满足低成本终端边缘计算要求。根据相关 IEEE 与国标相关定义，以信号周期长度为时域分割尺度，开展时域分割。以 1 周期为分割尺度，对信号样本开展时域分割。谐波含暂降等 8 种复合电能质量扰动信号时域分割效果如图 10-2 所示。

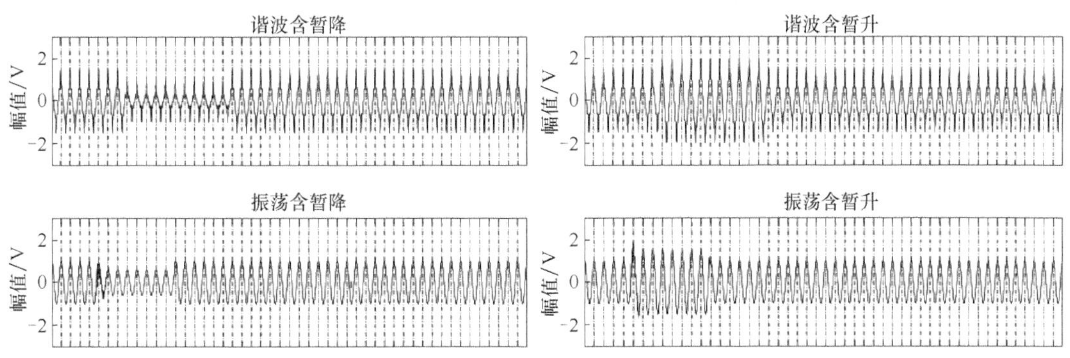

图 10-2　8 种复合扰动时域分割效果展示

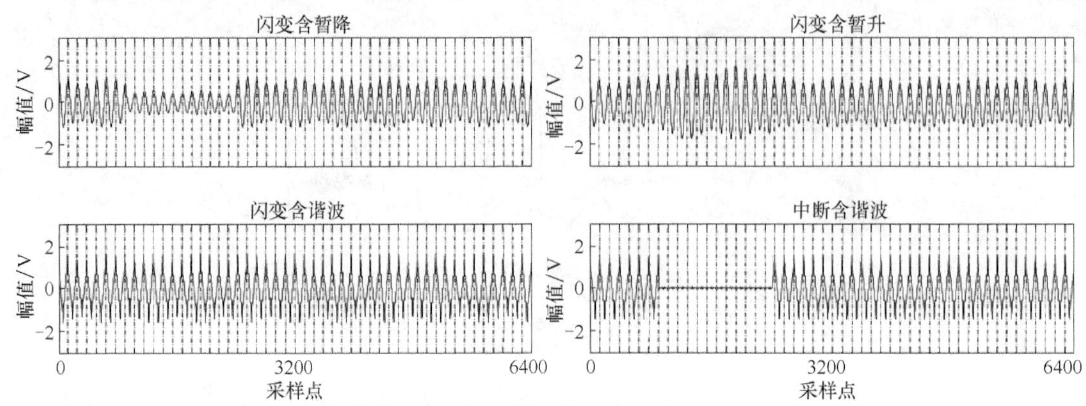

图 10-2　8 种复合扰动时域分割效果展示（续）

由图 10-2 可知，在不同时域分割范围内，当扰动发生、结束、持续过程中等各个特殊时段，不同扰动类型波形显著差异于其他扰动。因此，可通过时域特征刻画其差异性，实现扰动分类。

本章采用 20 种时域特征[2]，构建特征向量。表 10-1 为特征计算公式，其中 $x(n)$ 为电能质量扰动信号中某采样点的电压幅值，p_n 为概率密度，计算熵特征时参数取 $\alpha=0.4$ 进行计算，$R(m)$ 为原始电能质量扰动信号每个 1/4 周期的方均根值，R_0 为无噪声标准电能质量扰动信号 1/4 周期的方均根值，N 为电能质量扰动信号样本的采样点数。

表 10-1　特征计算公式

特征	公式	特征	公式
调和平均数	$F_{th}=\dfrac{N}{\sum\limits_{n=1}^{N}\dfrac{1}{x(n)}}$	Shannon 熵	$F_{se}=-K\sum\limits_{n=1}^{N}p_n\log p_n$
方差	$F_{tv}=\dfrac{1}{N}\sum\limits_{n=1}^{N}(x(n)-F_{mv})^2$	Renyi 熵	$F_{re}=\dfrac{1}{1-\alpha}\log\sum\limits_{n=1}^{N}p_n^{\alpha}$
标准差	$F_{std}=\sqrt{\dfrac{1}{N}\sum\limits_{n=1}^{N}[x(n)-F_{mv}]^2}$	Tsallis 熵	$F_{te}=-\dfrac{1}{\alpha-1}\log\left(1-\sum\limits_{n=1}^{N}p_n^{\alpha}\right)$
平均差	$F_{av}=\dfrac{1}{N}\sum\limits_{n=1}^{N}\lvert x(n)\rvert$	均值	$F_{mv}=\dfrac{1}{N}\sum\limits_{n=1}^{N}x(n)$
偏度	$F_{sv}=\dfrac{1}{N}\sum\limits_{n=1}^{N}\left[\dfrac{x(n)-F_{mv}}{F_{std}}\right]^3$	方均根	$F_{rms}=\left[\dfrac{1}{N}\sum\limits_{n=1}^{N}x(n)^2\right]^{1/2}$
峭度	$F_{kv}=\dfrac{1}{N}\sum\limits_{n=1}^{N}\left[\dfrac{x(n)-F_{mv}}{F_{std}}\right]^4$	最大值	$F_{pv}=\max(\lvert x(n)\rvert)$
熵	$F_{sh}=-\sum\limits_{n=1}^{N}p_n\log p_n$	最小值	$F_{iv}=\min(\lvert x(n)\rvert)$

（续）

特征	公式	特征	公式
最大值与最小值之差	$F_{ppv}=\max[x(n)]-\min[x(n)]$	归一化幅值因数	$F_{fa}=\frac{\max[x(n)]+\min[x(n)]-1}{2}$
最大值与最小值之和	$F_{ppv}=\max[x(n)]+\min[x(n)]$	1/4 周期能量跌落幅度	$F_{de}=\frac{\min[R(m)]}{R_0}$
能量	$F_{en}=\sum_{k=0}^{N-1}x^2(n)$	1/4 周期能量上升幅度	$F_{ss}=\frac{\max[R(m)]}{R_0}$

配电网海量电能质量数据难以通过有限数据传输速率物联网信道传输。因此，以对信号提取的特征代替原始信号上传。当将特征提取计算工作转移至边缘侧设备时，无法满足低成本边缘计算设备低复杂度计算要求。因此，在特征提取过程中，可针对原始电能质量扰动信号进行时域分割后，直接提取时域特征。由此降低计算复杂度，满足低成本终端边缘计算要求。规则为：对分割后各区间分别计算各类时域特征值[2]；之后，分别选取各时域区间内同一类特征值中的最大值、最小值参数，共 40 维特征用于构建原始特征集合。此外，对原始信号整体计算各类时域特征 20 维。最终，共提取 60 维时域特征。本章中 60 维时域特征类别与标号见表 10-2。

表 10-2　特征类别与标号

特征类别	特征标号			特征类别	特征标号		
	各区间最大值	各区间最小值	整体		各区间最大值	各区间最小值	整体
调和平均数	F_1	F_{21}	F_{41}	均值	F_{11}	F_{31}	F_{51}
方差	F_2	F_{22}	F_{42}	方均根	F_{12}	F_{32}	F_{52}
标准差	F_3	F_{23}	F_{43}	最大值	F_{13}	F_{33}	F_{53}
平均差	F_4	F_{24}	F_{44}	最小值	F_{14}	F_{34}	F_{54}
偏度	F_5	F_{25}	F_{45}	最大值与最小值之差	F_{15}	F_{35}	F_{55}
峭度	F_6	F_{26}	F_{46}	最大值与最小值之和	F_{16}	F_{36}	F_{56}
熵	F_7	F_{27}	F_{47}	能量	F_{17}	F_{37}	F_{57}
Shannon 熵	F_8	F_{28}	F_{48}	归一化幅值因数	F_{18}	F_{38}	F_{58}
Renyi 熵	F_9	F_{29}	F_{49}	1/4 周期能量跌落幅度	F_{19}	F_{39}	F_{59}
Tsallis 熵	F_{10}	F_{30}	F_{50}	1/4 周期能量上升幅度	F_{20}	F_{40}	F_{60}

为表明本方法的特征提取效率，图 10-3 展示了在采样率为 6400Hz，采样波形为 50 个周期的条件下，边缘侧处理 1 组扰动信号在不同的特征提取方法下所需时间。

由图 10-3 分析可知，目标方法与 ST、EMD 和 WT 等相比，无信号处理时间，且整体特征提取时间也远远低于 ST、EMD 和 WT 方法。

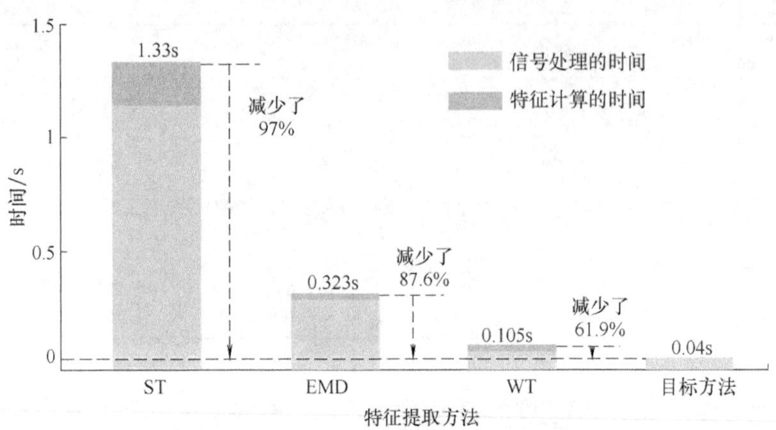

图 10-3　不同特征提取方法时间对比

10.2　基于轻量级梯度提升机的电能质量扰动特征选择与识别

10.2.1　LightGBM

集成学习降低了单个模型的分类错误率，提高了模型的泛化能力。集成学习可分为 Bagging 和 Boosting 两种，传统的 Boosting 例如梯度提升树（Gradient Boosting Decision Tree，GBDT）和极值梯度提升（eXtreme Gradient Boosting，XGBoost）在每一次迭代的时候，都需要遍历整个训练数据多次，难以满足海量监测点高采样率电能质量数据分析的需求。电能质量扰动分类模型，采用多线程并行直方图加速训练进程，并采用单边梯度采样（Gradient-based One-Side Sampling，GOSS）与互斥稀疏特征绑定（Exclusive Feature Bundling，EFB）方法对数据进行预处理，采用带深度限制的 Leaf-wise 生长策略提高分类准确率，可以考虑用于现在海量监测点高采样率的电能质量扰动的分析研究。

1. 梯度提升树

GBDT 训练过程为阶梯状，其弱学习器（决策树）按次序进行训练，弱学习器的训练集按照某种策略每次都进行一定的转化。对所有弱学习器预测的结果进行线性综合产生最终的预测结果。具有训练效果好、不易过拟合等优点。设建立的第 t 个弱学习器为 $f_t(x;\ \theta_t)$，θ_t 为第 t 个弱学习器的参数，β_t 为第 t 个弱学习器的权重，$F_t(x)$ 为迭代 t 次得到的强学习器。则有

$$\begin{cases} F_0(x) = 0 \\ F_1(x) = F_0(x;\theta_0) + \beta_1 f_1(x;\theta_1) \\ F_2(x) = F_1(x) + \beta_2 f_2(x;\theta_2) \\ \quad\vdots \\ F_t(x) = F_{t-1}(x) + \beta_t f_t(x;\theta_t) \end{cases} \tag{10-1}$$

GBDT 使用决策树来学习出一个从输入空间 X^s 到梯度空间 G 的映射函数。假设有一个数据量为 n 的训练集 $\{x_1, \cdots, x_n\}$，其中 x_i 是空间 x^s 中第 i 个维度为 s 的向量。每次梯度提升迭代中，当前模型损失函数负梯度输出值为 $\{g_1, \cdots, g_n\}$，其中 g_i 为 x_i 对应的损失函数负梯度在当前模型输出的值。弱学习器在信息增益最大的特征分裂点处进行分割，而信息增益通过分裂后方差度量。

设 O 为基模型一个固定节点内的数据集。此节点处特征 j 在 d 分割点的方差增益定义为

$$V_{j\mid O}(d)=\frac{1}{n_O}\left[\frac{\left(\sum_{\{x_i\in O;x_{ij}\leqslant d\}}g_i\right)^2}{n^j_{l\mid O}(d)}+\frac{\left(\sum_{\{x_i\in O;x_{ij}>d\}}g_i\right)^2}{n^j_{r\mid O}(d)}\right] \tag{10-2}$$

式中，n_O 为某个固定叶子节点的训练集样本的个数，可表示为 $n_O=\sum I\{x_i\in O\}$；$n^j_{l\mid O}(d)$ 为第 j 个特征上值小于等于 d 的样本个数，可表示为 $n^j_{l\mid O}(d)=\sum I\{x_i\in O: x_{ij}\leqslant d\}$；$n^j_{r\mid O}(d)$ 为在第 j 个特征上值大于 d 的样本个数，可表示为 $n^j_{r\mid O}(d)=\sum I\{x_i\in O: x_{ij}>d\}$。

如果选择的最优分割点为 $d_j^*=\arg\max_d V_j(d)$，计算得到的最大增益为 $V_j(d_j^*)$。则按照特征 j^* 在点 d_j^* 处将数据划分成左子树和右子树。

2. 基于多线程并行直方图的训练加速方法

传统的 Boosting 算法需要对特征进行预排序并且需要保存排序后的索引值。预排序算法遍历每个分割点时，需要进行整个训练数据的信息增益计算，训练时间较长。本方法采用直方图算法对所有特征进行分 bin 归一化。直方图算法特征信息增益计算只需遍历 k 个 bin，由于决策树为弱模型，分割精度较低的分割点具有正则化的效果，k 决定了正则化的程度，可以有效地防止过拟合，且信息增益的计算可通过多线程并行计算完成。弱学习器构建过程中，叶子节点的直方图可通过父亲节点与兄弟节点做差得到，仅需遍历 k 个 bin，进一步提升了训练速度。

3. 基于电能质量数据样本与特征轻量化的分类器构建

传统的 Boosting 算法在对弱学习器构建过程中需要对每一个特征扫描所有的样本点来选择最好的切分点，在时间上难以满足海量监测点高采样率的电能质量扰动识别场景需求。直方图算法通过分段函数把连续值离散化成对应的 bin，若降低样本和特征的维度，直方图算法的复杂度也将进一步地降低。采用 GOSS 和 EFB 两种方法可以减少寻找最佳切分点的时间，GOSS 在进行样本采样的时候只保留了梯度较大的样本；EFB 通过在特征值中加一个偏移量，使得不同特征捆绑到同一个 bin，实现将高维度的稀疏样本中互斥程度较小特征“捆绑”，通过调整最大冲突数量，实现精度和效率之间的平衡。

采用 GOSS 和 EFB 对样本和特征进行预处理伪代码如下[3,4]：

输入：训练样本和特征，大梯度采样比例（a），小梯度采样比例（b），最大冲突数量。

步骤 1：将样本梯度值按绝对值降序排序，选取前 $a*100\%$个样本，然后在剩下的较小梯度样本中随机选择 $b*100\%$个样本。

步骤 2：将 $b*100\%$个样本乘以一个常数 $[(1-a)/b]*100\%$，最后将（$a+b$）$*100\%$作为新的训练样本，实现 GOSS 对样本的降维。

步骤 3：根据步骤 1 到步骤 2 构造的新训练样本，构造一个加权无向图，顶点是特征，边有权重，权重与两个特征间最大冲突数量相关。

步骤 4：根据节点的度进行降序排序，度越大，与其他特征的冲突越大。

步骤 5：遍历所有特征，将其分配给现有特征，使得总体冲突最小。

步骤 6：重复步骤 4 到步骤 5，确定哪些特征应该被捆绑，通过增加偏移量将互斥特征进行捆绑，作为新的特征，实现 EFB 对特征的降维。

输出：降维后的样本和特征。

其中，当 $a=0$ 时，GOSS 算法退化为随机采样算法；当 $a=1$ 时，GOSS 算法采样整个样本。GOSS 以较小样本的信息增益确定分割点，计算信息增益计算成本大大减少，采样效果优于随机采样方法，且不会过多损失训练精度。

4. 带深度限制的 Leaf-wise 生长策略

决策树生长策略直接影响基于树结构的 Boosting 方法分类准确率。传统的 Boosting 方法使用如图 10-4 所示的按层生长（Level-wise）的决策树生长策略，通过参数最大深度 max_depth 来限制树的深度，但由于部分叶子分裂增益较低，无搜索和分裂必要[5]。LightGBM 使用如图 10-5 所示的带有深度限制的按叶子生长（Leaf-wise）的策略。每次从当前所有叶子中找到分裂增益最大的叶子分裂，如此循环。因此，同 Level-wise 策略相比，在分裂次数相同的情况下，可有效降低误差。但由于 Leaf-wise 策略可能会构建较深决策树而导致过拟合，因此，本方法在 Leaf-wise 之上增加参数叶子数 num_leaves 来限制树的深度，从而在保证高效分析的同时防止过拟合。

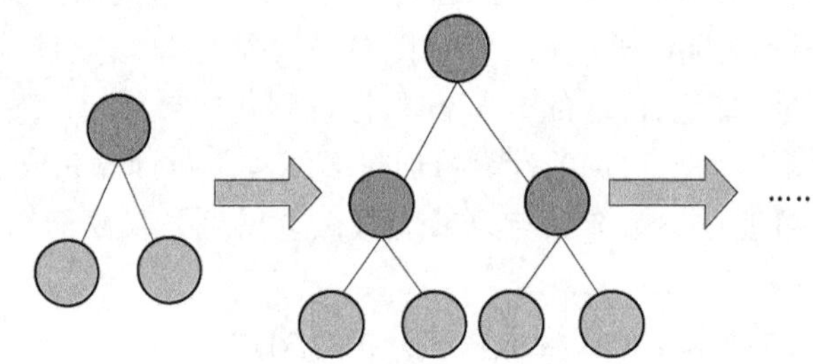

图 10-4　Level-wise 生长方式

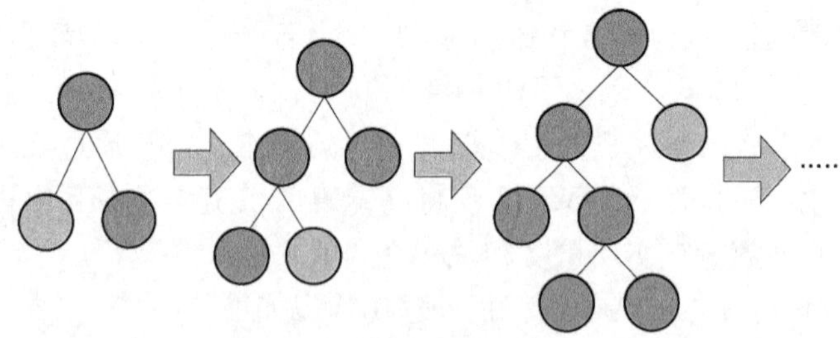

图 10-5　带深度限制的 Leaf-wise 生长方式

10.2.2　仿真实验分析

1. 基于特征重要度与 SFS 策略的电能质量扰动特征选择

为进一步降低通信压力与特征提取计算量，对原始特征集合进行选择构建最优特征子集。特征选择过程中，利用 MATLAB 仿真生成信噪比为 50~20dB 随机值、具有随机扰动参数的 17 种扰动信号，每类信号各 800 组，其中 600 组用于计算 60 维特征的原始特征集合的特征重要度；剩余 200 组用于构建验证集合，计算特征选择过程中不同特征子集下的识别准确率。

在 Spyder（Python 3.7）平台下，使用其中的公开的工具包 LightGBM、XGBoost、GBDT、DT 开展特征选择对比实验。特征选择过程中，对不同特征子集下建立的分类器进行参数优化，以分类过程中得到的分类错误率最小为目标，使用 10 折交叉验证结合贝叶斯优化[6]确定各分类器的最佳参数。

特征子集维数为 60 维时各分类器超参数寻优结果见表 10-3。

表 10-3　各算法超参数集设置

算法名称	超参数集
LightGBM	'learning_rate':0.08','n_estimators':125,'max_depth':7,'num_leaves':38,'min_data_in_leaf':21,'min_sum_hessian_in_leaf':0.002,'bagging_fraction':0.5,'feature_fraction':0.2,'lambda_l1':0.001,'lambda_l2':0.08,'num_threads':2
XGBoost	'max_depth':4,'learning_rate':0.11,'n_estimators ',105,'min_child_weight':1,'gamma':0.1,'reg_alpha'=0.002,'reg_lambda '=0.05,num_threads':2
GBDT	'max_depth':4,'learning_rate':0.09,'n_estimators ',120,'min_samples_leaf':1,'min_samples_split':2,'min_samples_leaf '=2,'min_weight_fraction_leaf '=0.0
DT	'criterion':gini,'max_depth':8,min_samples_leaf:1,'min_samples_split':2

在此最优参数值下构建各分类器。得到各个分类器的特征重要度指标，按照重要度进行降序排序，依次将特征加入特征子集中，每加入一个特征，计算在该特征子集下参数优化后的分类器的识别准确率，重复此过程直到所有特征均加入特征集合中，最终根据最高识别准确率确定最优特征子集。

DT 采用的特征重要度指标为 Gini、GBDT 采用的特征重要度指标为 Gain、XGBoost 采用的特征重要度指标为 Weight、LightGBM 采用的特征重要度指标为 Split，各分类器特征选择过程分别如图 10-6~图 10-9 所示。各分类器的特征选择结果见表 10-4。

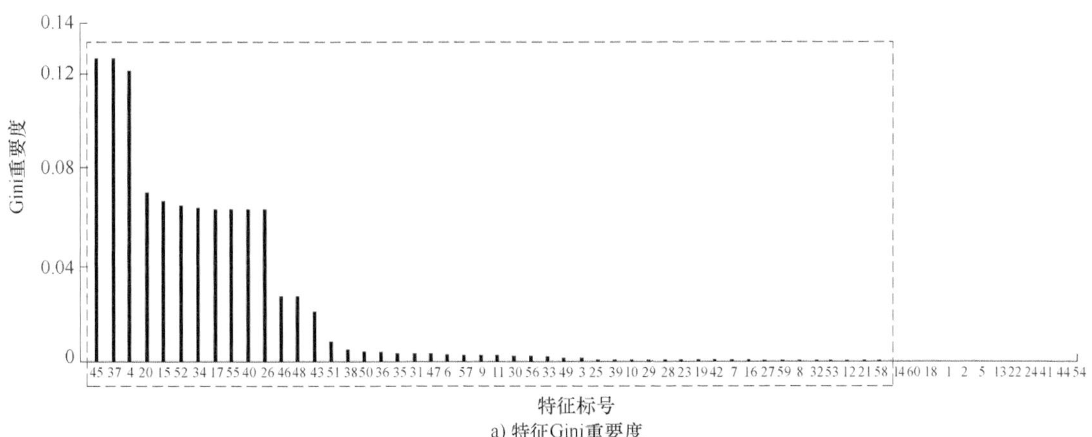

a) 特征Gini重要度

图 10-6　基于特征 Gini 重要度的 DT 特征选择过程

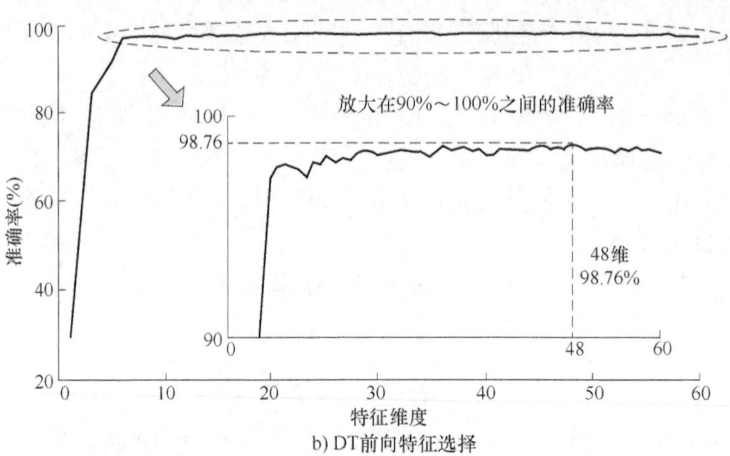

b) DT前向特征选择

图 10-6　基于特征 Gini 重要度的 DT 特征选择过程（续）

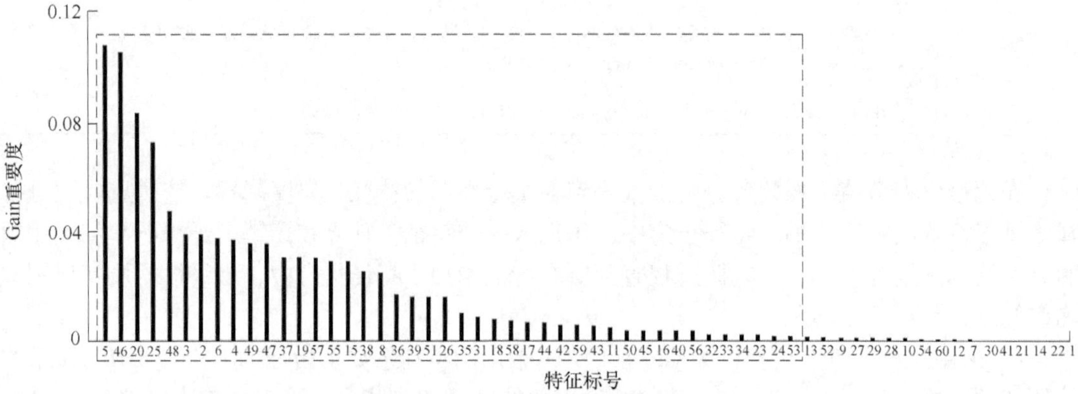

a) 特征Gain重要度

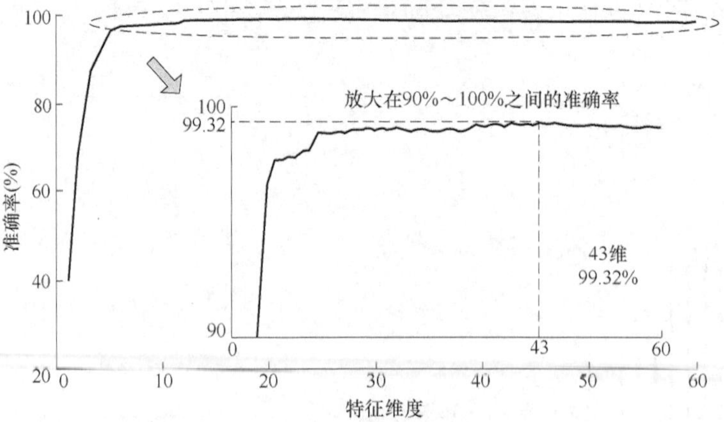

b) GBDT前向特征选择

图 10-7　基于特征 Gain 重要度的 GBDT 特征选择过程

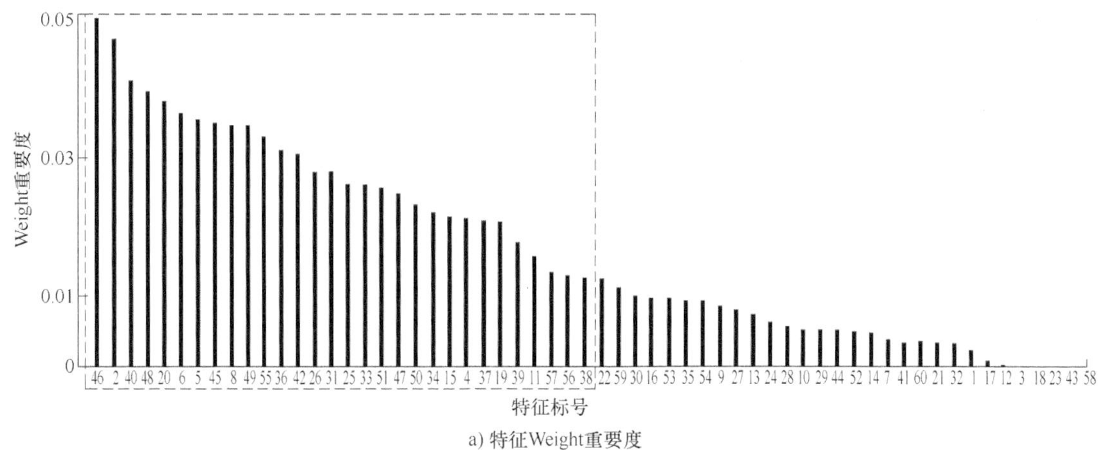

a) 特征Weight重要度

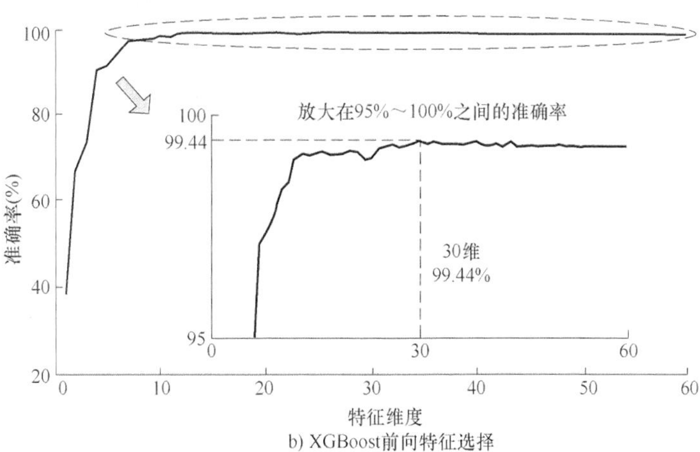

b) XGBoost前向特征选择

图 10-8　基于特征 **Weight** 重要度的 **XGBoost** 特征选择过程

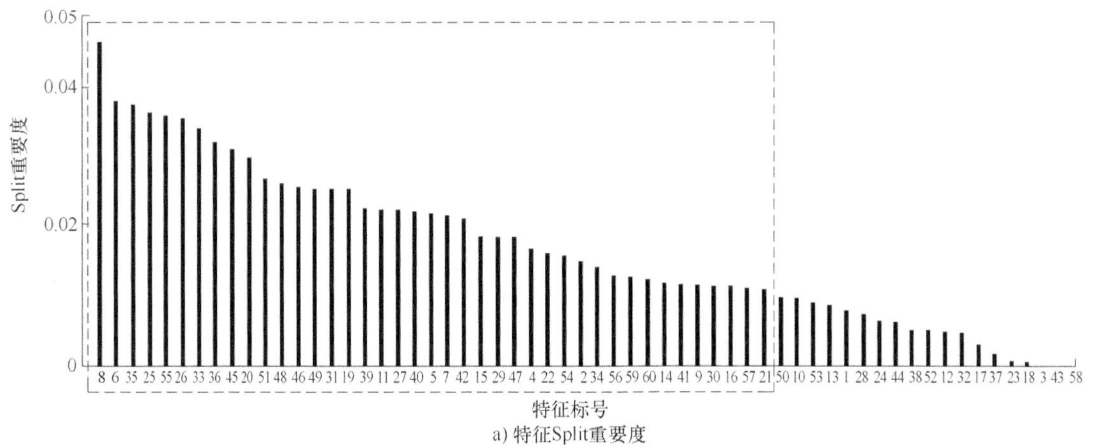

a) 特征Split重要度

图 10-9　基于特征 **Split** 重要度的 **LightGBM** 特征选择过程

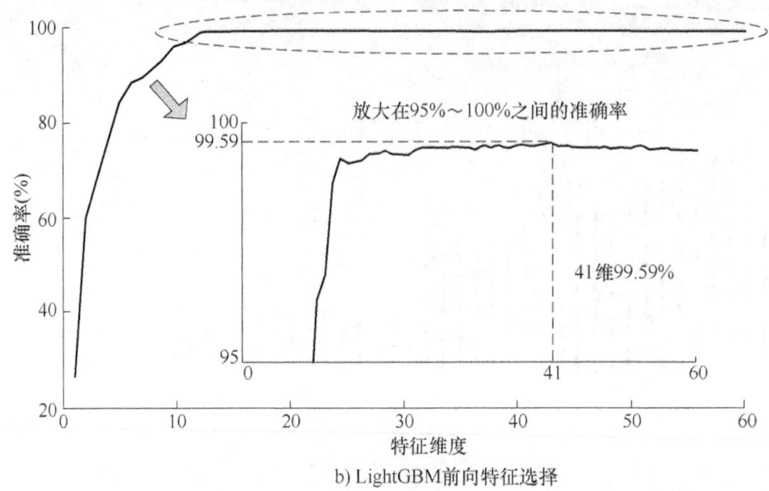

b) LightGBM前向特征选择

图 10-9　基于特征 Split 重要度的 LightGBM 特征选择过程（续）

表 10-4　特征选择结果

方法	重要度指标	最优特征子集维度	最高准确率（%）	特征选择时间/s
DT	Gini	48	98.76	27.8
GBDT	Gain	43	99.32	15821
XGBoost	Gain	42	99.41	12189
	Weight	30	99.44	5316
	Cover	43	99.41	4918
	Total_Gain	39	99.44	38696
	Total_Cover	31	99.44	18252
LightGBM	Gain	44	99.59	1107
	Split	41	99.59	1051

由图 10-6~图 10-9 和表 10-4 分析可知，在特征重要度指标为 Split，特征维数在 41 维时，LightGBM 分类准确率达到最高，最高分类准确率为 99.59%。对比方法 XGBoost、GBDT、DT 最高分类准确率分别为 99.44%、99.32%和 98.76%，最高分类准确率对应特征子集维数分别为 30、43、48。特征选择过程所需的时间分别为 1051s、5316s、15821s、27.8s。但 LightGBM 与 XGBoost 在验证集上准确率较为接近。

为进一步分析验证 LightGBM 相较于 XGBoost 的鲁棒性优势，构建 T_1~T_5 共 5 个测试集，开展交叉验证。各集合中包括标准信号在内的 17 种常见电能质量扰动信号，信噪比为 50~20dB 间随机值、且具有随机扰动参数，每类扰动信号 200 组。LightGBM、XGBoost 在不同的测试集下的准确率见表 10-5 所示。

由表 10-5 分析可知，不同测试集合下，LightGBM 均较 XGBoost 具有更高的分类准确率，且具有良好的鲁棒性。在兼顾准确率和特征选择时间的前提下，最终选择 LightGBM 作为分类器。按照特征重要度指标 Split 结合 LightGBM 分类准确率确定具有高特征重要度的前 41 维特征作为 LightGBM 最优特征子集，相关特征 Split 值如图 10-9a 所示（虚线框内特征代表最优特征子集特征）。最优特征子集为［F_8 F_6 F_{35} F_{25} F_{55} F_{26} F_{33} F_{36} F_{45} F_{20} F_{51} F_{48} F_{46} F_{49} F_{31} F_{19} F_{39} F_{11} F_{27} F_{40} F_5 F_7 F_{42} F_{15} F_{29} F_{47} F_4 F_{22} F_{54} F_2 F_{34} F_{56} F_{59} F_{60} F_{14} F_{41} F_9 F_{30} F_{16} F_{57} F_{F21}］。

表 10-5　不同测试集合下的分类准确率

方法	测试集合				
	T_1	T_2	T_3	T_4	T_5
XGBoost	99.35%	99.44%	99.41%	99.26%	99.38%
LightGBM	99.59%	99.62%	99.59%	99.62%	99.59%

2. 基于 LightGBM 的电能质量扰动识别

（1）传输数据量

为分析物联通信数据传输速率约束下本方法可应用性，比较传输边缘提取最优特征子集、原始特征集合后传输与传统传输原始信号方式所需数据传输速率。假设采样率为 6400Hz，单次扰动采样波形 50 个周期，假设数据传输时间控制在 1s 内，数据传输速率需求留取 40%的余量，则上传 1 组扰动最优特征集合、原始特征集合、原始信号所需数据传输速率见表 10-6 所示。

表 10-6　不同传输类型数据量对比

传输类型	单次扰动特征数据量/B	数据传输速率需求/kbit/s
原始信号	116736	1307.4
原始特征集合	723	8.1
最优特征集合	497	5.6

由表 10-6 可知，当边缘侧上传原始信号时，数据传输速率需求约为 1307.4kbit/s，上传原始特征集合时为 8.1kbit/s，上传最优特征集合时为 5.6kbit/s[7]。与上传原始信号比较，本方法对数据传输速率需求降低了 99.6%；与上传原始特征集合比较，本方法对数据传输速率需求降低了 30.86%。因而，本方法可满足 LoRa、NB-IoT 等物联通信方式数据传输速率约束，且上传最优特征集合可以进一步降低边缘计算复杂度和配网内数据物联传输压力。

（2）不同噪声环境下扰动分类模型识别效果分析

为全面验证本方法在不同噪声环境下的有效性，使用 MATLAB 仿真生包含 50~20dB 随机噪声的标准信号和扰动信号共 17 种，每种 600 组构成训练集，训练最优特征子集下的 LightGBM。在 50~20dB 随机噪声、特定信噪比 50dB、40dB、30dB、20dB 环境下，仿真生成标准信号和扰动信号共 17 种，各 500 组构建测试集合。使用 XGBoost、GBDT 与 DT 作为对比方法进行实验，在 50~20dB 随机噪声环境下的扰动信号识别结果如图 10-10 所示。

由图 10-10 和表 10-7 可知，各分类器都存在将暂态振荡（C_5）误识别为标准信号（C_0）的现象，其中，LightGBM 将暂态振荡（C_5）误识别为标准信号（C_0）的误识别率最小为 1.2%，与 DT、GBDT 和 XGBoost 相比较，本方法对单一电能质量扰动信号的识别准确率最高为 99.76%，且本方法对复合电能质量扰动信号的识别准确率最高为 99.48%。且相较于 DT 的整体准确率 98.69%，GBDT 的整体准确率 99.18%，XGBoost 的整体准确率 99.33%，LightGBM 的整体的准确率最高为 99.62%。

表 10-7　随机噪声下各分类器平均识别准确率对比

分类器	平均识别准确率		
	单一扰动	复合扰动	整体
DT	98. 91%	98. 45%	98. 69%
GBDT	99. 51%	98. 80%	99. 18%
XGBoost	99. 62%	99. 00%	99. 33%
LightGBM	99. 76%	99. 48%	99. 62%

真实标签 \ 预测标签	C_0	C_1	C_2	C_3	C_4	C_5	C_6	C_7	C_8	C_9	C_{10}	C_{11}	C_{12}	C_{13}	C_{14}	C_{15}	C_{16}
C_0	100	0	0	0	0	0	0	0	0	0	0	0	0	0	0	0	0
C_1	0	96.8	0	0	0	0	0	0	0	0	0	3.2	0	0	0	0	0
C_2	0	0	97.2	0	0	0	0	0	0	0	0	0	2.8	0	0	0	0
C_3	0	0	0	100	0	0	0	0	0	0	0	0	0	0	0	0	0
C_4	0	0	0	0	99.2	0	0	0	0	0	0	0	0	0.8	0	0	0
C_5	3	0	0	0	0	97	0	0	0	0	0	0	0	0	0	0	0
C_6	0	0	0	0	0	0	100	0	0	0	0	0	0	0	0	0	0
C_7	0	0	0	0	0	0	0	100	0	0	0	0	0	0	0	0	0
C_8	0	0	0	0	0	0	0	0	100	0	0	0	0	0	0	0	0
C_9	0	0	0	0	0	0	0	0	0	100	0	0	0	0	0	0	0
C_{10}	0	0	0	0	0	0	0	0	0	0	100	0	0	0	0	0	0
C_{11}	0	2.6	0	0	0	0	0	0	0	0	0	97.4	0	0	0	0	0
C_{12}	0	0	5.8	0	0	0	0	0.6	0	0	0	0	93.6	0	0	0	0
C_{13}	0	0	0	0	0.8	0	0	0	0	0	0	0	0	97.2	2	0	0
C_{14}	0	0	0	0	0	0	0	0	0	0	0	0	0	0.6	99.4	0	0
C_{15}	0	0	0	0	0	0	0	0	0	0	0	0	0	0	0	100	0
C_{16}	0	0	0	0	0	0	0	0	0	0	0	0	0	0	0	0	100

a) DT作为分类器

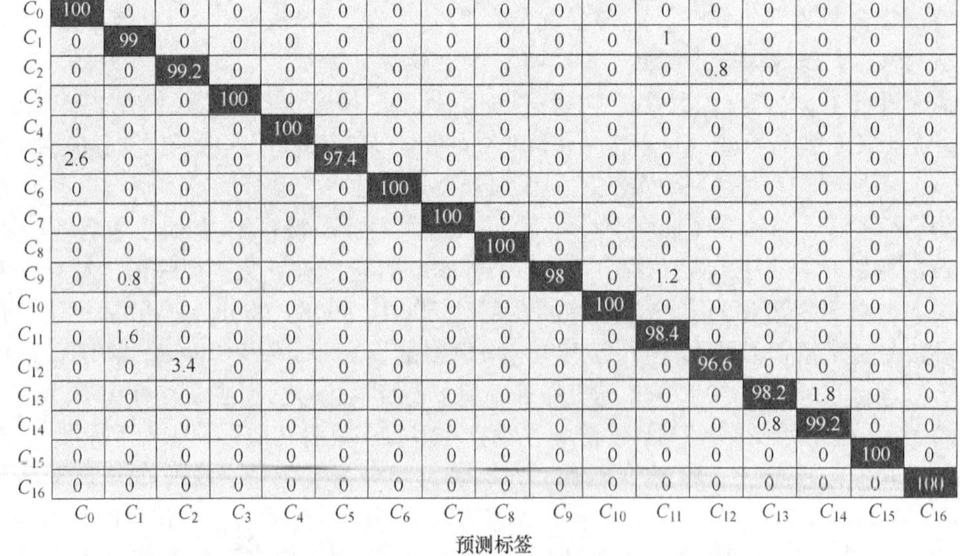

b) GBDT作为分类器

图 10-10　随机噪声下不同分类器电能质量扰动识别准确率

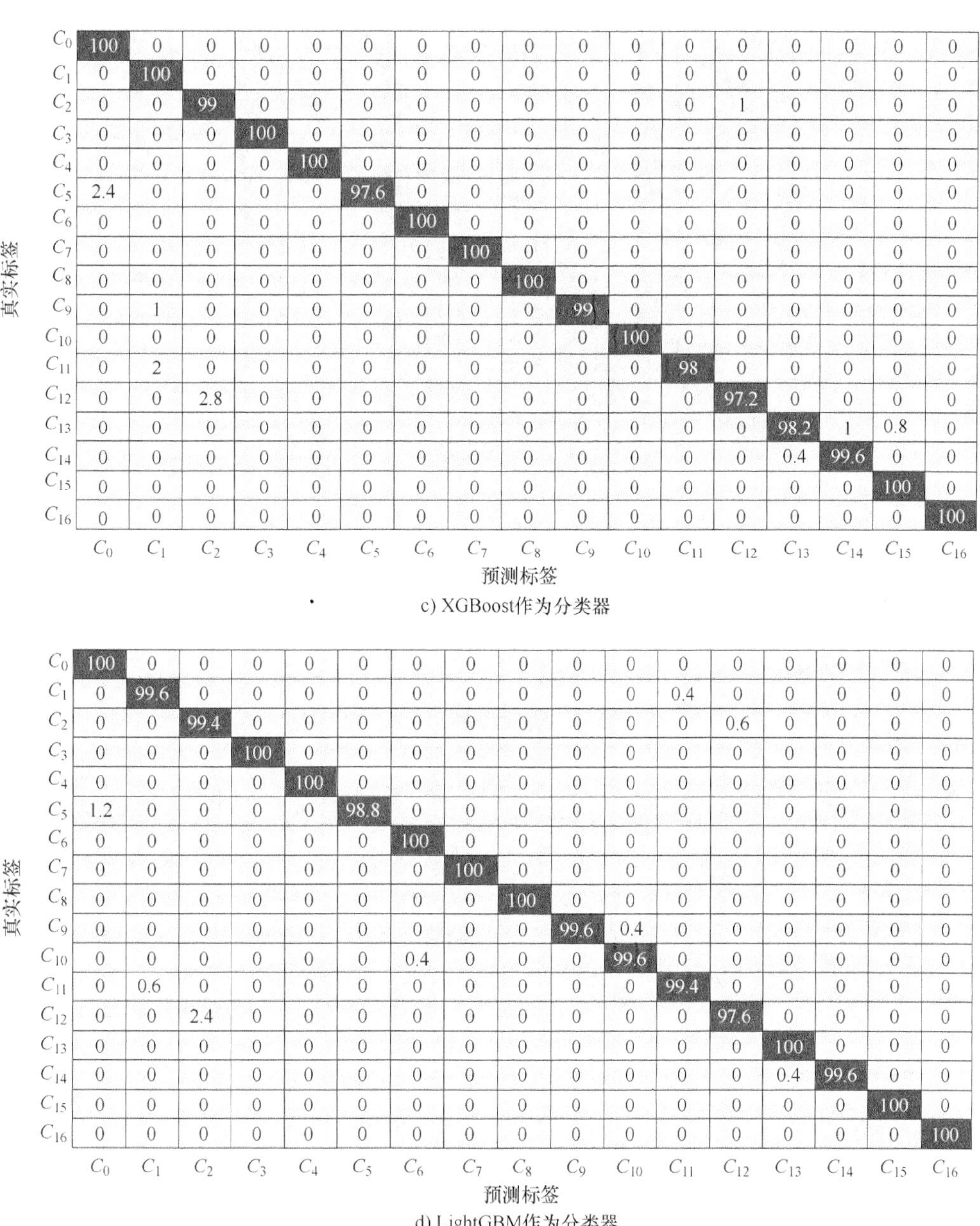

c) XGBoost作为分类器

d) LightGBM作为分类器

图 10-10　随机噪声下不同分类器电能质量扰动识别准确率（续）

由图 10-11 可知，基于 LightGBM 的分类方法相较于其他分类器具更好的分类准确率。在信噪比为 50dB 以上环境，本方法识别准确率在 99.81%以上；在信噪比为 40dB 以上环境，本方法识别准确率在 99.81%以上；在信噪比为 30dB 以上环境，本方法识别准确率在 99.56%以上；在低信噪比 20dB 环境下，相比于 DT 分类方法的准确率 87%，GBDT 分类方法的准确率 91.32%，XGBoost 分类方法的准确率 93.25%，本方法的识别准确率仍能达到 95.12%。对比实验结果表明，基于 LightGBM 的分类方法具有更好的抗噪能力。

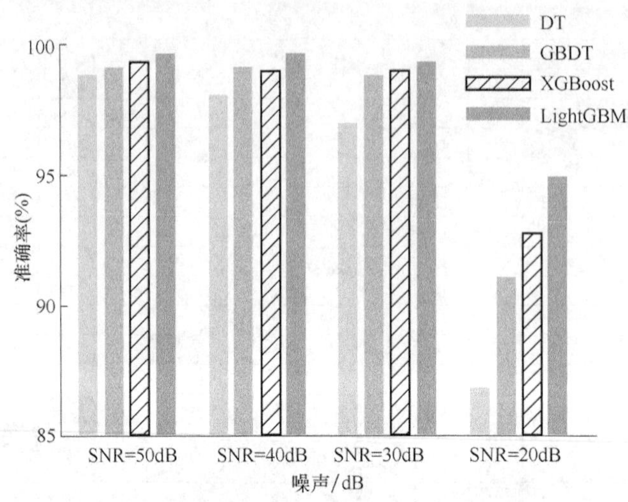

图 10-11　不同特定噪声环境下各分类器识别准确率

（3）时域分割尺度分析

通过统计实验，分析不同时域分割区间（1/4 周期、1/2 周期、1 周期）下对应的最优特征子集维度及准确率，见表 10-8 所示。

表 10-8　时域分割大小的影响

时域分割	最优重要度指标	最优特征子集维度	噪声	特征选择前分类准确率（%）	特征选择后分类准确率（%）
1 周期	Split	41	无	99. 56	99. 62
			20dB	94. 80	95. 12
			30dB	99. 47	99. 56
			40dB	99. 69	99. 81
			50dB	99. 72	99. 81
1/2 周期	Split	40	无	97. 79	97. 87
			20dB	92. 58	92. 72
			30dB	97. 61	97. 79
			40dB	97. 95	98. 16
			50dB	97. 98	98. 19
1/4 周期	Split	15	无	99. 09	99. 33
			20dB	94. 05	94. 42
			30dB	99. 07	99. 35
			40dB	99. 29	99. 56
			50dB	99. 31	99. 59

由表 10-8 可知，对于含不同噪声的扰动信号，相较于，时域分割区间为 1 周期的准确率为 99. 62%，优于时域分割区间为 1/4 周期和 1/2 周期的准确率。当信噪比为 20dB 时，以 1 周期为时域分割尺度方法分类准确率优于 1/2 周期、1/4 周期，具有较好的噪声鲁棒性。

由此，综合考虑分类准确率、特征提取时间、噪声鲁棒性等因素，确定最优时域分割区间为 1 周期。此统计实验基于采样率为 6400Hz 的扰动数据开展，当信号采样率不同时，可根据相同思路构建统计实验，分析不同时域分割区间（1/4 周期、1/2 周期、1 周期）下对应的最优特征子集维度及准确率，确定最优时域分割单位。

10.3　实测数据实验分析

为进一步验证本方法在实际工业环境下的有效性，对葡萄牙某配电网的 904 组实测单相电能质量信号进行识别[7]。实测信号采样率为 50kHz，部分实测电能质量信号（原始识别类型为电压暂降、电压中断、电压振荡、谐波）波形如图 10-12 所示。

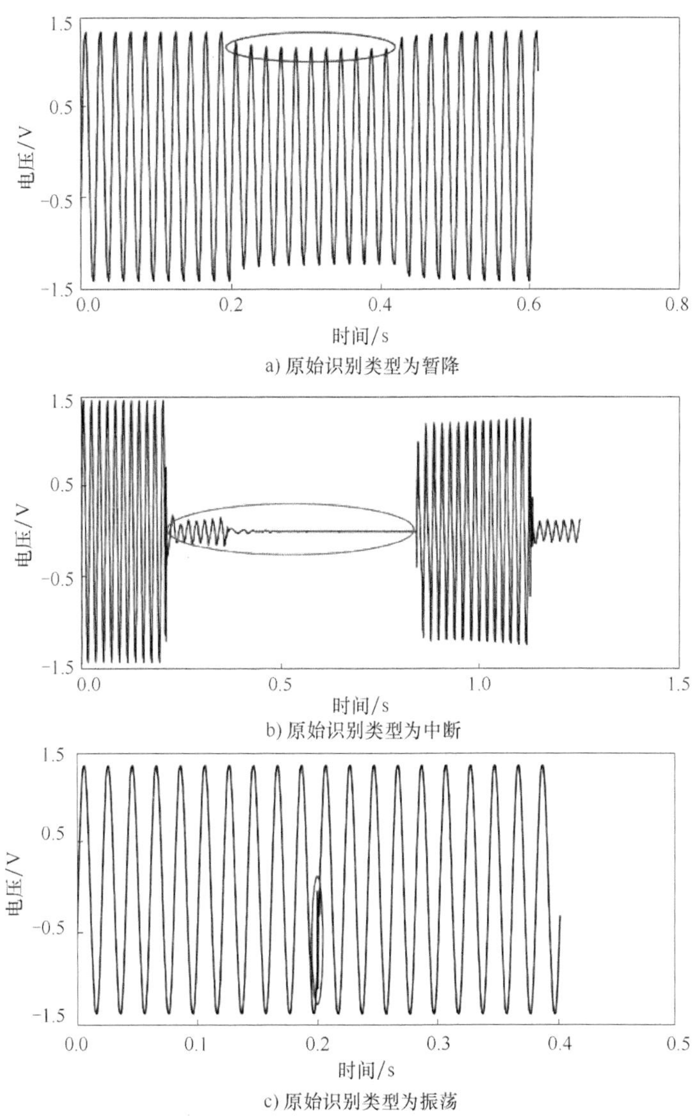

图 10-12　实测电能质量信号原始识别类型

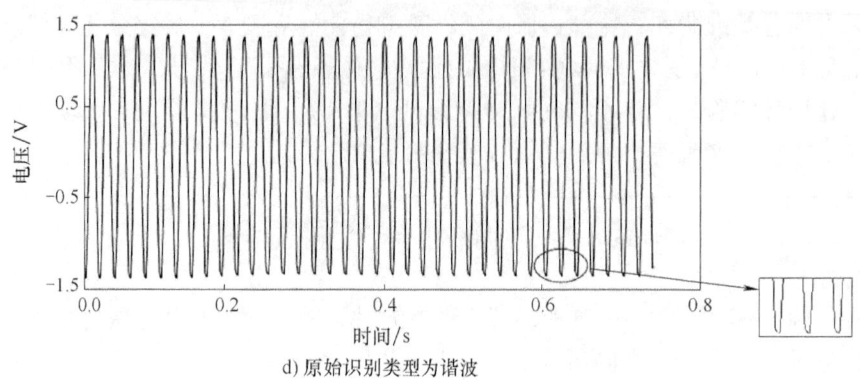

d) 原始识别类型为谐波

图 10-12 实测电能质量信号原始识别类型（续）

以采样率为50kHz、50个周期实测数据为实验样本，采用本方法确定最优特征子集维度为38维，统计分析确定最优时域分割尺度为1周期。处理单组实测电能质量扰动信号在不同的特征提取方法下所需特征提取时间见表10-9。

表 10-9 不同信号处理方法特征提取时间对比

特征提取方法	ST	EMD	WT	本方法
特征提取时间/s	18.097	4.574	1.491	0.206

由表10-9可知，本方法相较于ST，特征提取时间降低了98.86%；相较于EMD，降低95.50%；相较于WT，降低86.18%；能够满足高采样率实测电能质量扰动信号实时分析需求。

假设数据传输时间控制在1s内，数据传输速率需求留取40%的余量[8]，则上传1组扰动最优特征集合、原始特征集合、原始信号的数据量及通信数据传输速率需求见表10-10。

表 10-10 不同传输类型数据量对比

传输类型	单次扰动特征数据量/B	数据传输速率需求/kbit/s
原始信号	865560	9694.3
原始特征集合	671	7.5
最优特征集合	458	5.1

由表10-10可知，相较于上传原始信号，本方法数据传输速率需求降低了99.95%；相较于上传原始特征集合，本方法数据传输速率需求降低了32%。可满足LoRa、NB-IoT等物联通信方式数据传输速率约束。

采用包含随机噪声的训练集样本对LightGBM进行训练并采用本方法提取最优特征子集分析实测信号，对实测电能质量信号的分类结果与参考文献［7］原始识别结果对比见表10-11。

由表10-11可知，采用本方法识别后，原10组电压暂降信号中，6组识别为暂降、3组含有谐波成分、另外1组含有振荡成分；14组中断信号中，9组识别为中断、5组含谐波成分；原类型为振荡、谐波的信号，本方法识别结果与原系统相同。经人工核实，本方法复合扰动相关分析结论正确，可见本方法具有更强的复合扰动识别能力，可以更好满足实际环境下扰动分析需要。

表 10-11　实测数据识别结果

原识别类型	本方法识别类型
暂降 10 组	暂降 6 组，暂降+谐波 3 组，暂降+振荡 1 组
中断 14 组	中断 9 组，中断+谐波 5 组
振荡 870 组	振荡 870 组
谐波 5 组	谐波 5 组
未知类型 5 组	暂降 2 组，谐波 3 组

10.4　本章小结

海量高采样率电能质量数据传输会导致网络的通信压力变大，在上位系统执行复杂特征提取会增加通信、计算成本与系统响应时间，使其难以有效应用于电力物联监控体系。本章针对此问题提出了一种计及物联网数据传输速率约束的 LightGBM 电能质量高效边缘特征提取与扰动识别方法。在边缘侧对扰动信号进行基于时域分割的扰动特征高效提取；在以特征 Split 重要度确定高维特征排序基础上，以 LightGBM 分类准确率为决策变量，开展前向特征选择，确定最优分类特征子集；根据最优特征子集，构建 LightGBM 分类器，开展扰动识别。相关结论如下：

（1）在边缘侧对原始信号进行时域分割后，直接对原始信号提取时域特征，实现了低时间复杂度和空间复杂度的电能质量扰动信号特征提取，可满足低成本边缘数据采集设备低计算量需求。

（2）以最优特征子集代替原始信号上传，进一步降低边缘设备计算量与分类器复杂度，同时可满足典型物联通信方式数据传输速率约束。

（3）采用单边梯度采样与互斥稀疏特征绑定方法对数据进行预处理、并采用带深度限制的 Leaf-wise 生长策略优化分类器构建，有效提高上位系统分类效率与泛化能力。

实测与仿真数据实验表明本方法在满足典型物联网数据传输速率约束基础上，仍具有良好的复杂扰动分类效果，具有良好的可应用性，能够有效推动电力物联场景下电能质量扰动识别技术应用。实现了对电能质量扰动信号的高精度识别，提高了特征提取效率，更加满足低成本边缘计算设备低复杂度计算要求。本章的相关方法若应用于电能质量监测设备中，将进一步提高电能质量扰动识别的精度与效率，对制定电能质量治理方案、界定事故双方责任、降低经济损失及解决相关纠纷等工作具有意义。

参考文献

[1] CHEN M，MIAO Y，HAO Y，et al. Narrow Band Internet of Things [J]. IEEE Access，2017，5：20557-20577.

[2] BORGES F A，FERNANDES R A S，SILVA I N，et al. Feature Extraction and Power Quality Disturbances

Classification Using Smart Meters [J]. IEEE Transactions on Industrial Informatics, 2015, 12 (02): 824-833.

[3] KE G L, MENG Q, FINLEY T, et al. LightGBM: A Highly Efficient Gradient Boosting DecisionTree [C]. 31st Annual Conference on Neural Information Processing Systems, Long Beach, CA, 2017.

[4] JU Y, SUN G, CHEN Q, et al. A Model Combining Convolutional Neural Network and LightGBM Algorithm for Ultra-Short-Term Wind Power Forecasting [J]. IEEE Access, 2019, 7: 28309-28318.

[5] 黄南天，赵文广，蔡国伟，等. 计及物联网数据传输速率约束的 LightGBM 电能质量扰动高效识别 [J/OL]. 中国电机工程学报: 1-14 [2021-06-28]. https://doi.org/10.13334/j.0258-8013.pcsee.200374.

[6] 赵洪山，闫西慧，王桂兰，等. 应用深度自编码网络和 XGBoost 的风电机组发电机故障诊断 [J]. 电力系统自动化，2019，43 (01): 81-90.

[7] RADIL T, RAMOS P M, JANEIRO F M, et al. PQ Monitoring System for Real-Time Detection and Classification of Disturbances in a Single-Phase Power System [J]. IEEE Transactions on Instrumentation & Measurement, 2008, 57 (08): 1725-1733.

[8] 何松生，潘建兵，庞振江. 基于 LoRa 技术的故障指示器通信方案 [J]. 电力信息与通信技术，2019，17 (03): 35-41.